高等职业教育房地产类专业精品教材

物业管理法规

主　编　胡佳宵　任程坤

副主编　沈澜涛　矫利艳
　　　　王　哲　胡大见

参　编　张　宸　陈嘉昌

北京理工大学出版社
BEIJING INSTITUTE OF TECHNOLOGY PRESS

内 容 提 要

本书按照相关标准、规范及文件，结合国家职业教育改革和职业教育人才培养要求编写而成。全书共有十个模块，主要内容包括物业管理法规概论、物业权属法律制度、业主自治管理法律制度、物业管理招标投标法律制度、物业服务企业、物业服务合同、物业服务收费法律制度、物业管理实务法律制度、物业交易管理法律制度和物业管理纠纷处理法律制度等。全书内容力求简洁实用，注重对学生职业能力的培养与训练。

本书可作为高等院校物业管理类专业的教学用书，也可作为物业管理从业人员参考用书。

图书在版编目（CIP）数据

物业管理法规 / 胡佳宵, 任程坤主编. -- 北京：
北京理工大学出版社, 2021.10（2022.1重印）
ISBN 978-7-5763-0576-0

Ⅰ. ①物… Ⅱ. ①胡… ②任… Ⅲ. ①物业管理－法
规－中国－高等职业教育－教材 Ⅳ. ①D922.181

中国版本图书馆CIP数据核字(2021)第216245号

出版发行 / 北京理工大学出版社有限责任公司
社　　址 / 北京市海淀区中关村南大街5号
邮　　编 / 100081
电　　话 / （010）68914775（总编室）
　　　　　　（010）82562903（教材售后服务热线）
　　　　　　（010）68944723（其他图书服务热线）
网　　址 / http://www.bitpress.com.cn
经　　销 / 全国各地新华书店
印　　刷 / 河北鑫彩博图印刷有限公司
开　　本 / 787毫米×1092毫米　1/16
印　　张 / 15.5
字　　数 / 395千字
版　　次 / 2021年10月第1版　2022年1月第2次印刷
定　　价 / 48.00元

责任编辑 / 钟　博
文案编辑 / 钟　博
责任校对 / 周瑞红
责任印制 / 边心超

图书出现印装质量问题，请拨打售后服务热线，本社负责调换

出版说明

Publisher's Note

物业管理是我国实施住房制度改革过程中，随着房地产市场不断发展及人们生活水平不断提高而产生的一种住房管理模式。物业管理在小区公共设施保养维护、社区服务、小区建设，以及提升城市住宅的整体管理水平方面都有千丝万缕的关联。物业管理行业，作为极具增长潜力的新兴服务产业，被称作"房地产的第二次开发"。同时，物业管理又是一个劳动密集型行业，可以吸纳大量的劳动力就业，而物业管理的优劣关键在于物业管理服务的品质，服务品质提升的关键又在于企业是否拥有先进的管理体制和优秀的人才。

随着我国经济的不断发展，人民生活水平进一步提高，物业管理行业的发展更加规范化、市场化，市场竞争也日趋激烈。高等职业教育以培养生产、建设、管理、服务第一线的高素质技术技能人才为根本任务，加强物业管理专业高等职业教育，对于提高物业管理人员的水平、提升物业管理服务的品质、促进整个物业管理行业的发展都会起到很大的作用。

为此，北京理工大学出版社搭建平台，组织国内多所建设类高职院校，包括甘肃建筑职业技术学院、山东商务职业学院、黑龙江建筑职业技术学院、山东城市建设职业学院、广州番禺职业技术学院、广东建设职业技术学院、四川建筑职业技术学院、内蒙古建筑职业技术学院、重庆建筑科技职业学院等，共同组织编写了本套"高等职业教育房地产类专业精品教材（现代物业管理专业系列）"。该系列教材由参与院校院系领导、专业带头人组织编写团队，参照教育部《高等职业学校专业教学标准》要求，以创新、合作、融合、共赢、整合跨院校优质资源的工作方式，结合高职院校教学实际以及当前物业管理行业形势和发展编写完成。

本系列教材共包括以下分册：

1.《物业管理法规》

2.《物业管理概论（第3版）》

3.《物业管理实务（第3版）》

4.《物业设备设施管理（第3版）》

5.《房屋维修与预算》

6.《物业财务管理》

7.《物业管理统计》

8.《物业环境管理》

9.《智慧社区管理》

10.《物业管理招投标实务》

11.《物业管理应用文写作》

本系列教材的编写，基本打破了传统的学科体系，教材采用案例引入，以工作任务为载体进行项目化设计，教学方法融"教、学、做"于一体、突出以学生自主学习为中心、以问题为导向的理念，教材内容以"必需、够用"为度，专业知识强调针对性与实用性，较好地处理了基础课与专业课、理论教学与实践教学、统一要求与体现特色以及传授知识、培养能力与加强素质教育之间的关系。同时，本系列教材的编写过程中，我们得到了国内同行专家、学者的指导和知名物业管理企业的大力支持，在此表示诚挚的谢意！

高等职业教育紧密结合经济发展需求，不断向行业输送应用型专业人才，任重道远。随着我国房地产与物业管理相关政策的不断完善、城市信息化的推进、装配式建筑和全装修住宅推广等，房地产及物业管理专业的人才培养目标、知识结构、能力架构等都需要更新和补充。同时，教材建设是高等职业院校教育改革的一项基础性工程，也是一个不断推陈出新的过程。我们深切希望本系列教材的出版，能够推动我国高等职业院校物业管理专业教学事业的发展，在优化物业管理及相关专业培养方案、完善课程体系、丰富课程内容、传播交流有效教学方法方面尽一份绵薄之力，为培养现代物业管理行业合格人才做出贡献！

北京理工大学出版社

前言

PREFACE

随着我国经济的不断发展，人民生活水平进一步提高，物业管理行业的发展更加规范化、市场化，市场竞争也日趋激烈，而物业管理的优劣关键在于物业管理服务的品质，服务品质提升的关键又在于企业是否拥有先进的管理体制和优秀的人才。加强物业管理专业高等教育，对于提高物业管理人员的水平、提升物业管理服务的品质、促进整个物业管理行业的发展都会起到很大的作用。

物业管理法律法规作为我国法律法规体系中的一种，是调整物业管理各方权利与义务的法律规范的总称，是开展物业管理活动、维护业主及物业服务企业合法权益的前提与保障。本书在总结分析我国现有物业管理法律法规体系的基础上，以《物业管理条例》为依据进行编写，旨在培养和提高学生掌握并灵活运用物业管理法律规定的能力。

本书编写力求体现工学结合的教学改革成果，突出了高等教育教学的特点，在体例安排上强化教材与社会实践的结合，强调所讲内容的实用性、适应性及可操作性。本书在每个模块前设置了"学习目标""能力目标"和"引入案例"，每个模块后设置了"模块小结"和"思考与练习"，以引导学生在学习中进行充分的思考，提高学生分析问题的能力和应用操作的能力；构建了一个"以模块为主线、教师为引导、学生为主体"的教学全过程，使学生在学习过程中能主动参与、自主协作、探索创新，学完后具备一定的分析问题和解决问题的能力。

本书在编写过程中，参考了大量的著作及资料，在此向原著作者表示最诚挚的谢意。同时教材的出版得到了北京理工大学出版社各位编辑的大力支持，在此一并表示感谢！

本书虽经推敲核证，但限于编者的专业水平和实践经验，书中仍难免存在疏漏或不妥之处，恳请广大读者指正。

编　者

目录

CONTENTS

模块一　物业管理法规概论 ·· 1

单元一　物业管理概述 ·· 2
单元二　物业管理法规概述 ·· 5
单元三　物业管理法律关系 ·· 12
单元四　物业管理法律责任 ·· 19

模块二　物业权属法律制度 ·· 27

单元一　物业权属概述 ·· 27
单元二　物业产权 ·· 30
单元三　业主的建筑物区分所有权 ·· 33
单元四　物业权属登记制度 ·· 38
单元五　物业产籍管理 ·· 44

模块三　业主自治管理法律制度 ·· 47

单元一　业主权利和义务 ·· 48
单元二　业主大会 ·· 51
单元三　业主委员会 ·· 55
单元四　管理规约与业主大会议事规则 ·· 63

模块四　物业管理招标投标法律制度 ·· 80

单元一　物业管理招标法律制度 ·· 80
单元二　物业管理投标法律制度 ·· 85
单元三　物业管理开标、评标与定标法律制度 ······································ 88

模块五　物业服务企业 ·· 91

单元一　物业服务企业概述 ·· 91

单元二　物业服务企业设立 94

单元三　物业服务企业权利和义务 96

单元四　物业服务企业品牌建设 98

模块六　物业服务合同 101

单元一　物业服务合同概述 101

单元二　物业服务合同的订立、效力与履行 115

单元三　物业服务合同的变更、解除与终止 121

模块七　物业服务收费法律制度 125

单元一　物业服务收费法律规定 125

单元二　住宅专项维修资金制度 131

模块八　物业管理实务法律制度 138

单元一　前期物业管理法律制度 138

单元二　物业承接查验法律制度 144

单元三　物业装饰装修管理法律制度 150

单元四　物业设施设备管理法律制度 161

单元五　房屋修缮管理法律制度 167

单元六　物业环境管理法律制度 177

单元七　物业安全管理法律制度 180

模块九　物业交易管理法律制度 185

单元一　物业交易管理概述 185

单元二　物业转让制度 187

单元三　物业租赁制度 199

单元四　物业抵押制度 206

模块十　物业管理纠纷处理法律制度 214

单元一　物业管理纠纷处理概述 215

单元二　物业管理纠纷类型 218

单元三　物业管理纠纷处理 223

参考文献 240

模块一 物业管理法规概论

学习目标

通过本模块的学习，了解物业与物业管理的基本概念，物业管理法规的概念、调整对象、原则、渊源和作用，物业管理法律关系的概念、特点，物业管理法律责任的概念与特点；掌握物业管理法律关系的构成要素、种类、产生、变更与终止，物业管理法律责任的构成要件与分类。

能力目标

能对物业管理法律关系、法律责任有基础的认识，能运用相关法律依据解释或解决现实中的物业管理问题。

引入案例

某小区的王某最近时常抱怨："自从我们小区进行物业管理后，每月要多交上百元的物业管理费，可是除了看到多了保安、小区干净点以外，并没发现物业服务企业为我们提供了什么服务，这钱不是白交了吗?"那么，物业服务企业的管理到底管些什么，有什么服务?

物业管理的主要对象是住宅小区、综合办公楼、商业大厦、宾馆、厂房、仓库等。它的管理范围相当广泛，服务项目多层次、多元化。总的来看，物业管理涉及经营与管理两大方面，包含服务与发展两大部分，涉及的工作内容也比较烦琐复杂。从大方面来说，物业管理服务内容主要包括常规性的公共服务、针对性的专项服务、综合经营服务三方面。从小的方面来说，物业管理主要负责公共区域、公共场所、公共部分、公共物品的管理，涉及私人领域、私人场所、私有部分及私有物品，则需要相关业主另外委托。

在本案例中，物业服务企业的管理范围，是物业服务企业和业主大会或单个业主协商后的事情，只有规定到合同或协议中的管理服务与管理范围，才是该小区的管理服务内容及管理范围。

单元一　物业管理概述

一、物业的概念

"物业"一词原出于我国港澳及东南亚一带的地区和国家，指单元性的房地产。现实中所称的物业，是指已建成并交付使用的住宅、工业建筑、公共建筑用房等建筑物及其附属的设施设备和相关场地。

物业可大可小，可以是群体建筑物，也可以是单体建筑物，一个完整的物业，应包括以下几个部分：

(1)建筑物。建筑物包括房屋建筑、构筑物(如桥梁、水塔等)、道路、码头等。

(2)设备。设备指配套的专用机械、电气、消防等设备系统，如电梯、空调、备用电源等。

(3)设施。设施指配套的公用管、线、路等，如上下水管、消防、强电(供变电等)、弱电(通信、信号网络等)、路灯以及室外公建设施(幼儿园、医院、运动设施等)等。

(4)场地。场地指开发待建、露天堆放货物或运动休憩场地，包括建筑地块、庭院、停车场、运动场、休憩绿地等。

二、物业的分类

根据使用功能的不同，物业可分为居住物业、商业物业、工业物业和其他用途物业四类。

1. 居住物业

居住物业是指具备居住功能、供人们生活居住的建筑，包括住宅小区、单体住宅楼、公寓、别墅、度假村等，当然也包括与之相配套的共用设施设备和公共场地。

2. 商业物业

商业物业有时也称投资性物业，是指那些通过经营可以获取持续增长回报或者可以持续升值的物业，这类物业又可大致分为商服物业和办公物业。商服物业是指各种供商业、服务业使用的建筑场所，包括购物广场、百货商店、超市、专卖店、连锁店、宾馆、酒店、休闲康乐场所等。办公物业是从事生产、经营、咨询、服务等行业的管理人员(白领)办公的场所，它属于生产经营资料的范畴。

3. 工业物业

工业物业是指为人类的生产活动提供使用空间的房屋，包括轻、重工业厂房和近年来发展起来的高新技术产业用房以及相关的研究与发展用房及仓库等。工业物业有的用于出售，也有的用于出租。

4. 其他用途物业

除了上述物业种类以外的物业，称为其他物业，有时也称特殊物业。这类物业包括赛马场、高尔夫球场、汽车加油站、飞机场、车站、码头、高速公路、桥梁、隧道等物业。特殊物业经营的内容通常要得到政府的许可。

三、物业管理的概念

物业管理是指受物业所有人的委托，依据物业管理委托合同，对物业的房屋建筑及其设备，市政公用设施、绿化、卫生、交通、治安和环境容貌等管理项目进行维护、修缮和整治，并向物业所有人和使用人提供综合性的有偿服务。

物业管理在我国有 20 年左右的发展历史，首先发端于沿海发达城市，逐步向内陆地区延伸。在国外，物业管理已经有一百多年的历史。从国外物业管理的起源来看，近代意义的物业管理起源于 19 世纪 60 年代的英国。1908 年，由美国芝加哥大楼的所有者和管理者乔治·A. 霍尔特组织的芝加哥建筑物管理人员组织(Chicago Building Managers Organization，CBMO)召开了第一次全国性会议，宣告了全世界第一个专门的物业管理行业组织的诞生。国内的物业管理发展大致经历了以下几个阶段：

第一阶段(20 世纪 80 年代初—1994 年 3 月)：此阶段为探索和尝试阶段，主要是我国沿海地区和城市开始引进境外的一些专业物业管理模式，并根据当地的实际情况加以改造，专业化的物业管理处在试验阶段。

第二阶段(1994 年 3 月—1995 年 5 月)：1994 年 3 月，原建设部颁布 33 号令《城市新建住宅小区管理办法》，明确指出：住宅小区应当逐步推行社会化、专业化的管理模式，由物业管理公司统一实施专业化管理。该阶段是我国物业管理的快速发展时期，在物业服务企业的建立、物业管理立法工作、从业人员的培训和行业管理等方面都取得了长足进步，专业的物业管理已经被社会广泛接受。物业管理正在更深入、广泛地影响着每个居民的生活。与此同时，一些开展物业管理较早的物业服务企业已经在规范化和市场化方面做了一些有益的探索。

第三阶段(1999 年 5 月—2003 年)：1999 年 5 月，全国物业管理工作会议在深圳召开，主要目的是培育和规范物业管理市场，推动物业管理工作的健康发展。因此，这一阶段主要是巩固和提高物业管理的普及率，培育物业管理市场，建立竞争机制，初步形成以政府宏观调控为主导，业主与企业双向选择，以公平竞争为核心，以社会、经济、环境效益的统一为目的，以规范化、高标准为内容，以创建品牌、扩大规模为方向的物业管理体系。这一阶段出现了一系列标志性事件，例如深圳市长城物业公司进行了全国规模最大的一次中标，万科接管原建设部机关大院带动了国家机关实行物业管理。

第四阶段(2003 年 9 月至今)：2003 年 5 月 28 日国务院第 9 次常务会议通过《物业管理条例》，自 2003 年 9 月 1 日起施行。该条例分别于 2007 年 8 月 26 日、2016 年 1 月 13 日和 2018 年 3 月 19 日进行了三次修订，2018 年版《物业管理条例》于 2018 年 3 月 19 日起施行。物业管理进入了依法管理的市场化阶段。

四、物业管理的特点

1. 物业管理的服务性

物业管理属于服务性行业。为了突出物业管理的服务性，《物业管理条例》中将物业服务合同称为《物业服务合同》，规定物业服务企业须按照《物业服务合同》为业主和使用人提供服务。

2. 物业管理的社会化

物业管理的社会化指摆脱了过去那种自建自管的分散管理体制，由多个产权单位、产权人通过业主大会选聘一家物业服务企业统一管理。具体来讲，物业的所有权人要到社会上去选聘物业服务企业，而物业服务企业要到社会上去寻找可以代管的物业。每位业主只需面对物业服务企业就能将所有的房屋和居住(工作)环境的日常事宜办好，而不必分别面对各个不同的部门。

3. 物业管理的专业性

物业管理专业性较强，涉及管理、建筑工程、电气设备、给水排水、暖通、自动化、保安、

保洁、绿化等多个专业领域。

《物业管理条例》第四条规定："国家鼓励采用新技术、新方法，依靠科技进步提高管理和服务水平。"这充分体现了国家对物业管理行业的高度重视。实践证明，为了进一步提高物业管理水平，就必须采用新技术、新方法。

4. 物业管理的契约化

《物业管理条例》第三条规定："国家提倡业主通过公开、公平、公正的市场竞争机制选择物业服务企业。"这就以立法的形式更加明确了物业管理的契约化。此外，由于业主和物业使用人多元化的特点，作为一个各方面共同遵守的准则，物业管理规约也将成为物业管理契约化的一个重要特征。

五、物业管理的内容

物业管理作为一项多功能全方位的管理服务工作，涉及的管理内容很广泛，概括来说主要包括以下内容。

1. 常规性服务

(1)房屋修缮管理。房屋修缮管理是指物业服务企业对物业的房屋建筑进行定期保养和计划维修，使之保持良好的使用状态。为了提高建筑物管理的水平，物业服务企业应为各类房屋建立物业维修保养档案。

(2)设施设备管理。房屋附属设施设备包括给水排水设备、电气工程设备、供暖设备、空调设备等。设施设备管理主要包括设备运行管理、设备养护管理、设备维修管理、设备操作管理、设备档案管理等。维持设施设备的完好和合理使用是创造良好的工作秩序和生活环境的重要条件，也是促进物业保值、增值的重要环节，物业服务企业必须抓好设施设备管理。

(3)环境管理。环境管理是指对建筑区划业主的生活和工作环境进行的综合性管理，包括保洁管理、绿化管理、排污管理、消防管理和污染控制等。

(4)治安管理。治安管理包括物业区域范围内的安全、保卫、警戒等，目的是排除各种干扰，保持居住区的安静，确保业主或住户的生命财产安全。

(5)车辆交通管理。车辆交通管理包括统一管理物业区域范围内的车辆停放，统一管理小区内的平行交通和大楼内的垂直交通(电梯和人行扶梯)，清理通道，保养路灯，保证物业辖区内交通的畅通。

2. 特色服务

(1)便民服务。便民服务主要是指物业服务企业与社会企事业单位联合举办的服务项目。如在物业辖区内开办小型商场、储蓄所、公用电信服务网店、饮食店、理发店、修理店等，以方便业主或住户；开办图书室、录像室，举办展览、文化知识讲座；开办幼儿园、学前班；设卫生站，提供出诊、打针、疫苗接种等服务；开办各种健身场所，举办小型体育活动和比赛等。

(2)特约服务。特约服务是指物业服务企业为满足房屋所有人或物业使用人的特殊需要而提供的个性化服务。如房屋代管、室内清洁、土建维修、车辆保管、家政服务、代收代缴水电煤气供热费用、代付各种公用事业费、代办保险与税务等。

当然，物业服务企业举办的便民服务和特约服务项目应当是有偿的且明码标价的，业主和物业使用者可以根据自身的需要自行选择。

3. 多种经营

仅靠向业主和物业使用人收取物业管理费，往往难以保证物业服务企业的健康发展，因此，在物业管理活动中应当遵循"一业为主、以业养业"的原则，开展多种经营以获取收入从而弥补物业管理经费的不足。如物业服务企业可以参与办公楼宇、酒店、商场的租赁经营；可以在物业辖区内利用租赁的公建设施开展属于业主自管范畴的房屋和附属设施设备的维修与改建；可以经营商场、餐饮、电影院等各种生活文化娱乐设施；可以开展不动产投资咨询、住房置换、中介交易、法律咨询等服务活动。

4. 社区管理

参与社区管理是物业服务企业的一个特殊使命。物业服务企业在搞好自身业务之外，还要承担积极参与社区管理这个特殊职能。物业服务企业要与各级政府、医疗、公安部门取得联系，随时传达有关政策和法令，开展社区建设和管理工作。

六、物业管理的对象

物业服务企业应根据业主的委托对其物业进行管理。物业服务企业提供的物业管理服务包括物的管理和人的管理两个方面。物的管理几乎包括各类建筑物，如住宅小区、工业厂房、办公楼、商业大厦、车库等。人的管理是指对业主使用物业的行为和业主的相邻关系的管理，主要包括对建筑物不当毁损行为的管理、对建筑物不当使用行为的管理以及对生活妨害行为的管理。

单元二 物业管理法规概述

一、物业管理法规的概念

物业管理法规主要是以特定的活动或行为规范内容而构成的，表现为物业管理法律、物业管理行政法规和部门规章，以及地方性物业管理法规和规章。"物业管理法规"一词作为法学概念，是指拥有立法权的国家行政机关、地方各级人大依照法定的程序制定和颁布的有关物业管理活动中各物业管理主体的地位、权利义务、行为等方面的规范性文件。目前我国有关物业管理的立法主要以法规的形式出现，少部分的法律内容只涉及一部分物业管理的内容。

二、物业管理法规调整对象

物业管理法规调整的对象是发生在物业管理过程中的各种社会关系。主要包括平等主体之间的物业管理法律关系和不平等主体之间的物业管理法律关系两方面。

(一)平等主体之间的物业管理法律关系

平等主体之间的物业管理法律关系是一种民事法律关系，当事人在法律地位上平等，相互之间可以协商和选择。平等主体之间的物业管理法律关系主要包括：业主或业主组织和物业服务企业之间的法律关系；物业服务企业和专业服务企业之间的法律关系；业主与物业服务企业和供水、供电等单位之间的法律关系；业主或使用人之间的法律关系；社区居委会与业主、业主大会及物业服务企业之间的法律关系等。

1. 业主或业主组织和物业服务企业之间的法律关系

业主或业主组织和物业服务企业之间的关系，是所有物业管理法律关系中最基本的关系，其他关系都是依附于这个基本关系的。业主或业主组织和物业服务企业在法律上是完全平等的，双方通过签订物业服务合同，形成了业主支付服务费用，物业服务企业提供服务的等价交换关系，是双方自愿发生的民事行为。这种自愿表现为业主和物业服务企业都可以自由地选择对方，也可以自由地决定是否接受对方的选择；还表现为物业服务合同内容的确定，比如物业服务企业要提供哪些服务以及服务的标准，业主要交纳多少服务费用都可以自由约定。根据我国法律规定，在有条件的地方，业主委员会应当通过招标投标来选择物业服务企业，双方当事人不仅应遵守有关法律法规，还不得损害国家和社会公共利益。

2. 物业服务企业和专业服务企业之间的法律关系

专业服务企业是指在整个物业管理活动中，专门提供某单一专业服务的企业。例如，物业保洁企业专门从事楼宇的室内外保洁；物业保安企业专门负责楼宇的公共安全；绿化企业专门提供与物业配套的花卉草木的修剪、养护等。

业主通过业主委员会将整个物业的管理服务全部托付给物业服务企业，物业服务企业又把一些专业服务托付给专业服务企业，这种托付行为都是通过合同联结起来的。这样的分工服务关系，符合社会分工专业化的要求，能够更好地为业主服务。需要说明的是，从法律上而言，物业服务企业要向业主承担法律责任，专业服务企业要向物业服务企业承担法律责任，同时，物业服务企业和专业服务企业要向业主或业主委员会负连带民事责任。

3. 业主与物业服务企业和供水、供电等单位之间的法律关系

供电、供水、供气、供热、通信、有线电视等单位向业主提供产品和服务，业主交纳有关费用，这些单位与业主之间是一种合同关系，各自承担相应的权利和义务。而这些单位与相应的物业服务企业之间没有这种合同关系。当然，这些单位可以通过签订委托合同，委托合同应当遵循平等互利的原则，确立委托法律关系，物业服务企业可以按照委托合同的约定代表这些单位向业主收取有关的费用。

4. 业主或使用人之间的法律关系

业主或使用人之间的法律关系，可细分为业主和业主之间、使用人和使用人之间、业主和使用人之间的法律关系三种情况。业主或使用人居住用房或工作用房一般是一套、一个单元或一幢楼。在一个居住小区内或一个大厦内，业主是物业管理区域内物业管理的重要责任主体，物业管理的本质是业主对物业管理区域内共同利益的维护和管理。业主对自己房屋套内部分享有所有权，同时也离不开楼梯、电梯、供水、供电、供气、中央空调等设施设备及对建筑物所占土地的共同使用。在一个物业管理区域内，相邻的业主或使用人之间不可避免地存在相邻关系。从法律上讲，任何业主或使用人在行使自己权利的同时，不得损害他人的正当权益。从我国民法角度而言，不动产的相邻各方，应当按照有利生产、方便生活、团结互助、公平合理的精神，正确处理截水、排水、通行、通风、采光等方面的相互关系。

5. 社区居委会与业主、业主大会及物业服务企业之间的法律关系

社区居委会是居民自我管理、自我教育、自我服务的基层群众性自治组织，是政府工作职能在社区的延伸，它对于化解居民之间的矛盾，促进社会的和谐稳定，发挥了重要作用。一个物业管理区域可能有多个居委会，而一个居委会也可能涉及多个物业管理区域；业主可能是该社区的居民，也可能不是该社区的居民；居委会干部可能是该区域的业主，也可能不是业主。因此，居委会与业主大会之间并不存在隶属关系。但是，业主、业主委员会要更好地维护自己的权益，离不开当地居委会的指导和帮助。《物业管理条例》规定了业主大会、业主委员会做出决定有告知并听取居委会建议的义务，业主大会、业主委员会应当与居委会相互协作，共同做

好维护物业管理区域内社会治安等工作。物业服务企业是按照合同和法律法规的规定进行经营服务，与居委会没有法律上的权利义务关系。

案例分析1

案情介绍：某日，某住宅小区业主郑某家里突然停电。郑某找到小区物业服务企业要求检查停电原因，但物业服务企业告知他，是因为他拖欠物业管理费而停电。为此，郑某非常愤怒，要求物业服务企业恢复供电，但遭到物业服务企业的拒绝。郑某又找到供电管理部门，但供电管理部门的工作人员到达现场后，物业服务企业却拒不合作，不肯打开配电房的门。郑某认为物业服务企业利用管理之便，以停电方式胁迫他交物业管理费，给其生活带来极大不便，将物业服务企业告上了法庭，请求法院判决物业服务企业排除供电妨害，恢复供电，并赔偿经济损失。郑某的主张是否会得到法院支持？

案情分析：物业服务企业没有采取停电措施的权力，其职责是为业主提供优质服务，绝不能对业主采取停电等损害其利益的手段，更不能妨碍供电管理部门排除电力故障。法院经审理后认为，被告物业服务企业并非供电部门，无权以任何理由对原告采取停电措施，否则即构成侵权。原告提出的排除供电妨害、恢复供电和赔偿经济损失的请求获得了法院支持。

(二)不平等主体之间的物业管理法律关系

不平等主体之间的物业管理法律关系是一种行政法律关系，当事人在法律地位上是一种管理者和被管理者之间的关系。不平等主体之间的物业管理法律关系主要包括物业管理行政主管部门和物业服务企业之间的行政法律关系；物业管理行政主管部门和业主自治组织之间的行政法律关系；政府专业管理部门和专业服务公司之间的法律关系；行业协会和物业服务企业之间的法律关系等。

1. 物业管理行政主管部门和物业服务企业之间的行政法律关系

物业管理行政主管部门对物业服务企业的领导管理体现在对物业服务企业的资质管理方面。首先，政府通过设立物业服务企业的市场准入门槛，建立物业服务企业资质等级和资质年检制度，实现对物业服务企业从业资格的管理。其次，政府通过设立物业管理人员的市场准入制度，建立物业管理师执业资格考试和继续教育制度，实现对人员从业资格的管理，管理企业和管理人员并举。再次，对从业经营的物业服务企业进行专业工作监督管理的同时也对物业服务企业的日常工作进行监督管理，接受业主、业主委员会对物业服务企业的投诉，对物业服务企业与业主之间的纠纷做出行政裁决。政府对于物业服务企业的管理，主要是以法规、政策为调控手段进行宏观的指导和监督以及组织协调、信息引导，创造良好的市场交易和服务环境，尊重物业服务企业的经营自主权利和自我约束，不滥用公共权力随意进行干预，更不能直接参与具体的管理活动。

2. 物业管理行政主管部门和业主自治组织之间的行政法律关系

业主也就是物业管理的主体，通过业主大会来行使权利。由于业主之间是一个共同物业利益的群体，其本身没有独立的财产，不能独立地承担民事法律责任，因此在法律上不能登记注册为具有独立法人资格的组织。物业管理行政主管部门对业主自治组织的管理，主要是创造良好的物业管理环境，维护物业服务企业和业主自治组织双方依法形成的合同关系，支持业主自治组织的自主、自治、自律，尊重他们的意志；通过颁布政策与规范性文件规范业主自治组织的行为，指导业主委员会的成立，接受业主委员会成立的备案，接受他们的政策法规咨询和物业管理业务咨询，推广优秀业主委员会的工作，协调业主自治组织与各方的关系，但政府行政主管部门不直接干预业主自治组织的具体工作。

3. 政府专业管理部门和专业服务公司之间的法律关系

在物业管理运作过程中，物业服务企业应与相关政府专业管理部门协调好，做好对辖区的市政供水、供电、电信等设施设备的管理工作，要担负和完成有关规定范围的供电、供排水设施设备的维修管理工作，并且对辖区内市政供水、供电、供气、电信等设施设备的维修管理工作要服从相关的政府专业管理部门的统筹安排和接受业务指导与监督。而市政供水、供电、供气、电信等政府专业管理部门应对物业服务企业的相关工作给予统筹安排、业务指导和监督的大力支持。

4. 行业协会和物业服务企业之间的法律关系

物业管理协会是物业服务企业依据国家社团管理的法律法规，依法登记注册成立的行业性协会，也是政府和物业服务企业之间沟通的桥梁与纽带。

物业管理协会的职能主要包括以下内容：

(1)协助政府贯彻执行国家的有关法律、法规和政策，行业调研和统计工作，为政府制定行业改革方案、发展规划、产业政策等提供预案和建议。

(2)协助政府组织，指导物业管理科研成果的转化和新技术、新产品的推广应用工作，促进行业科技进步。

(3)代表和维护企业合法权益，向政府反映企业的合理要求和建议。

(4)组织制定并监督本行业的行规行约，建立行业自律机制，规范行业自我管理行为，树立行业的良好形象；进行行业内部协调，维护行业内部公平竞争。

(5)为会员单位的企业管理和发展提供信息与咨询服务。

(6)组织开展对物业服务企业的资质评定与管理、物业管理优秀示范项目的达标考评和从业人员执业资格培训工作。

(7)促进国内、国际行业交流和合作。政府可通过协会了解市场动态，沟通信息，强化行业管理。

(8)政府有关部门也可委托协会承担部分行业管理工作。

物业管理协会与物业服务企业的关系有一定意义上的不平等，是不完全的行政管理关系。

三、物业管理法规的原则

1. 保护当事人合法权益的原则

在物业管理中自然人和法人依法取得的各种权益，例如房屋的所有权、土地的使用权以及其他应享有的各项合法权益，都应该受到物业管理法规的保护。保护当事人合法权益的基本含义有三个方面：一是任何自然人和法人的合法权益都受到法律的保护，不应有例外；二是当自然人和法人的合法权益受到非法侵害时，都有权依法通过各种途径实现自己的权利，包括向人民法院提起诉讼；三是任何自然人和法人都不得非法侵害其他自然人和法人的合法权益，如果侵害他人就要承担相应的法律责任。

2. 平等原则

实行物业管理以来，我国曾一度强调业主至上，把业主与物业服务企业之间的关系视为"主仆"关系，没有确定业主与物业服务企业之间正确的民事主体关系，对业主和业主委员会的行为也缺乏约束，当时业主与物业服务企业间的关系是不平等的。随着我国物业管理的不断发展，物业管理虽然也有"管理"两字，但其实质上已经是一种平等的关系。

3. 有利于物业管理行业健康发展的原则

目前，物业管理法规不可能对所有的物业管理法律问题做出具体规定。在实际生活和工作中，如果遇到物业管理法规没有规定的问题，就要遵循市场经济规律，用市场经济理念判断哪些行为有利于物业管理行业的发展，凡是有利于物业管理行业健康发展的行为，应坚决予以支持或保护。

四、物业管理法规的渊源

物业管理法规的渊源是指以宪法为核心的各种物业管理制定法，即物业管理法律规范的各种表现形式。我国物业管理法的渊源主要有以下几方面。

1. 宪法

宪法是国家的根本大法，具有最高的法律效力，一切法律、行政法规、地方性法规都必须符合宪法的规定，不得与宪法的规定相抵触，宪法中关于物业管理的立法依据主要有以下几方面：

《中华人民共和国宪法》（以下简称《宪法》）第十条规定："城市的土地属于国家所有。农村和城市郊区的土地，除由法律规定属于国家所有的以外，属于集体所有；宅基地和自留地、自留山，也属于集体所有。任何组织或者个人不得侵占、买卖或者以其他形式非法转让土地。土地的使用权可以依照法律的规定转让。一切使用土地的组织和个人必须合理地利用土地。"

第十三条规定："公民的合法的私有财产不受侵犯。国家依照法律规定保护公民的私有财产权和继承权。"

第三十九条规定："中华人民共和国公民的住宅不受侵犯。禁止非法搜查或者非法侵入公民的住宅。"

2. 法律

法律是我国最高权力机关即全国人大及其常委会依照法定程序制定的规范性文件。虽然我国尚未制定专门的物业管理法，但是我国有多部法律直接或间接涉及物业管理，与物业管理有关的法律主要有《中华人民共和国民法典》（以下简称《民法典》）、《中华人民共和国土地管理法》（以下简称《土地管理法》）、《中华人民共和国城市房地产管理法》（以下简称《城市房地产管理法》）、《中华人民共和国消费者权益保护法》、《中华人民共和国招标投标法》（以下简称《招标投标法》）、《中华人民共和国民事诉讼法》、《中华人民共和国仲裁法》等。

如《民法典》中明确规定：建筑区划内的道路，属于业主共有，但是属于城镇公共道路的除外；建筑区划内的绿地，属于业主共有，但是属于城镇公共绿地或者明示属于个人的除外；建筑区划内的其他公共场所、公用设施和物业服务用房，属于业主共有。建筑区划内，规划用于停放汽车的车位、车库的归属，由当事人通过出售、附赠或者出租等方式约定；占用业主共有的道路或者其他场地用于停放汽车的车位，属于业主共有。

物业自治管理既是业主的权利，也是业主的义务。业主对建筑物专有部分以外的共有部分，享有权利，承担义务，不得以放弃权利为理由而不履行义务。此外，业主可以自行管理建筑物及其附属设施，也可以委托物业服务企业或者其他管理人管理。对建设单位聘请的物业服务企业或者其他管理人，业主有权依法更换。业主对侵害自己合法权益的行为，可以依法向人民法院提起诉讼。

3. 行政法规

行政法规是国家最高行政机关国务院根据宪法和法律的规定，结合行政管理的需要，按照一定的程序制定的规范性文件。其效力次于宪法和法律。《物业管理条例》是我国物业管理中最主要、最直接、最具法律效力的行政法规。物业管理涉及其他方面的行政法规还有《城市市容和环境卫生管理条例》《建设工程质量管理条例》《城市房地产开发经营管理条例》等。

其中，《物业管理条例》的出台和修订，使我国的物业管理法制建设迈上了新台阶。《物业管理条例》共 7 章 67 条。

(1)立法目的。《物业管理条例》是为了规范物业管理活动，维护业主和物业服务企业的合法权益，改善人民群众的生活和工作环境而制定的。其旨在为物业管理活动建章立制，规范物业管理活动，维护业主和物业服务企业的合法权益；使物业管理发挥良好的社会效益和经济效益，改善人民群众的生活和工作环境。

(2)立法原则。

1)物业管理权利和财产权利相对应的原则。对业主权利义务的规定，其实就是明确了业主作为建筑物区分所有权人的权利义务，对业主在首次业主大会会议上的投票权的规定，是基于业主拥有的财产权份额，将业主的物业管理权利相应建立在对自有房屋拥有的财产权基础之上。

2)维护全体业主合法收益的原则。为维护全体业主的合法利益，《物业管理条例》既对物业服务企业的行为、业主大会的职责及其对涉及业主共同利益事项的表决、个别业主不按合同约定交纳物业服务费用损害全体业主利益的行为、有关政府部门的行政监督管理责任等作了明确规定，也对建设单位、公用事业单位等物业管理相关主体依法应当履行的义务作了详尽规定。

3)现实性与前瞻性有机结合的原则。《物业管理条例》注重保持法规、政策的连续性和稳定性，对被实践证明行之有效的制度，如业主自律、物业服务企业资质管理等制度，予以保留；对主管部门加强对业主大会的指导和监督、物业服务企业做好物业接管验收等，确立为法律规范。

(3)基本制度。

1)业主大会制度。业主大会与业主委员会并存，业主大会决策，业主委员会执行。

2)管理规约制度。管理规约是业主共同订立并应共同遵守的行为准则，对全体业主具有约束力。

3)前期物业招标投标制度。在前期物业管理中，对于住宅小区的物业管理，建设单位应当通过招标投标方式选聘物业服务企业。对于其他类型的物业，提倡业主通过公平、公开、公正的市场竞争机制选择物业服务企业，鼓励建设单位按照房地产开发与物业管理相分离的原则，通过招标投标的方式选聘物业服务企业。

4)告知制度。住宅小区的业主大会会议，应当同时告知相关的居民委员会；业主大会、业主委员会作出的决定违反法律、法规的，物业所在地的区、县人民政府房地产行政主管部门，应当责令限期改正，并通告全体业主；住宅小区的业主大会、业主委员会作出的决定，应当告知相关的居民委员会；业主确需改变公共建筑和共用设施用途的，应当告知物业服务企业；业主需要装饰装修房屋的，应当事先告知物业服务企业；物业服务企业应当将房屋装饰装修的禁止行为和注意事项告知业主。

5)物业服务企业承接查验制度。物业服务企业承接物业时，应当对物业共用部位、共用设施设备进行查验，应当与建设单位或业主委员会办理物业承接验收手续，建设单位、业主委员会应当向物业服务企业移交有关资料。

6)物业服务收费制度。物业服务收费应当遵循合理、公开以及费用与服务水平相适应的原则，区别不同物业的性质和特点，并在合同中约定。

7)保修责任制度。建设单位应当按照国家规定的保修期限和保修范围，承担物业的保修责任；供水、供电、供气、供热、通信、有线电视等单位，应当依法承担物业管理区域内相关管线和设施设备维修、养护的责任；物业存在安全隐患，危及公共利益及他人合法权益时，责任人应当及时维修养护，有关业主应当给予配合；责任人不履行维修养护义务的，经业主大会同意，可以由物业服务企业维修养护，费用由责任人承担。

8）专项维修资金制度。住宅物业、住宅小区内的非住宅物业或者与单幢住宅楼结构相连非住宅物业的业主，应当按照国家有关规定交纳专项维修资金。专项维修资金属业主所有，用于物业保修期满后物业共用部位、共用设施设备的维修、更新和改造。

案例分析2

案情介绍：北京某小区住户王某一家外出旅行一周后回家发现家中一片狼藉，家中所有值钱的东西都被洗劫一空，为此，王某要求物业服务企业赔偿损失，却被小区物业管理部门拒绝，从而发生纠纷。王某诉称：小区物业管理不善，导致他家被盗，造成经济损失，要求物业管理部门赔偿其损失。

小区物业服务企业辩称：治安费仅是物业管理费中的一小部分，主要用于小区日常治安开支。发生这类事件，物业管理部门只能积极配合公安部门破案，争取为住户挽回损失。至于住户提出的赔偿问题，因没有先例，物业管理部门不可能对此进行赔偿。

请分析：物业服务企业是否应进行赔偿？为什么？

案情分析：《物业管理条例》第四十六条规定，物业服务企业应当协助做好物业管理区域内的安全防范工作。发生安全事故时，物业服务企业在采取应急措施的同时，应当及时向有关行政管理部门报告，协助做好救助工作。而本案中因物业服务企业措施不到位，导致住户居室被盗，物业服务企业要承担管理责任，并负责完善管理措施；至于赔偿问题，因目前缺乏相应的法律法规依据，根据有关规定，因物业服务企业不按合同约定提供管理服务造成的损失，业主有权要求物业服务企业赔偿。但由于受损情况也难确定，只能根据物业服务企业的过失、损失情况来确定物业管理部门承担的责任。

4. 地方政府规章

省、自治区、直辖市、省会城市、经国务院批准的较大的市及经济特区的人民政府可以制定地方政府规章，其效力低于同级权力机关制定的地方性法规。地方政府规章中有关物业管理方面的规章也是物业管理法规的具体表现形式，如《深圳经济特区物业管理条例》等。

5. 司法解释

司法解释是指国家最高司法机关根据法律赋予的职权就适用法律具体问题所作的具有普遍司法效力的规范性文件。司法解释中关于物业管理法律规定的解释具有法律约束力，是物业管理法律的渊源之一。

6. 其他规范性文件

其他规范性文件通常是指那些无权制定行政规章的行政机关（如省、自治区、直辖市人民政府下属的委、局、普通的市，非国务院特批的较大的市等），县、区政府及其部门，在其法定职权范围内制定的、在一定区域范围内具有普遍约束力的文件。其他规范性文件的法律效力低于法律、法规和规章的效力，但可作为行政机关实施具体行政行为的依据。

五、物业管理法规的作用

物业管理法规的作用是指该法的功能实际发挥而对物业管理社会关系秩序产生的现实影响

效果或社会效应。加强物业管理法制建设，对推进我国现代化的历史进程、规范人民群众日常生活秩序、维护业主群体的合法权益等有着十分重要的作用。

1. 有利于保障物业管理市场的健康发展

我国的物业管理市场刚刚起步，还存在许多问题。首先，物业产权关系不明晰。目前，很多住宅小区房屋的共用部位、共用的设施设备及小区配套设施设备、道路等产权界定尚未明确，责、权、利难以界定，给物业管理和收费带来很多困难。其次，物业建设和管理之间缺乏有效衔接。一些开发项目在规划设计、施工阶段遗留下较多的问题，有的工程质量低劣，有的配套设施不完善，有的开发建设单位在商品房促销时，对物业管理作出不切实际的承诺，给后续的管理带来困难。最后，业主与物业服务企业双向选择的机制尚未建立。在大多数地区，物业管理的市场环境没有形成。因此，应当通过法律的形式，规范各市场主体的权利和义务，保障物业管理市场的健康发展。

2. 有利于维护物业所有人或者使用人的合法权益

国家为了维护物业所有人或者使用人的利益，也为了维护社会稳定，在物业管理法规中规定了许多维护物业管理权益的制度，主要包括物业所有权、物业使用权、物业抵押权、物业租赁权等方面的权益。例如，为规范物业管理服务收费，明确了物业管理收费的定价原则、定价方式和价格构成。

3. 有利于为优质服务创设保障，为解决纠纷提供依据

物业管理的核心内容是物业服务企业为业主提供满意的人居服务。物业管理服务质量的优劣直接关系到能否创建和保持安全舒适的人居环境。物业管理法规既是业主和物业服务企业约定权利义务的法律依据，也是业主和物业服务企业的行为准则。在业主与物业服务企业之间因合同的订立与履行发生纠纷时，物业管理法规也是人民法院进行审判的依据。

单元三　物业管理法律关系

一、物业管理法律关系的概念

1. 法律关系

法律关系，指法律规范在对社会关系进行调整的过程中所形成的权利和义务关系。现实中，社会关系受到多种社会规范诸如政策规范、法律规范、道德与习惯规范等的调整，只有受法律规范调整的社会关系才形成具有国家强制力的权利和义务关系。此时，社会关系即上升为法律关系。法律关系是社会关系的一种特殊形态。

2. 物业管理法律关系

物业管理法律关系，是随着我国房地产业的发展以及物业管理的成长而出现的一种崭新的法律关系，是当今社会中日益重要的一种法律关系，即由国家物业法律规范确认和调整的，在物业管理和相关活动中主体相互之间形成的具体的权利义务关系。物业管理法律关系有以下三层含义：

（1）第一层含义：物业管理法律关系是物业管理法律规范调整物业管理活动的结果。为了搞好物业管理工作，应当理顺物业管理中的法律关系。只有理顺了法律关系，才能够协调各方面的关系。我国的物业管理必须实现有法可依、依法办理、违法必究的法制化运作。严格依照物业管理法律规范来调整物业管理活动，就会形成物业管理法律关系。

(2)第二层含义：物业管理法律关系是在物业管理法律规范调整之下的物业管理主体之间的社会关系。这种社会关系既包括业主管理委员会与物业服务企业之间的关系，又包括业主与物业服务企业之间的关系、业主与业主之间的关系、业主与业主委员会之间的关系，还包括上述主体与行政管理机关的关系等。

　　(3)第三层含义：物业管理法律关系是物业管理各参加主体之间的权利和义务关系。物业管理法律关系是以物业管理主体的权利和义务为内容。例如，某物业服务企业与某房地产公司签订了物业服务合同，合同签订后一个月物业服务企业如约提供了物业管理整体策划等技术文件，还承诺"物业管理将达到国内外先进水平"，房地产公司如约给付双方合同中约定的物业管理费。双方签订合同的行为、物业服务企业提供文件的行为和房地产公司给付管理费的行为都不是物业管理法律关系的内容，只有双方在合同中享有的权利与承担的义务才是物业管理法律关系的内容。

案例分析3

　　案情介绍：高某看中了某处商品房的顶层，在一次性付清全部房款后准备入住，入住两个月后雨季来临，几场大雨之后，高某发现天花板有水洇湿的现象，后来竟然发展到漏雨的地步，高某于是找到物业服务企业报修。物业服务企业通知了原施工单位，施工单位重新在楼顶进行了防水处理。高某此时已经对现在的房屋有些反感，因此拒交物业管理费。

　　高某认为自己购买房屋就为了居住，现在因为漏雨无法居住，并且自己进行的装修也遭到破坏，他认为这是开发商造成的，所以准备不再交纳第二年的物业管理费和供暖费。

　　开发商认为自己出售的房屋的质量问题是事实，也愿意赔偿高某部分经济损失，但是他们认为自己已经同意为高某调换房屋，自己和高某之间没有纠纷。

　　物业服务企业认为自己及时联系维修房屋，并且现在看来房屋存在质量问题也不是物业服务企业管理不到位导致的，因而物业服务企业对高某不交纳物业管理费的行为无法接受，并且，因为这个小区是采用小区外的供热厂的热力供热，统一供暖时间已到，如果高某不交纳供暖费，他们就要受到经济损失，因此将高某告上法庭。

　　请分析：高某不交物业管理费的理由成立吗？为什么？

　　案情分析：根据《民法典》第一百一十九条：依法成立的合同，对当事人具有法律约束力；第四百六十五条：依法成立的合同，受法律保护；第五百七十九条：当事人一方未支付价款、报酬、租金、利息，或者不履行其他金钱债务的，对方可以请求其支付。

　　高某的房屋漏雨没有证据证明其房子所受损害是由物业服务企业所造成的，房屋漏雨原因法律关系与物业管理法律关系无关，因此，以房屋受损、不能使用而拒交物业管理费的理由不成立。高某必须找到房屋漏雨的根本原因所对应的法律关系，然后针对这一法律关系，找到造成房屋不能使用的人，对其提起诉讼，而不能拒交物业管理费。

二、物业管理法律关系的特点

　　作为一种具体的法律关系，物业管理法律关系具有法律关系的基本特征，但作为法律关系的一种特定形式，物业管理法律关系还具有自身的特性。

1. 物业管理法律关系的基本特征

　　(1)物业管理法律关系必须以物业管理法律规范的存在为前提。任何法律关系都是在法律规范对人们的特定活动过程进行调整时才出现和产生的，物业管理法律关系也不例外，如果没有相关的物业管理法律规范的存在，根本不可能形成物业管理法律关系。某些社会关系虽然受到国家政策法规和道德规范等的约束，但它们还不具有法律上的意义，还只是普通的社会关系。

（2）物业管理法律关系以主体享有权利和承担义务为主要内容。物业管理法律关系是以法律上的权利、义务为纽带而形成的社会关系，它是物业管理法律规范的规定在事实社会关系中的体现。没有特定法律关系主体的实际法律权利和法律义务，就不可能有法律关系的存在。因此，法律权利和义务的内容是物业管理法律关系区别于其他社会关系的重要标志。

（3）物业管理法律关系以国家强制力为保障。物业管理法律关系作为一定社会关系的特殊形式，体现了国家的意志。从这层意义上来说，物业管理法律关系一旦遭到破坏，就意味着国家意志所保护的法律秩序遭到了破坏，此时，国家强制力会立即发挥作用或经由权利人的请求后发挥作用，给予破坏者以适当的惩罚。

2. 物业管理法律关系的独特性

（1）主体范围广泛。物业是最基本、最重要的生活资料和生产资料，任何单位、组织和个人都可能与各种类型的物业发生密切的联系。

物业管理是国家城市规划建设与管理的重要组成部分，其功能的发挥直接关系到人们的生活质量和城市风貌。物业管理的健康发展需要国家、相关行政部门及物业管理协会的管理、监督与指导，同时，物业服务企业、业主大会、业主委员会和专业化公司也参与到物业管理中来，所以说，物业管理法律关系的主体相当广泛。但是，在所有这些主体中，业主和物业服务企业是物业管理法律关系的基本主体，他们之间的法律地位是平等的，通过自愿协商、互惠互利、诚实信用的原则订立物业服务合同来界定双方的权利、义务关系。

（2）关系的多重性。物业管理法律关系的多重性主要表现在以下两个方面：

1）物业管理法律关系有主要关系和次要关系之分。物业服务企业受业主委员会的委托承接物业管理工作，双方须签订物业服务合同。此后，物业服务企业再将物业服务合同中的保洁、绿化、保安等专业服务分包给专业性的服务公司来管理。在这一物业管理法律关系中，物业服务企业与业主委员会之间的委托代理关系是主要关系，物业服务企业与专业性服务公司之间的分包合同关系是次要关系。次要关系以主要关系为前提，没有主要关系的发生就没有次要关系的存在。

2）物业管理法律关系中既存在平等主体之间的民事关系，也存在不平等主体之间的行政管理关系。物业服务企业与业主委员会之间是平等主体间的民事关系，根据物业服务合同的约定，物业服务企业负有对物业进行维修、养护的义务，同时享有收取物业服务费的权利；业主则享有接受符合合同约定标准的物业服务的权利并负有按时、足额交纳物业服务费的义务。同时，物业是城市的基本组成部分，对物业进行管理是社会管理的一项重要内容，因此，政府及相关行政管理部门有必要对房地产开发商、物业服务企业、业主委员会等进行管理、监督和指导，参与到物业管理法律关系中来。他们之间是不平等主体间的行政管理关系，是管理与被管理、命令与服从的关系。

（3）国家干预性强。国家为了维护广大业主的利益、促进土地的保值与增值，避免因物业管理不到位而造成人们居住环境、工作环境和投资环境的破坏，必然通过制定相关法律法规及政策对物业管理收费、物业服务企业资质、物业管理招标投标活动等进行严格的管理和有效的干预，以便引导物业管理行业的健康发展。

三、物业管理法律关系构成要素

（一）物业管理法律关系的主体

物业管理法律关系的主体是指依据物业管理法律规定，能以自己的名义独立地参与物业管理法律关系，并享有相应的权利、承担相应义务的自然人、法人或其他组织。主体是物业管理法律关系的参与者、当事人，是物业管理权利的享有者和义务的承担者，是物业管理法律关系中最活跃、最积极的因素。其中，享有权利的一方为权利主体，负有义务的一方为义务主体。

1. 业主

业主是房屋所有权人和土地使用权人。业主依法对自己所有的物业行使占有、使用、收益、处置的权利及对物业共有部分和共同事务进行管理的权利，并承担相应的义务。在物业管理中，业主又是物业服务企业所提供的物业管理服务的对象。

2. 非业主使用人

非业主使用人是指物业承租人或其他实际使用物业的人。这些物业使用人与物业管理有着密切的关系。他们的一些权利和义务通过业主与物业服务企业协调来实现。非业主使用人与物业服务企业没有直接的法律上的关系，他们与物业服务企业的权利和义务通过业主与物业服务企业间接来实现，因此，非业主使用人的实际利益不会受到影响，他们同普通的业主一样，可以使用区域内的公用设备和设施，应当遵守物业管理区域的管理规定等，也就是说，物业承租人在承租物业的同时，也承租了业主与物业服务企业的权利和义务。但是，非业主使用人毕竟不是业主，某些业主享有的权利他们不能享有，如不能担任业主委员会委员、不能参与对公共事务的管理等，一旦出现纠纷，应以三方相互间的协议为依据解决。因此，非业主使用人的法律地位低于业主，权利也受到较大的限制。

3. 业主大会和业主委员会

（1）业主大会。业主大会是由全体业主组成的，决定物业重大管理事务的业主自治管理组织。业主大会至少每年召开一次，必须有超过半数以上持票权的业主出席参加方可有效。其主要职能是对有关全体业主利益的管理的重大事项进行决策。这些重大决策包括：审议并表决通过业主规约；选举、罢免业主委员会及其组成人员；决定业主委员会的职责、任期、议事方式和表决程序；聘用和解聘物业服务企业等。

（2）业主委员会。业主委员会是指经业主大会选举产生并经房地产行政主管部门登记，在物业管理活动中代表和维护全体业主合法权益的组织，是一个物业管理区域中长期存在的、代表业主行使业主自治管理权的执行机构。业主委员会协助物业服务企业落实各项管理工作，是沟通政府与业主、物业服务企业与业主、业主与业主之间的桥梁。

4. 房地产开发商

房地产开发商是物业的建设者，其建设行为对以后的物业管理起着极其重要的作用，直接影响到物业管理工作能否顺利展开。同时，它也是物业管理活动的参与者，在业主委员会成立之前，房地产开发商应选聘具有一定资质的物业服务企业进行前期物业管理。因此，房地产开发商也是物业管理法律关系的主体。

5. 物业服务企业

物业服务企业是依据《中华人民共和国公司法》成立的专门从事物业管理服务的企业法人。其通过与业主签订物业服务合同，为业主提供专业化的物业管理服务而参与到物业管理法律关系中。作为物业管理服务的供给者，物业服务企业是物业管理法律关系中最基本、最主要的主体，居于核心的地位。

6. 物业管理协会

物业管理协会是物业管理的行业自治组织，具有社会团体法人资格，在物业管理法律关系中享有权利、承担义务。物业管理协会是政府与企业的纽带，具有为政府、为行业（企业）双向服务的功能。其主要职责是宣传物业管理行业的政策、法规；制定物业管理行业的行为准则和道德规范；组织物业管理行业从业人员培训、考试；维护物业管理行业的合法权益；调解行业内部、物业服务企业和业主的矛盾。

7. 行政管理部门

行政管理部门主要是业主生活涉及的公安、消防、环保等政府行政机关，其基于行政权介入物业管理活动，对各方的行为进行指导，此外，还有房地产主管部门。

8. 专业服务公司

专业服务公司主要是指依法成立，与物业服务企业签订承包合同，为物业提供专业的清洁、绿化、保安服务的清洁公司、园林绿化公司、保安公司等。

(二)物业管理法律关系的客体

物业管理法律关系的客体是指物业管理法律关系主体所享有的权利和承担的义务所共同指向的对象，是具体法律关系中主体间权利和义务发生联系的桥梁和中介，是物业管理法律关系必备的要素之一，其存在、变更、转移与灭失都会对物业管理法律关系产生重要的影响。物业管理法律关系的客体主要包括物、行为和非物质财富三类。

(1)物。物即物业，包括建筑物本体、附属设备、公共设施及相关场地。包括物业管理辖界范围内的全部物业之实物体和所包容的空间环境。

(2)行为。行为是指物业管理法律关系主体在物业管理过程中有意识的活动。包括物业行政管理行为，物业服务企业对各类物业维修养护、绿化、清洁、治安等服务管理行为。行为是物业管理法律关系的客体的最主要、最重要的组成。

(3)非物质财富。非物质财富即智力活动成果，包括精神文化财富，如物业小区的荣誉称号、规划设计等。

(三)物业管理法律关系的内容

物业管理法律关系的内容是指物业管理法律关系主体所享有的权利和承担的义务，是物业管理法律关系最实质的构成要素。不同性质的物业管理法律关系主体享有的物业管理权利和承担的义务是不同的。

在具体的物业管理法律关系中，权利是指物业管理法律关系主体依法具有的，在法律所允许的限度内，为实现或维护某种利益，自由地为一定行为或不为一定行为和要求他人为一定行为或不为一定行为的资格。例如，物业所有权人或使用权人有权按照物业服务合同的约定接受物业服务企业提供的服务；有权监督物业共用部位、共用设施设备专项维修基金的管理和使用。

物业管理法律关系内容中，义务是指物业管理法律关系主体，依照法律规定或合同约定，必须为一定行为或不为一定行为的责任。例如，物业服务企业有按照物业服务合同的约定，向业主提供相应服务的义务，而业主则有按时交纳物业服务费用的义务。

可见，物业管理权利和义务是相互对立、相互矛盾但又相互联系、相互制约的。没有无义务的权利，也没有无权利的义务，任何物业管理法律关系主体不能只享有物业管理权利，而不承担物业管理义务；也不能只承担物业管理义务，而不享有物业管理权利。如在物业管理中，业主不能只享受物业服务企业提供的各项服务，而不交纳物业服务费；同理，物业服务企业不能只要求业主交纳物业服务费而不提供相应的物业服务。权利和义务在数量上是等值的，在具体的物业管理法律关系中，物业行政管理机关享有的是一种职权，这既是一种依法享有的权利，又是对国家应负的职责，不可以转让或放弃，具有一定的义务性；业主、物业服务企业有接受、服从管理的义务。

四、物业管理法律关系种类

物业管理法律关系可按不同标准划分出多种类型。按规范法律关系的法律部类不同，可分为民事法律关系、经济法律关系、行政法律关系、刑事法律关系四种类型。其中，刑事法律关系一般不在物业管理规范性法律文件中直接作出规定，只是指出物业管理行为涉及犯罪的按《中华人民共和国刑法》(以下简称《刑法》)的相应规定处理，因此本节不对物业管理刑事法律关系作论述。

(一)物业管理民事法律关系

物业管理民事法律关系是指根据民事法律规范组控所确立的以民事地位和民事权利义务为内容的物业管理社会关系。

1. 物业管理民事法律关系的主要特点

物业管理法律关系中民事法律关系占多数，如物业产权行使法律关系、物业管理或人居服务合同关系、不动产相邻关系、民事违约和侵权关系等。物业管理民事法律关系的特点主要有以下三点：

(1)民事法律关系的参与者法律地位是平等的，当事人之间不存在不平等的命令与服从、管理与被管理的关系。

(2)民事法律关系大多是由当事人自愿设立的，是否建立和以何种形式建立何种民事法律关系，一般是由当事人的合法意思决定的。

(3)民事法律关系中当事人的权利义务一般是对等的，权利义务对等是指当事人双方之间互相享有权利和负有义务。

2. 物业管理民事法律关系的特色

物业管理民事法律关系的基本主体为业主、业主团体组织和物业服务企业。国家虽然作为城市土地所有者而成为物业的最大业主，但并不以土地业主的身份直接参与物业管理民事法律关系，只是在国有土地使用权出让合同期限届满时，才依法出面收回出让的地块及地上物业。而物业管理民事法律关系的客体主要是物业和基于物业管理发生的服务效果。

物业管理民事法律关系的内容受国家意志制约性较强。鉴于物业管理涉及公共利益较为重大，物业管理法规在尊重民事法律关系当事人自愿的前提下，对当事人的民事权利义务特别是义务作出了较多的指导性和强制性规定。

(二)物业管理经济法律关系

物业管理经济法律关系，是指国家及各级政府职能部门在协调和控制物业管理事业运行过程中与业主、业主团体组织、物业服务企业及其他单位和社会组织之间依经济法形成的经济行为和经济权利义务关系。

1. 物业管理经济法律关系的分类

物业管理经济法律关系，按经济关系的性质不同，可以划分为组织性法律关系和运行性法律关系两类。

(1)物业管理组织性法律关系。物业管理组织性法律关系是指物业管理法规所组控的有关国家及政府和职能部门，业主及其团体组织，物业服务企业、物业管理协会等相关社会组织和单位，在物业管理事业体系中的主体地位关系以及它们在物业管理经济组织系统中各自的存在方式和各自职权、职务、职责的权利义务关系。

（2）物业管理运行性法律关系。物业管理运行性法律关系是指国家及其代表机关、业主及其团体组织、物业使用人、物业服务企业、其他有关社会组织和单位之间，为了实现一定的物业管理经济目的而通过市场运行机制和国家宏观调控机制所形成的有关物业及其价值形态物的占有、使用、经营管理、收益分配和处分法律关系以及提供人居服务经济交易市场法律关系。物业管理运行性法律关系是基于物业财产权利归属、运用状况和物业管理服务的经济利益、载体交易事实而发生和变化的。因此，物业管理运行性法律关系也可称为物业管理财产性法律关系。

2. 物业管理经济法律关系的特色

物业管理经济法律关系是物业管理法规中规定内容最多的部分，首先，物业管理经济法律关系分为业主自治管理法律关系和物业管理行业管理法律关系两大部分，其中业主自治管理板块不仅包含物业经济管理的关系内容，而且掺和着人居环境文明建设管理的关系内容；其次，物业管理经济法律关系中代表国家执行对物业管理事业的归口管理的机关，不是国家发改委、国家工商行政管理局等一般的综合经济管理部门，而是国务院房地产行政主管部门和由县级以上地方政府确定负责物业管理归口管理的部门；最后，物业管理经济法律关系涉及经济法律规范所调控的包括规划、计划、财政、物价、工商、税收、金融、会计、劳动、环境保护、反不正当竞争、产品和服务质量监督、消费者权益保护等各种经济法律关系。

（三）物业管理行政法律关系

物业管理行政法律关系是指因与物业管理相关的行政法律调控而在政府、物业管理归口主管行政部门、其他有关职能部门之间及其与业主、物业使用人、业主团体组织、物业服务企业、其他与物业管理有关的社会组织和单位之间形成的行政管理事务方面的地位、权利义务关系。

物业管理法规对物业管理行政法律关系的规定有三个侧重点：首先，明确政府职能部门的归口主管权和分工管理权关系，解决多头行政管理混乱问题；其次，界定物业管理行政主管部门只有指导权和监督管理权，解决行政干预违法问题；最后，将行政管理法律关系与经济管理法律关系有机结合起来，充分利用行政资源和社会资源，以行政立法和行政执行方式积极促进物业管理市场和物业管理行业健康发展，保护业主自治管理的经济利益，解决物业管理事业发展经济障碍问题。

五、物业管理法律关系的产生、变更与终止

1. 物业管理法律关系的产生

物业管理法律关系的产生，是指在物业管理法律关系主体之间新形成某种法律上的权利和义务关系。例如，因签订物业服务合同而形成的业主与物业服务企业之间的权利和义务关系。

2. 物业管理法律关系的变更

物业管理法律关系的变更，是指物业管理法律关系的主体、客体或内容发生部分变化。它包括：权利主体的改变；权利客体的改变；法律关系内容的改变。权利主体的改变是指权利从这一主体转移到另一主体。例如，根据《物业管理条例》规定，住宅区的开发商在移交住宅区时，以建造成本价提供物业管理用房，使物业管理用房所有权的主体由开发建设方所有转移变为该住宅区全体业主共有。权利客体的变化，指权利义务所指向的对象（物业、权利、行为效果）发生了改变而导致物业管理法律关系的改变。例如，物业服务企业对物业不认真维护，会使物业这种客体的质量由好变坏。法律关系内容的改变，指主体间权利和义务的改变。例如，双方当事人修改物业服务合同，使物业服务企业或业主方的权利、义务发生变化。

3. 物业管理法律关系的终止

物业管理法律关系的终止指物业管理法律关系主体间的权利义务终止。例如，当物业服务企业与业主的物业服务合同到期后，双方的物业服务合同法律关系即告终止；业主大会成立并与物业服务企业签订的合同生效后，前期物业管理法律关系结束；物业服务合同期未满，但合同一方或双方依法解除合同的，双方的物业管理法律关系也即终止。

4. 物业管理法律关系产生、变更和终止的条件

物业管理法律关系的产生、变更和终止必须以相应的法律规范的存在为前提，物业管理法律规范是由国家制定和认可的，并以国家强制力保证实施的物业管理行为规则，是确认、调整主体行为的前提条件。然而，仅有法律规范，这种可能性是无法变为现实的，还必须有物业管理经济法律事实的存在。根据其发生是否以物业管理法律关系主体的意志为转移，物业管理法律事实可以划分为法律事件和法律行为。

(1)法律事件。物业管理法律事件是物业管理法规规定的，不以当事人的意志为转移而引起物业管理法律关系产生、变更或消灭的客观事实。导致物业管理法律关系产生、变更或终止的法律事件如下：

1)不可抗力事件。不可抗力事件是指当事人无法预见，对其发生和后果不能避免地无法克服的客观情况，如火灾、水灾、台风和海啸等。

2)社会意外事件。社会意外事件是指由他人的行为所引发，但事件本身与当事人的意志无关的事件，如人为纵火、失火和生产事故等。

3)业主死亡事件。业主死亡事件即身为自然人的业主死亡，该事实能够引起相关物业及业主身份的继承关系发生以及物业管理法律关系主体的变更。

4)物业服务企业依法解散或破产。作为法人的物业服务企业被依法解散或破产，该事实可以引起相关物业管理法律关系的终止。

5)法律或约定的事实。如物业服务合同约定的合同期限已到，可以引起物业管理法律关系的终止。

(2)法律行为。物业管理法律行为是指物业管理法律关系的主体，根据自己的主观意志进行的具有法律意义的有意识的活动。法律行为可以作为法律事实而存在，能够引起法律关系产生、变更和消灭。因为人们的意志有善意与恶意、合法和违法之分，故其行为也可以分为善意行为、合法行为与恶意行为、违法行为。

物业管理法律行为包括作为和不作为两种方式。作为是指物业管理法律关系的主体的积极行为，如业主与物业服务企业订立物业服务合同。不作为是指物业管理法律关系的主体的消极行为，如业主不按物业服务合同的约定交纳物业服务费用，物业服务企业不按物业服务合同的约定，履行清洁、绿化、保安服务的义务的消极行为。无论是作为还是不作为都能引起物业管理法律关系的产生、变更和消灭。

单元四 物业管理法律责任

一、物业管理法律责任的概念

1. 法律责任

法律责任是指法律关系的主体由于其行为违法，按照法律规定必须承担的不利的法律后果。

法律责任是社会责任的一种，承担法律责任的最终依据是法律。

2. 物业管理法律责任

物业管理法律责任是指物业管理活动的主体因违反物业管理法规的行为所应依法承担的法律后果。

物业管理法律责任制度是法律对物业管理社会关系进行调控的一种形式，以保护合法权益、促进义务履行为主要内容，而在法律责任追究方与法律责任承担方之间建立起与国家强制处罚措施相联系的权利义务关系。物业管理法律责任制度的功能主要体现在处罚物业管理中的违法行为、补偿受害者的损失和教育人们遵纪守法三个方面。在物业管理活动中，要使责任人不能逃避其应承担的法律责任，完善物业管理法律规范，专设"法律责任"章节是非常有必要的。国务院颁布的行政法规《物业管理条例》第六章以专章形式规定了各种违法行为应承担的责任。

二、物业管理法律责任构成要件

物业管理法律责任构成要件是指构成法律责任必须具备的各种条件或必须符合的标准，它是国家机关要求行为人承担法律责任时所掌握的标准。根据违法行为的一般特点，法律责任的构成要件包括主体、过错、违法行为、损害事实与因果关系五个方面。

1. 主体

法律责任构成要件中的主体是指具有法定责任能力的自然人、法人或其他社会组织。就自然人而言，只有到了法定年龄，具有理解、辨认和控制自己行为能力的人，才能成为责任承担的主体。没有达到法定年龄或不能理解、辨认和控制自己行为的人，即使其行为造成了对社会的危害，也不能承担法律责任。对他们行为造成的损害，由其监护人承担相应的责任。同样，依法成立的法人和社会组织，其承担法律责任的能力，也是自成立时开始。

2. 过错

构成法律责任要件的过错是指行为主体的主观故意和主观过失，也称心理状态。主观故意是指行为人明确自己行为的不良后果，却希望或放任其结果发生。主观过失是指行为人应当预见到自己的行为可能发生不良后果而没有预见（疏忽），或者已经预见而轻信不会发生或自信可以避免而懈怠。过错在不同法律关系中的重要程度是不同的。在民事法律中一般较少区分故意与过失，有时民事责任不以有过错为前提条件，而在刑事法律关系中有无过错就非常重要。

3. 违法行为

违法行为是指违反法律所规定的义务，超越权利的界限行使权利以及侵权行为的总称，包括直接侵害行为和间接侵害行为。直接侵害行为是指直接侵害法定权利或不履行法定义务给社会造成一定危害的行为；间接侵害行为是指虽未侵害受害人的法定权利或未直接对受害人不履行法定义务，但由于行为人未能对直接侵害法定权利者或不履行法定义务者尽到义务，从而导致或促使直接侵害发生的行为。

违法行为是法律责任产生的前提，没有违法行为就没有法律责任；法律责任的承担不以违法的构成为条件，而是以法律规定为条件。这是两者关系的特殊情形。

4. 损害事实

损害事实是指人身、财产、精神受到损失和伤害的事实。损害事实不是臆想的、虚构的、尚未发生的现象，而是一个确定的事实。损害事实是法律责任的必要条件，任何人只有在受到他人行为损害的情况下才能请求法律上的补救，也就是说行为人只有在其行为致他人损害时，才有可能承担法律责任。

5. 因果关系

因果关系是指违法行为与损害事实二者之间存有必然的联系，即某一损害事实是由行为人与某一行为直接引起的，二者存在着直接的因果关系。法律责任原则上要求证明违法行为与损害结果之间存在因果关系，若无因果关系则不承担法律责任。直接因果关系中的联系称为直接原因，间接因果关系中的联系称为间接原因。作为损害直接原因的行为要承担责任，而作为间接原因的行为只有在法律有规定的情况下才承担法律责任。

三、物业管理法律责任分类

由于物业管理法律关系义务主体的义务多种多样，调整义务的法律也是多种多样，违反义务承担的责任也呈现多种情况，因此物业管理法律责任有多种分类。根据引起责任的行为性质不同可将物业管理法律关系分为民事责任、行政责任和刑事责任三类。

(一)民事责任

1. 民事责任的概念与特点

民事责任是指公民或法人因违约，违反民事法律，或者因法律规定的其他事由而依法应承担的不利后果。

民事责任是一种救济责任，也具有惩罚的内容；是一种财产责任，也包括其他责任方式；是一方当事人对另一方当事人的责任，在法律允许的条件下，多数民事责任可以由当事人协商解决。

2. 民事责任的分类

民事责任根据不同的标准可作不同的分类，见表 1-1。

表 1-1　民事责任的分类

分类标准	类别	内容
根据承担民事责任的原因分类	违约责任	违约责任又称违反合同的民事责任，是指合同当事人因违反合同所应承担的责任。依违约责任形态不同分为不履行合同义务和履行合同义务不符合约定两种。不履行合同义务是指合同当事人不能履行或拒绝履行合同义务。履行合同义务不符合约定包括不履行合同义务以外的一切情况，包括履行迟延和不完全履行
	一般侵权责任	一般侵权责任是指行为人因自己的过错，非法侵犯他人的财产权利、人身权利及知识产权，造成他人权益损害时应对受害人负赔偿的民事责任
	特殊侵权责任	特殊侵权责任是指欠缺一般侵权行为构成要件的特别侵害所产生的责任。特殊侵权行为是指当事人基于与自己有关的行为、物件、事件或者其他特别原因致人损害，依照民法上的特别责任条款或者民事特别法的规定所应当承担的民事责任
根据共同责任中的相互关系分类	按份责任	按份责任是指多数当事人按照法律规定或者合同约定，各自承担一定份额的民事责任。在按份责任中，债权人如果请求某一债务人清偿的份额超出了其应承担的份额，该债务人可以予以拒绝。如果法律没有规定或合同没有约定这种份额，则推定为均等的责任份额
	连带责任	连带责任是指多数当事人按照法律的规定或者合同的约定，连带地向权利人承担责任。在连带责任中，权利人有权要求责任人中的任何一个人承担全部或部分的责任，责任人不得推脱。任何一个连带债务人对债权人做出部分或全部清偿，都将导致责任的相应部分或全部消灭

续表

分类标准	类别	内容
根据当事人心理状态分类	过错责任	过错责任是指行为人违反民事义务并致他人损害时，主观上有故意或者过失心理状态
	无过错责任	无过错责任是指行为人只要给他人造成损失，不问其主观上是否有过错而都应承担的责任
	公平责任	公平责任是指当事人对造成的损害都无过错，又不能适用无过错责任要求加害人承担赔偿责任，但如果不赔偿受害人遭受的损失又显失公平情况下，由加害人对受害人的财产损失给予适当补偿的一种责任形式

3. 民事责任的承担方式

根据《民法典》的相关规定，民事责任的承担方式主要有十一种，包括：停止侵害；排除妨碍；消除危险；返还财产；恢复原状；修理、重作、更换；继续履行；赔偿损失；支付违约金；消除影响、恢复名誉；赔礼道歉。这十一种方式可以单独适用，也可以合并适用。

(二)行政责任

1. 行政责任的概念与特点

行政责任是因违反行政法或因行政法规定的事由而应承担的不利后果。它又包括行政机关及其工作人员的行政责任和行政相对人的行政责任。

行政责任的承担主体是行政主体(拥有行政管理职权的行政机关及其公职人员)和行政相对人(负有遵守行政法义务的普通公民、法人)。产生行政责任的原因是行为人的行政违法行为和法律规定的特定情况。通常情况下，行政责任的制定实行过错推定的方法。行政责任的承担方式包括行为责任、精神责任、财产责任和人身责任，呈现多样化特性。

2. 行政责任的分类

行政责任根据不同的标准可作不同的分类，见表1-2。

表 1-2 行政责任的分类

分类标准	类别	内容
根据行政责任功能不同分类	惩罚性行政责任	惩罚性行政责任是指行政违法主体承担的法律责任具有惩罚性。如通报批评、行政处分、罚款处罚等，都具有惩罚性
	补救性行政责任	补救性行政责任是指行政违法主体承担的法律责任具有补救性。如责任的产生是因行政主体没有履行行政职责时，责令其履行职务；承认错误、赔礼道歉；恢复名誉、消除影响等
根据责任主体不同分类	行政主体责任	行政主体违反行政法律规范而依法承担的法律责任
	行政相对方责任	行政相对方违反行政法律规范而依法承担的法律责任
根据行政责任形式不同分类	内部责任	内部责任是行政机关内部追究违法行政的工作人员的法律责任，如对违法行政的工作人员给予行政处分
	外部责任	外部责任是行政机关因违法行政向行政相对人承担的法律责任，如向行政相对人做行政赔偿

3. 行政责任的承担方式

行政责任的承担方式有行政处罚和行政处分两种。

(1)行政处罚。行政处罚是指有处罚权的行政机关组织，对违反行政法律法规的行政相对人给予行政制裁的具体行政行为。行政处罚包括警告；罚款；没收违法所得的非法财务；责令停产停业；暂扣或者吊销许可证、暂扣或者吊销执照；行政拘留等。

1）警告。警告是指行政机关对违法者予以惩戒和谴责的一种处罚，适用于情节比较轻微的违法行为，惩罚的程度较轻。

2）罚款。罚款是指行政机关强制违法者在一定期限内向国家缴纳一定数量的货币而使其遭受一定经济利益损失的一种处罚，适用于以非法牟取经济利益为目的的行政违法行为。

3）没收违法所得和非法财物。没收违法所得和非法财物是指行政机关依法将行为人以违法手段取得的金钱、其他财物、违禁物或违法行为工具等收归国有的一种处罚。

4）责令停产停业。责令停产停业是指行政机关强制要求违法者停止生产或者经营的一种处罚。

5）暂扣或者吊销许可证、暂扣或者吊销执照。暂扣或者吊销许可证、暂扣或者吊销执照是指行政机关依法限制或者剥夺违法者原有的特许权利或者资格的一种处罚。暂扣是指中止违法者从事某种活动的权利或资格，待经过一定期限或其改正违法行为后，再发还许可证或者执照，恢复其某种权利或资格；吊销则是为了禁止违法者继续从事某种活动，剥夺其某种权利或者撤销对其某种资格的确认。

6）行政拘留。行政拘留是指公安机关限制违反治安管理秩序的行为人短期人身自由的一种处罚。行政拘留与刑事拘留和司法拘留不同：行政拘留是公安机关对行政违法行为人所作的行政制裁；刑事拘留是公安机关对犯罪嫌疑人实施的临时剥夺其人身自由的刑事强制措施；司法拘留是人民法院对妨害诉讼程序的行为人所实施的临时剥夺其人身自由的司法强制措施。

（2）行政处分。行政处分是指国家机关、企事业单位对所属的工作人员和职工尚不构成犯罪的违法失职行为，依据法律法规所规定的权限而给予的一种惩戒。行政处分包括警告、记过、记大过、降级、撤职、开除。

1）警告。警告是一种应记入本人档案的批评，适用于违反行政纪律行为轻微的人员。

2）记过。记过是将过错记入其本人档案的行政处分形式，适用于违反行政纪律行为比较轻微的人员。

3）记大过。记大过是将严重过错在其档案材料中加以登记的行政处分。适用于违反行政纪律行为比较严重，给国家和人民造成一定损失的人员。

4）降级。降级是给予降低行政及工资级别的处分。适用于违反行政纪律，使国家和人民利益受一定损失的人员。

5）撤职。撤职是对犯有严重错误或者有严重违法乱纪行为，不适宜担任现任职务的人员，解除其现任职务的处分形式。

6）开除。开除是指对犯有严重错误，违法失职而又屡教不改人员的一种解除其在国家行政机关任职资格的处分决定。开除是一种最重的行政处分形式。

（三）刑事责任

1. 刑事责任的概念与特点

刑事责任是指因违反刑事法律而应当承担的不利后果。它是最为严厉的法律责任，必须由国家刑事法律规定，由司法机关判处，其他任何单位和个人禁止行使。刑事责任基本上是一种个人责任，有时也包括集体责任。

2. 刑事责任的分类

在刑罚体系中，根据不同的标准可对刑事责任作不同的分类，见表1-3。

表 1-3　刑事责任的分类

分类标准	类别	内容
根据刑罚方法是单独适用还是附加适用分类	主刑	主刑又称基本刑，是对犯罪分子独立适用的主要刑罚方法。主刑只能独立适用，而不能附加于其他刑罚方法适用，对一种犯罪或同一犯罪人一次只能判处一个主刑，而不能同时判处数个主刑
	附加刑	附加刑又称从刑，是补充主刑适用的刑罚方法。附加刑既可以作为主刑的附加刑适用，又可以独立适用。在独立适用时，它适用于较轻的犯罪。在适用附加刑时，可以同时适用两个以上的附加刑
根据受刑人被剥夺的利益性质分类	生命刑	生命刑即死刑，是剥夺犯罪人生命的刑罚，也是最严厉的一种刑罚
	自由刑	自由刑是剥夺或限制犯罪人人身自由的刑罚。如拘役、有期徒刑、无期徒刑等，是运用最广泛的一种刑罚
	财产刑	财产刑是一种剥夺犯罪人财产的刑罚，如罚金、没收财产，多适用于贪污犯罪
	资格刑	资格刑是剥夺犯罪人行使某些权利之资格的刑罚，如剥夺政治权利
根据受刑人的自身特点分类	普通刑罚	普通刑罚是指对具备犯罪主体特征的任何人都可以适用的刑罚，如管制、拘役、有期徒刑等
	特别刑罚	特别刑罚是指只能对法律有特别要求的犯罪主体才能适用的刑罚，如驱逐出境只适用于犯罪的外国人

3. 刑事责任的承担方式

（1）主刑。主刑包括管制、拘役、有期徒刑、无期徒刑和死刑。

1）管制。管制是一种对犯罪分子不予关押，但限制其一定自由，交由公安机关管束和群众监督改造的刑罚方式。

2）拘役。拘役是一种由人民法院判处短期剥夺犯罪分子人身自由，并就近实行劳动改造的刑罚方法。

3）有期徒刑。有期徒刑是一种剥夺犯罪分子一定期限的人身自由，并强制劳动改造的刑罚方法。

4）无期徒刑。无期徒刑是一种剥夺犯罪分子终身人身自由，并强制劳动改造的刑罚方法。适用于罪行严重，但还不必判处死刑，又需要与社会永久隔离的犯罪分子。

5）死刑。死刑是一种剥夺犯罪分子生命的刑罚方法，适用于罪大恶极的犯罪分子。死刑包括判处死刑缓期两年执行，即死缓。死缓是死刑的一种执行方法，不是独立的刑种。

（2）附加刑。附加刑包括罚金、剥夺政治权利和没收财产。

1）罚金。罚金是一种判处犯罪分子向国家缴纳一定数量金钱的刑罚方法。罚金与罚款不同。前者是刑罚的一种，只能由人民法院代表国家对犯罪分子适用；而后者是一种行政处罚方法，由行政执法部门对违法人员适用。

2）剥夺政治权利。剥夺政治权利是一种剥夺犯罪分子参加国家管理和从事政治活动权利的刑罚方法。该刑罚方法既显示政治权利的严肃性，也可防止他们滥用这种权利进行犯罪活动。

3）没收财产。没收财产是一种将犯罪分子个人所有财产的一部分或全部依法强制无偿地收归国有的刑罚方法，是对犯罪分子的惩罚和教育，也从经济上剥夺了他们继续犯罪的物质条件。

四、物业管理法律责任的特点

物业管理法律责任的特点较为复杂和丰富，主要体现在：法律责任主体多元交织；法律责任性质多元复合；法定责任和协议责任并存；技术法律规范广泛适用；民事责任明显多于其他责任。

1. 法律责任主体多元交织

物业管理主体颇为复杂，有建设单位、房地产开发商、业主或使用人、业主大会和业主委员会，有物业服务企业和专业服务企业，还有物业管理行政主管部门和有关政府管理职能部门。因此，法律关系相当复杂，法律责任主体呈现多元交织的特点。

2. 法律责任性质多元复合

物业管理法律关系和法律责任的复杂性不仅表现为法律责任的类别繁多（民事责任、行政责任和刑事责任），还表现为多种法律责任的复合。看似是一个需要承担物业管理法律责任的违法行为，但却要承担民事和行政两种法律责任，有的还要承担刑事责任。

3. 法定责任和协议责任并存

物业管理活动是基于国家颁布的一系列法律法规和业主委员会与物业服务企业之间签订的物业服务合同而产生的。物业服务合同的法律效力来源于国家对当事人之间合同的认可并予以国家强制力保护。物业管理中如果发生的法律责任确定时，除依据国家相关的法律法规规定外，也要以符合法律法规规定的合同为依据，但法定责任优先。

4. 技术法律规范广泛适用

物业管理工作既包括技术含量比较低的普通保洁、绿化和保安工作，又包括许多技术含量高的专业工作。在涉及物业的维修、房屋修缮、装饰装修、机电设备和市政设施的维修养护、安全防范设施更新、污水和垃圾无害处理等专业性、技术性很强的工作方面，国家已经颁布了许多技术标准和规程。物业管理活动中，对有争议的技术性很强的专业问题，在确定物业管理技术操作法律责任时，必须充分运用国家颁布的技术规范、技术规程中关于技术问题的规定来处理。

5. 民事责任明显多于其他责任

在发生和需要处理解决的纠纷中，按照数量做比较，基本符合三大法律责任分布的一般状态，即民事责任最多，行政责任次之，刑事责任极少。并且由于现代物业尤其居住物业中，物业都处于"区分所有权"状态，拥有区分所有权的业主都处于紧密型相邻状态，因此，相邻关系中的侵权非常容易发生，况且我国的业主特别年轻，更易于发生纠纷，产生侵权的民事责任。民事责任中，属于相邻关系的侵权责任居多是民事责任特点的又一深化。

📝➤ 模块小结

物业是指已建成并交付使用的住宅、工业建筑、公共建筑用房等建筑物及其附属的设施设备和相关场地。物业管理是指受物业所有人的委托，依据物业管理委托合同，对物业的房屋建筑及其设备，市政公用设施、绿化、卫生、交通、治安和环境容貌等管理项目进行维护、修缮和整治，并向物业所有人和使用人提供综合性的有偿服务。物业管理法规主要是以特定的活动或行业为规范内容而构成的，表现为物业管理法律、物业管理行政法规和部门规章，以及地方性物业管理法规和规章。物业管理法规的渊源是指以宪法为核心的各种物业管理制定法，即物业管理法律规范的各种表现形式。物业管理法律关系，是随着我国房地产业的发展以及物业管理的成长而出现的一种崭新的法律关系，是当今社会中日益重要的一种法律关系，即由国家物业法律规范确认和调整的，在物业管理和相关活动中主体相互之间形成的具体的权利义务关系。物业管理法律关系构成要素包括主体、客体和内容。物业管理的法律责任是指物业管理活动的主体因违反物业管理法规的行为所应依法承担的法律后果。根据违法行为的一般特点，法律责任的构成要件包括主体、过错、违法行为、损害事实与因果关系五个方面。根据引起责任的行为性质不同可将物业管理法律关系分为民事责任、行政责任、刑事责任三类。

思考与练习

一、填空题

1. 物业管理是指受_____的委托，依据物业管理委托合同，对物业的房屋建筑及其设备、市政公用设施、绿化、卫生、交通、治安和环境容貌等管理项目进行维护、修缮和整治，并向_____和_____提供综合性的_____服务。

2. 物业管理的特点包括_____、_____、_____、_____。

3. 物业管理法规调整的对象主要包括_____的物业管理法律关系和_____的物业管理法律关系两方面。

4. 物业管理法律关系的客体主要包括_____、_____和_____三类。

5. 物业管理经济法律关系，按经济关系的性质不同，可以划分为_____和_____两类。

6. _____是物业管理法规规定的，不以当事人的意志为转移而引起物业管理法律关系产生、变更或消灭的客观事实。

7. _____是指物业管理法律关系的主体，根据自己的主观意志进行的具有法律意义的有意识的活动。

8. 根据违法行为的一般特点，法律责任的构成要件包括_____、_____、_____、_____与_____五个方面。

9. 根据引起责任的行为性质不同可将物业管理法律关系分为_____、_____、_____三类。

二、简答题

1. 物业管理的特色服务有哪些？

2. 简述物业管理的对象。

3. 简述物业管理法规的原则。

4. 简述物业管理法规的作用。

5. 简述物业管理法律关系的三层含义。

6. 物业管理法律关系的主体有哪些？

模块二 物业权属法律制度

学习目标

通过本模块的学习，了解物权的概念、特点、种类，物业权属的概念、特点，土地所有权、土地使用权、房屋产权、物业相邻权、物业抵押权的概念，建筑物区分所有权的概念、特点；掌握物业产权的取得、消灭和变更，建筑物的专有权、共有权和管理权，物业权属登记制度与物业产籍管理。

能力目标

能够明确物业的产权归属，明确建筑物区分所有权的内容，能够办理物业权属的登记、变更、转让等。

引入案例

某住宅小区 8 单元第 6 层住宅的外墙下水管渗漏，湿了以下三层沿管的大片外墙。

物业服务企业提出要对其维修，其维修费由谁出？

8 单元共 8 家住户，说法不一，7、8 层的住户认为此事与他们无关，他们不出维修费；6 层以下的住户认为该维修费应由第 6 层的住户出；第 6 层的住户认为该维修费应从维修基金出。

水管渗漏，属于一般维修，换根外墙水管即可。因此，不应使用维修基金。因这根水管修好以后，8 单元住户都受益，根据"谁受益，谁负责"的原则，应由 8 家住户共同维修，具体费用按份额比例分摊。

单元一 物业权属概述

一、物权的概念与特点

1. 物权的概念

物权是其他各项民事权利的基础。根据《民法典》，物权是指权利人依法对特定的物享有直接支配和排他的权利，包括所有权、用益物权和担保物权。《民法典》所称的物包括不动产和动产。法律规定权利作为物权客体的，依照其规定。

2. 物权的特点

物权是一种重要的财产权，与债权等其他财产权不同，具有自身的独特性。

（1）物权是权利人直接支配物的权利，物权也称绝对权。一方面，物权的权利人可以依据自己的意志依法占有、使用其物或采取其他的支配方式，未经权利人同意任何人不得侵害和干涉；另一方面，物权人可以以自己的意志独立进行支配而无须他人同意。物权的义务人是物权的权利人以外的任何其他的人。

（2）物权是对物的直接支配权，也就是说物权的客体是物。物权的支配权属性决定物权的客体须是特定物，种类物只有经特定后才可能称为物权的客体。此外，作为物权客体的物必须是有体物和独立物。有体物包括固体、液体、气体、电等，能够作为物权法规范对象的人力所能控制并有利用价值的物。独立物是指能够单独、个别地存在的物，如一幢房屋、一台机床。

（3）物权的内容是对物的直接管理和支配。所谓支配，是指对物进行占有、使用、收益和处分。对物的直接管理和支配，意味着其权利主体实现其权利任凭自己的行为即可，无须他人的行为的介入，这是物权的本质，而债权要通过债务人的给付行为才能实现。物权人通过对物的直接管理和支配达到享受物的经济利益的目的。

（4）物权具有独占性和排他性。物权的独占性和排他性包括两层含义。一是同一物上不得同时设立两个以上内容不相容的物权，具体来说，包括一物以上不得成立两个所有权或者不得有相互冲突的用益物权或者担保物权，这就是通常所谓的"一物一权原则"。当然，所有权的排他性并不排斥"共有"，即少数人共同享有对某物的所有权。二是物权具有排除他人侵害、干涉和妨碍的效力，这一效力主要表现为物权请求权，如权利人可以请求侵害人或妨碍人停止侵害、消除危险、排除妨害、恢复原状等。

（5）物权具有法定性。由于物权具有直接支配和排他的效力，因此物权的创设、内容和效力均由法律规定，而不容当事人私自约定。

（6）物权具有优先效力、追及效力和妨害排除效力。

1）物权的优先效力包括对内效力和对外效力两方面内容：对内效力指物权与债权并存时，物权优于债权；对外效力指先设立的物权优于后设立的物权。

2）物权的追及效力是指物权成立后，其标的物无论辗转于何人之手，物权人均可依法向物的不法占有人追索，请求其返还原物。

3）物权的妨害排除效力，即当物权人的权利遭受他人的侵害或妨害时，物权人基于物权请求权，可请求排除他人妨害，以恢复权利人对物的正常支配。

（7）物权的设立必须公示。物权的设立必须公示，通常动产以交付为公示，不动产以登记为公示。

二、物权的种类

依照我国《民法典》的规定，物权可以分为以下几类：

1. 所有权

所有权是所有人在法律规定的范围内对自己的不动产或者动产进行占有、使用、收益和处分等权利，是最完全、最充分的物权。

2. 用益物权

用益物权是指用益物权人对他人所有的不动产或者动产，在一定范围内依法享有占有、使用和收益的权利。我国《民法典》中的用益物权包括土地承包经营权、建设用地使用权、宅基地使用权、地役权等。

3. 担保物权

担保物权是权利主体为了实现他人物的交换价值以担保自己的债权所享有的物权，担保物权人在债务人不履行到期债务或者发生当事人约定的实现担保物权的情形，依法享有就担保财产优先受偿的权利，但法律另有规定的除外。

4. 占有

基于合同关系等产生的占有，有关不动产或者动产的使用、收益、违约责任等，按照合同约定；合同没有约定或者约定不明确的，依照有关法律规定。

三、物业权属的概念、特点

1. 物业权属的概念

物业权属，是指物业权利在主体上的归属状态。通常所说的物业权利特指物业民事财产权利，即业主、非业主使用人、物业他项权利。

物业权属与物业权利的区别之处在于：物业权利指的是权利主体依法可为一定行为或不为一定行为或要求他人为一定行为或不为一定行为，它侧重于权利本身所具有的内容。如房屋所有权人拥有占有、使用、从中获得收益和处分房屋的权利。而物业权属则更强调权利与权利主体的联系，是有关行政部门依法行使行政管理职能进行确权后的结果。如在我国土地所有权的主体只能是国家和集体。

2. 物业权属的特点

（1）物业权属的二元性。物业权属状况包括土地使用权和房屋所有权两方面。在我国，土地的权属和房屋的权属要分别进行登记，即使是体现在同一个房屋产权证中。由此确认了我国物业权属结构为房屋所有权和土地使用权的二元结构。

（2）物业权属的稳定性与变化性。一方面房地产的空间位置是固定的，使用寿命较长，不能被隐匿、被偷盗。同时其流转需要法定的程序，因此物业权属具有稳定性。另一方面，由于土地空间的稀缺，房地产会不断增值，成为人们保值、增值的工具，投资的手段，其权属又有潜在的变化性。

（3）物业权属的复杂性。在物业权属法律关系中，物业权属比较复杂，有一个人对物业单独享有权利的情形；还有通过登记机关的权属证书反映不出来的，但是也必须认定为共有的情形。

（4）物业权属的国家干预性。物业权属状况以国家行政机关的登记为有效要件，无论是土地的权属状况，还是房屋的权属状况，都由国家行政机关严格管理，登记机关的登记是认定权属状况的最终依据。另外，某些情况下，登记机关甚至可以收回已确认的土地或房屋的权利，如以出让方式取得的土地使用权，超过出让合同约定的动工开发期限满两年未动工开发的，可以无偿收回土地使用权；对于无主房屋国家也可收回。

案例分析1

案情介绍：赵某在某住宅小区购买了一套房子，在入住前，准备安装太阳能热水器时，却遭到顶层业主的坚决拒绝，理由是，楼顶屋面已被开发商卖给了顶层业主，自然不能安装热水器。赵某却认为楼顶屋面是公共面积，在楼顶安装太阳能热水器是理所应当的事。由此，两家人各执一词，互不让步。

请分析：赵某是否能在楼顶屋面安装太阳能热水器。

案情分析：既然赵某买了这套房子，就包括了自有部分和公用建筑部分，如果不让他使用楼顶屋面，就侵犯了其对共有部分的使用权。开发商把公用建筑面积作为销售条件写进合同条款，违反了《民法典》的规定，该合同条款属于无效条款。如果该小区在《业主公约》和其他管理规定中没有禁止在楼顶屋面上安装太阳能装置的规定，且赵某安装太阳能装置又不影响小区的安全和整体美观的话，就可以安装。

单元二　物业产权

一、土地所有权

土地所有权是指土地所有人依法可以对土地进行占有、使用、收益和处分的权利。我国实行土地的社会主义公有制，即全民所有制和劳动群众集体所有制；与之对应，土地所有权形式包括国有土地所有权和集体土地所有权两种。

1. 国有土地所有权

国有土地所有权是指国家作为民事主体所享有的土地所有权。国有土地包括以下土地：

(1)城市的土地，即除法律规定属于集体所有以外的城市市区土地。

(2)依法被征用的土地。

(3)依照法律规定被没收、征收、征购、收归国家所有的土地。

(4)依法确定给予全民所有制单位、农民集体经济组织和个人使用的国有土地。

(5)依法属于国家所有的名胜古迹、自然保护区内的土地。

(6)依法不属于集体所有的其他土地。

2. 集体土地所有权

我国的集体土地所有权是指由农村集体经济组织所享有的土地所有权。其范围如下：

(1)农村和城市郊区的土地，除由法律规定属于国家所有的以外，属于农民集体所有。

(2)宅基地和自留山、自留地，属于农民集体所有。

二、土地使用权

土地使用权是指土地所有人或土地使用人依法对土地开发，满足自己需要的权利。土地使用权形式包括国有土地使用权和农民集体土地使用权两种。

1. 国有土地使用权

国有土地使用权的取得方式主要有出让土地使用权与划拨土地使用权两种。

(1)出让土地使用权。出让土地使用权是指土地使用者通过向国家支付土地使用权出让金取得的在一定年限内的土地使用权。其与划拨土地使用权相比具有如下特征：

1)有偿取得。土地使用者要依法与代表国家的土地管理部门签订土地使用权出让合同，并按合同的约定向国家支付土地使用权出让金。这是出让土地使用权取得与划拨土地使用权取得的主要区别。

2)有明确的期限。权利人享有土地使用权的起止时间，在出让合同中有明确的约定。《中华人民共和国城镇国有土地使用权出让和转让暂行条例》第十二条规定的土地使用权出让的最高年限为：居住用地七十年；工业用地五十年；教育、科技、文化、卫生、体育用地五十年；商业、旅游、娱乐用地四十年；综合或者其他用地五十年。

3)出让土地使用权人对其享有的土地使用权享有处分权，在合同约定的期限内，土地使用权人可以将其享有的土地使用权转让、出租或抵押。

(2)划拨土地使用权。划拨土地使用权是指通过行政划拨的方式取得的土地使用权。划拨土地使用权一般没有使用期限的限制。划拨土地使用权人要交纳补偿、安置等费用，但不必向国家支付土地租赁性质的费用。除符合法律规定的条件外，划拨土地使用权不得转让、出租和抵押。

《土地管理法》规定了划拨土地适用的范围：国家机关用地；军事用地；国家重点扶持的能源、交通、水利等基础设施用地；公益事业用地；城市基础设施用地；法律、行政法规规定的其他用地。

2. 集体土地使用权

集体土地使用权是土地使用者依照法律规定或合同规定，对农民集体所有的土地享有的占有、使用和收益的权利。《土地管理法》中规定："国有土地和农民集体所有的土地，可以依法确定给单位或者个人使用。"

集体土地使用权可分为两大类：一类是农地使用权，如土地承包经营权、自留地和自留山使用权；另一类是农村建设用地使用权，包括宅基地、集体企业用地和公益用地等。

三、房屋产权

1. 房屋所有权

房屋所有权是指房屋所有人依法可以对房屋进行占有、使用、收益和处分的权利。

房屋所有权分为国有房屋所有权、集体房屋所有权、私有房屋所有权、外产房屋所有权、中外合资房屋所有权和其他性质的房屋所有权。

2. 房屋使用权

房屋使用权是依法对房屋利用，满足自己需要的权利。我国学术界对房屋使用权是否为一项独立的物权存在争议，而我国立法和司法实践基本上不承认这种使用权为一种独立物权，因为这种权利不具备物权法定要件。

四、物业相邻权

物业相邻权，也称物业相邻关系，是指两个或两个以上相邻的物业所有人或使用人在行使其相应物业权利时，相互之间依法要求对方提供方便或接受限制而发生的权利义务关系。

《民法典》第二百八十八条规定，不动产的相邻权利人应当按照有利生产、方便生活、团结互助、公平合理的原则，正确处理相邻关系。第二百八十九条规定，法律、法规对处理相邻关系有规定的，依照其规定；法律、法规没有规定的，可以按照当地习惯。

常见的物业相邻权有土地相邻权和建筑物相邻权两种。

(1)土地相邻权。土地相邻权主要包括以下内容：

1)关于相邻地基动摇或其他危险防止的相邻关系。《民法典》第二百九十五条规定，不动产权利人挖掘土地、建造建筑物、铺设管线以及安装设备等，不得危及相邻不动产的安全。

2）相邻用水、排水产生的相邻关系。《民法典》第二百九十条规定，不动产权利人应当为相邻权利人用水、排水提供必要的便利。

3）相邻土地使用的相邻关系。《民法典》第二百九十一条规定，不动产权利人对相邻权利人因通行等必须利用其土地的，应当提供必要的便利。同时《民法典》第二百九十二条又规定，不动产权利人因建造、修缮建筑物以及铺设电线、电缆、水管、暖气和燃气管线等必须利用相邻土地、建筑物的，该土地、建筑物的权利人应当提供必要的便利。

越界的相邻关系。一方越界的，另一方有权请求予以排除；造成损害的，可以请求赔偿。

（2）建筑物相邻权。建筑物相邻权主要包括以下内容：

1）相邻使用关系。《民法典》第二百九十六条规定，不动产权利人因用水、排水、通行、铺设管线等利用相邻不动产的，应当尽量避免对相邻的不动产权利人造成损害。同相邻土地使用的相邻关系一样，《民法典》第二百九十二条规定了相邻建筑物使用关系同前述。

2）日照关系。《民法典》第二百九十三条规定，建造建筑物，不得违反国家有关工程建设标准，不得妨碍相邻建筑物的通风、采光和日照。

3）噪声、光、电磁波辐射、煤烟、振动、发射性等不可量物侵害。《民法典》第二百九十四条规定，不动产权利人不得违反国家规定弃置固体废物，排放大气污染物、水污染物、土壤污染物、噪声、光辐射、电磁辐射等有害物质。

五、物业抵押权

物业抵押权是指债权人对于债务人或者第三人不转移占有而提供担保的物业，在债务人不履行债务时，依法享有的就担保的财产变价并优先受偿的权利。

物业抵押权具有从属性、担保性，其设定的目的在于担保物业权利人或第三人所欠的债务能够依约偿还。如果债务人不履行债务时，债权人（即抵押权人）有权从该物业的变卖价金中优先得到清偿。根据《城市房地产管理法》《民法典》等有关法律法规的规定，设定物业抵押权的，物业抵押人和物业抵押权人应当签订书面合同，并向县级以上地方人民政府规定的部门办理登记手续。抵押合同自登记之日起生效。

抵押权效力及于标的物的范围，除双方当事人约定用于抵押的物业外，还包括从物和从权利、孳息及因抵押物灭失得到的赔偿金。

六、物业产权的取得、消灭与变更

1. 物业产权的取得

物业产权的取得，是指民事主体以合法方式和根据获得物业产权。物业产权的取得有原始取得和继受取得两种方式。

（1）原始取得。原始取得是指根据法律规定，最初取得财产的所有权或不依赖于原所有人的意志而取得财产的所有权。

（2）继受取得。继受取得是指通过某种法律行为从原所有人那里取得对某项财产的所有权。物业产权的继受取得根据主要为买卖合同。通过买卖，由买受人可以取得原属于出卖人的建设用地使用权，也可以同时取得房屋所有权以及建设用地使用权。此外，继受取得物业产权还包括接受赠予、互易、继承遗产、接受遗赠、合资入股等其他合法原因。

2. 物业产权的消灭

物业产权的消灭，是指因某种法律事实的出现，而使物业产权人丧失了物业产权。物业产权的消灭可分为绝对消灭和相对消灭。

(1)绝对消灭。绝对消灭是指物权本身不存在了，即物权的标的物不仅与其主体相离，而且他人也未取得其权利。物业产权绝对的消灭原因主要有：物业灭失、建设用地使用权的期间届满。

(2)相对消灭。相对消灭是指原主体权利的丧失和新主体权利的取得。物业产权的相对消灭同时也是物业产权的继受取得或主体变更。物业产权的消灭原因主要有：物业产权人死亡、物业被依法转让、物业被抛弃、物业被赠予以及物业产权被依法强制消灭等。

3. 物业产权的变更

物业产权的变更指内容的变更及客体的变更。

(1)物业产权内容的变更。物业产权内容的变更，是指不影响物业产权整体内容的物权的范围、方式等方面的变化，如建设用地使用权期限、条件的变更，地役权行使方法的改变，抵押权所担保的主债权的部分履行。

(2)物业产权客体的变更。物业产权客体的变更则是指物业发生的变化。如所有权的客体因附合而有所增加。

单元三 业主的建筑物区分所有权

一、建筑物区分所有权的概念

建筑物区分所有权是指多个区分所有权人共同拥有一幢区分所有建筑物时，各区分业主对建筑物内的住宅、经营性用房等专有部分享有所有权，对专有部分以外的共有部分享有共有和共同管理的权利。目前，物权法对建筑物区分内物业所有权问题作出了规定。

《民法典》第二百七十一条规定："业主对建筑物内的住宅、经营性用房等专有部分享有所有权，对专有部分以外的共有部分享有共有和共同管理的权利。"

《民法典》第二百七十二条规定："业主对其建筑物专有部分享有占有、使用、收益和处分的权利。业主行使权利不得危及建筑物的安全，不得损害其他业主的合法权益。"

《民法典》第二百七十四条规定："建筑区划内的道路，属于业主共有，但是属于城镇公共道路的除外。建筑区划内的绿地，属于业主共有，但是属于城镇公共绿地或者明示属于个人的除外。建筑区划内的其他公共场所、公用设施和物业服务用房，属于业主共有。"

案例分析2

案情介绍：赵某与王某为上下楼邻居，分别拥有对所住房屋的所有权。某天赵某在房屋的储藏室内擅自安装了电动抽水马桶、洗脸盆，改变废水立管的下水三通，致使楼下业主王某储藏室内的储柜及物品受损，王某与赵某多次协商未果，于是将赵某诉至法庭。

请分析：赵某能否在自己的房屋内添装卫生设备？赵某应否承担相关责任？

案情分析：赵某应拆除电动抽水马桶、洗脸盆，按房屋的原始结构图，将废水立管的下水管恢复原状。

房屋所有权人使用其房屋时，必须遵守有关的法律法规，不得擅自改变房屋的使用性质和功能。本案例中的赵某擅自在自己房屋的储藏室内私装电动抽水马桶和洗脸盆，转换了废水立管的下水三通，使储藏室成了卫生间，改变了房屋的使用性质，使得楼下王某造成损失，赵某应承担相关责任。

二、建筑物区分所有权的特点

1. 权利主体身份多重性

建筑物区分所有权由专有所有权、共有部分持分权及成员权所构成。其主体具有多重身份，既是区分所有建筑物的专有权人，又是区分所有建筑物的共有权人，还是区分所有建筑物管理团体的成员，集三种身份于一身。

2. 权利客体多样性

建筑物区分所有权的客体包括专有部分和共有部分。同时，由于区分所有建筑物在整体上是一个物体，因而各个区分所有人形成不可分割的团体关系，其成员对整个建筑物具有不可让与和不可抛弃的权利和义务，这种权利义务指向的对象即区分所有人，作为管理团体成员所做的行为也成为区分所有权的客体。

3. 权利一体性

权利一体性主要表现在专有所有权、共有部分持分权必须结为一体不可分离。区分所有权转让、处分、抵押、继承时，也必须将二者视为一体。

4. 专有所有权的主导性

专有所有权具有主导性主要表现在：区分所有权人只有取得专有所有权，才能取得共有部分持分权。

三、建筑物的专有权

专有权是指区分所有人在法律规定的范围内，对建筑物的专有部分得以自由占有、使用、收益和处分的支配权。所谓专有部分，是指具有构造上及使用上的独立性，能够成为专有权客体的部分。

专有部分的范围，根据内部关系和外部关系而定。在区分所有人相互间对物业维持管理关系上，专有部分仅包括墙壁、天花板、地板等境界部分表层所粉刷的部分；在买卖、保险、税金等外部关系上，专有部分达到墙壁、天花板、地板等境界部分厚度的中心线。

1. 专有权的特点

(1)具有构造上的独立性。构造上的独立性是指各个部分在建筑物的构造上可以被区分开，并且可以与建筑物的其他部分相隔离。

(2)具有使用上的独立性。具有使用上的独立性是指建筑物被区分为不同部分后，每个单元都可以独立使用，其效用一般与单独的建筑物相同。

(3)具有法律上的独立性。法律上的独立性是以构造上和使用上的独立性为基础。如果构造上或使用上的独立性不存在，则法律上的独立性也难以存在。

2. 专有权的内容

专有权的内容主要包括专有权人的权利与义务。专有权是以区分所有建筑物的专有部分为客体而成立的单独所有权。通常，专有权人享有以下权利。

(1)所有权。《民法典》规定，业主对其建筑物专有部分享有占有、使用、收益和处分的权利。区分所有人在不违背区分所有权建筑物本身用途的前提下，可以自由使用和处分其专有部分。如区分所有人可以自己居住，也可以出租、出借、抵押、出卖等。为增加专有部分的使用价值，在不损害区分所有建筑物结构的情况下，可以自主装饰其专有部分。这些装饰物附着在建筑物上而无法分离，仍归区分所有人所有。

（2）相邻使用权。所谓相邻使用权是指区分所有权人为保存其专有部分或共有部分，可以请求使用其他区分所有权人的专有部分或不属于自己所有的共有部分。居住于同一建筑物内的各区分所有权人，由于其各自所有的专有部分在结构上彼此相邻，区分所有权人为了保存自己的专有部分，往往不得不使用相邻的其他区分所有权人的专有部分或全体区分所有权人的共有部分，在此情形下，区分所有权人彼此应为他人利用自己的专有部分从事建筑物的维护、修缮和改良等活动提供便利。

通常情况下，专有权人主要有以下义务。

（1）不得违反全体区分所有权人的共同利益。各区分建筑物所有权人之间由于存在共有权和相邻关系，相互之间形成了一定的共同利益，任何人都应当尊重其他专有权人的利益。《民法典》规定："业主对其建筑物专有部分享有占有、使用、收益和处分的权利。业主行使权利不得危及建筑物的安全，不得损害其他业主的合法权益"；"业主不得违反法律、法规以及管理规约，将住宅改变为经营性用房。业主将住宅改变为经营性用房的，除遵守法律、法规以及管理规约外，应当经有利害关系的关系的业主一致同意"。

专有权人滥用其专有部分的所有权，损害他人利益的，受害人可以要求其停止侵害、排除妨碍、恢复原状及赔偿损失等。

（2）区分所有人使用其专有部分不得妨害或损害其他区分所有人的利益。如在自己的专有部分存放影响建筑物安全的危险品、豢养动物、大声喧哗等，他人有权加以禁止。

（3）维持建筑物存在的义务。

（4）不得损害或随意改变区分所有建筑物的结构，如电线、水管等管道。专有权人须保持通过其专有部分的电线、水管、煤气管等建筑物附属设施的原状，不得随意改变其位置。

四、建筑物的共有权

共有权是指区分所有人依据法律、合同以及区分所有人之间的规约，对建筑物的共有部分享有的财产权利。

1. 共有权的特点

（1）共有权的主体人数众多。

（2）共有权的客体范围广泛。共有权的客体是共有部分。共有部分范围非常广泛，主要包括：建筑物的基本构造部分，如支柱、屋顶、外墙和地下室等；建筑物的共有部分及其附属物，如楼梯、消防设备、走廊、水塔、自来水管道等；住宅小区的绿地、道路、物业管理用房，小区内的空地，公共场所和公共设施，如小区大门建筑，艺术装饰物等地上或地下共有物和水电、照明、消防、保安等公用配套设施。

（3）共有人既享受权利，又承担义务。《民法典》规定，业主对建筑物专有部分以外的共有部分，享有权利，承担义务；不得以放弃权利为由不履行义务。

（4）共有权从属于专有权。在建筑物区分所有权中专有权是由专有部分所决定，并从属于专有部分的所有权。《民法典》规定："业主转让建筑物内的住宅、经营性用房，其对共有部分享有的共有和共同管理的权利一并转让。"

2. 共有权的内容

共有权的内容主要包括共有人的权利与义务。共有人享有的权利主要有：对共有部分的使用权、收益权、修缮改良权。

(1)对共有部分的使用权。原则上，对共有部分的使用权不具备排他性，但在能够保证平均使用的情形下，也允许在共有部分上通过业主大会决议设定专有权。同时，建筑物共有部分不是公共物品，而是全体共有权人的共有物品，因此，只能由共有权人共同使用共有部分，任何第三人不得使用，否则，构成对全体共有权人的侵权。

(2)收益权。收益权是指各共有权人可依管理规约或其共有持份，获得共有部分所生孳息的权利。共有部分所生的孳息包括天然孳息与法定孳息。

(3)修缮改良权。修缮改良权是指各共有权人基于居住或其他用途的需要，拥有对共有部分做必要修缮、改良的权利。《民法典》规定："建筑物及其附属设施的维修资金，属于业主共有。经业主共同决定，可以用于电梯、屋顶、外墙、无障碍设施等共有部分的维修、更新和改造。建筑物及其附属设施的维修资金的筹集、使用情况应当定期公布。"

共有权人在享有权利的同时，也应对共有部分负有一定的义务。通常共有权人应承担的义务主要如下：

(1)按共有部分本来用途使用共有部分的义务。本来用途是指依据共有部分的种类、位置、构造、性质、功能和目的，以及依据管理规约规定的必有部分的目的或用途，正常、合理地使用共有部分。这一义务旨在使共有部分的使用合理化。

(2)分担共同费用的义务。共有部分的正常费用一般包括日常维修、更新土地或楼房的共同部分及公用设备的费用；管理事务的费用，包括管理人以及管理服务人的酬金；由共有权人共同负担的法律、法规规定的税款等。

(3)不得单独处分共有部分或请求分割共有部分的义务。由于共有部分附属于专有部分，所以，共有人不得单独处分其共有部分，否则将妨碍其他共有人的利益实现。

(4)维护和保存共有部分的义务。共有权人不能轻易地改造、破坏其原有的功能，而应维护和保存其正常状态。

案例分析3

案情介绍：吴某与钱某是对门邻居，都居住在五楼，共用一个楼梯平台，该住宅在设计时，进户门比楼梯墙体后移了1米，在每户住宅门前，多了约不到2 m²的楼梯平台，某天，吴某发现，钱某在房屋装修时，在住宅外侧约1米外的楼梯平台上新装了1扇大门，将部分楼梯平台圈占了起来，新建的大门与楼梯墙体平直，钱某新建的大门多了大约2 m²的使用面积，吴某要求钱某拆除大门，钱某不予理睬，由此，双方发生纠纷，于是，吴某将钱某诉至法庭。

请分析：钱某是否应拆除大门？为什么？

案情分析：吴某与钱某对各自住宅套内部分享有专属所有权，而对共用的墙壁、楼梯、楼梯平台享有共有权。相邻之间的楼梯平台属共有财产，任何一方都不能占为己有，现钱某所建的大门将部分共有的楼梯平台圈为己有，侵犯吴某对共有财产享有的权利。因此钱某应拆除位于双方住宅之间楼梯平台上所建的门，恢复楼梯平台的原状。

五、建筑物的管理权

管理权，是指业主基于专有部分的所有权，对其共同财产和共同事务进行管理的权利。《民法典》规定，业主有权对专有部分以外的共有部分享有共有和共同管理的权利。

1. 管理权的特点

(1)管理权是专有部分所有权的延伸。业主在取得专有部分所有权的同时，也取得了相应的管理权。建筑物区分所有权中的管理权是由专有部分所有权派生而来的。所以，管理权是专有部分所有权的延伸。

(2)管理权专属于业主享有。建筑物区分所有权的管理权只有业主才能享有。物业服务企业不能享有管理权，其对建筑物或小区内物业享有的管理权，是基于业主的委托或授权产生的。

(3)管理权是私法上的权利。管理权是专有部分所有权的一部分，由所有权派生而来，并非公法上的权利；权利的实现主要体现为一种财产利益，而非公法上的利益；业主的管理权在受到侵害或有受到侵害的危险时，可以采取消除危险、停止侵害等救济措施。

2. 管理权的内容

根据《民法典》的规定，以下九种事项由业主共同决定、共同管理：

(1)制定和修改业主大会议事规则；

(2)制定和修改管理规约；

(3)选举业主委员会或者更换业主委员会成员；

(4)选聘和解聘物业服务企业或者其他管理人；

(5)使用建筑物及其附属设施的维修资金；

(6)筹集建筑物及其附属设施的维修资金；

(7)改建、重建建筑物及其附属设施；

(8)改变共有部分的用途或者利用共有部分从事经营活动；

(9)有关共有和共同管理权利的其他重大事项。

案例分析4

案情介绍：某物业服务企业，物业服务工作人员在进行日常巡查时发现，小区业主张某在其房前的绿地上正在打地基扩建房前小院。工作人员当即进行规劝和制止，并向张某下达了《装修违章通知单》，要求其停止扩建并恢复绿地原状。张某不听工作人员的劝阻，依然我行我素，将小院扩至绿地，工作人员在制止无效的情况下拨打了110，但是张某仍然继续施工。而张某扩建后的小院已至小区人行道上并用铁栅栏围起，严重影响了小区业主的正常通行和小区绿化景观，侵犯了其他业主的合法权益。为此，物业服务企业提起诉讼，要求张某拆除私自扩建的小院并恢复原状。对此，被告张某称，他在买房时开发商承诺小院面积为 5 m²，但实际交付的小院面积还不足 1 m²，他曾多次找到开发商及物业服务企业，但都无果，所以才自行将小院扩至应有的面积，且小区内一楼的业主都将小院外扩，不只他一家，因此不同意原告诉讼请求。

请分析：你认为张某的说法合理吗？为什么？

案情分析：根据《民法典》第二百七十四条规定："建筑区划内的道路，属于业主共有，但是属于城镇公共道路的除外。建筑区划内的绿地，属于业主共有，但是属于城镇公共绿地或者明示属于个人的除外。"原告作为小区的前期物业管理机构，依照前期物业管理合同的约定，对共有部分享有管理维护的权利。被告将其小院扩建至全体业主的共有部分，属于侵权行为，原告有权提起诉讼要求被告停止侵害、排除妨害。

对于被告抗辩所称的开发商交付使用的小院面积不足一事，属于被告与开发商之间的关系，因原告系依照竣工验收图纸确认的其对共有部分的管理权限，被告此项主张在未经开发商认可或未经法定程序确认之前，不足以对抗原告。对于被告抗辩的小区内其他业主也存在扩建小院的情节问题，法院认为不能因众多业主都存在此种行为而导致行为的合法化，被告此项抗辩理由不能成立。因此，法院判令其拆除小院扩建部分，恢复至房屋交付使用时的状态。

单元四　物业权属登记制度

一、物业权属登记的概念与目的

1. 物业权属登记的概念

物业权属登记，是指物业行政主管部门对物业权属进行持续的记录，反映物业所有权、使用权以及其他物业权利的状况，依法确认物业权属关系，并向物业产权人颁发权利证书的行为。我国实行土地使用权和房屋所有权登记发证制度。

根据《城市房地产管理法》规定，房屋所有权登记发证机关为县级以上人民政府房产管理部门。

《城市房地产管理法》第六十一条规定："以出让或者划拨方式取得土地使用权，应当向县级以上地方人民政府土地管理部门申请登记，经县级以上地方人民政府土地管理部门核实，由同级人民政府颁发土地使用证书。

在依法取得的房地产开发用地上建成房屋的，应当凭土地使用权证书向县级以上地方人民政府房产管理部门申请登记，由县级以上地方人民政府房产管理部门核实并颁发房屋所有权证书。

房地产转让或者变更时，应当向县级以上地方人民政府房产管理部门申请房产变更登记，并凭变更后的房屋所有权证书向同级人民政府土地管理部门申请土地使用权变更登记，经同级人民政府土地管理部门核实，由同级人民政府更换或者更改土地使用权证书。"

2. 物业权属登记的目的

(1)确认权属。物业行政主管部门依法对物业权属进行登记，是对物业权利在法律上的确认，具有法律的效力。物业行政主管部门不能对登记的物业权属任意变更。

(2)公示。物业行政主管部门对物业权属进行登记后，对登记的内容要公示。公示就是对物业权属登记内容进行公告，以使物业利害关系人及时行使自己的权利，或者防止物业利害关系人因物业登记而使利益受到损害。

(3)加强管理。物业权属登记作为物业行政管理的一项基础性工作，其最终目的是实现良好的物业管理秩序，规范房地产交易市场，保护房地产权利人的合法权益。

二、不动产登记制度

不动产登记制度，是指不动产登记机构依法将不动产权利归属和其他法定事项记载于不动产登记簿的行为。其中，不动产是指土地、海域以及房屋、林木等定着物。不动产登记，由不动产所在地的登记机构办理。国家对不动产实行统一登记制度。统一登记的范围、登记机构和登记办法，由法律、行政法规规定。

1. 不动产登记的效力

《民法典》第二百零九条规定："不动产物权的设立、变更、转让和消灭，经依法登记，发生效力；未经登记，不发生效力，但是法律另有规定的除外。依法属于国家所有的自然资源，所有权可以不登记。"《民法典》第二百一十四条规定："不动产物权的设立、变更、转让和消灭，依照法律规定应当登记的，自记载于不动产登记簿时发生效力。"

2. 不动产登记的范围

依据《不动产登记暂行条例》，下列不动产权利依照规定办理登记：

(1)集体土地所有权；

(2)房屋等建筑物、构筑物所有权；

(3)森林、林木所有权；

(4)耕地、林地、草地等土地承包经营权；

(5)建设用地使用权；

(6)宅基地使用权；

(7)海域使用权；

(8)地役权；

(9)抵押权；

(10)法律规定需要登记的其他不动产权利。

3. 不动产登记机构

国务院国土资源主管部门负责指导、监督全国不动产登记工作。

县级以上地方人民政府应当确定一个部门为本行政区域的不动产登记机构，负责不动产登记工作，并接受上级人民政府不动产登记主管部门的指导、监督。

不动产登记由不动产所在地的县级人民政府不动产登记机构办理；直辖市、设区的市人民政府可以确定本级不动产登记机构统一办理所属各区的不动产登记。

跨县级行政区域的不动产登记，由所跨县级行政区域的不动产登记机构分别办理。不能分别办理的，由所跨县级行政区域的不动产登记机构协商办理；协商不成的，由共同的上一级人民政府不动产登记主管部门指定办理。

三、不动产登记的类型

国家实行不动产统一登记制度。不动产登记遵循严格管理、稳定连续、方便群众的原则。不动产权利人已经依法享有的不动产权利，不因登记机构和登记程序的改变而受到影响。

不动产登记包括不动产首次登记、变更登记、转移登记、注销登记、更正登记、异议登记、预告登记、查封登记等。

1. 首次登记

不动产首次登记是指不动产权利第一次登记。未办理不动产首次登记的，不得办理不动产其他类型登记，但法律、行政法规另有规定的除外。市、县人民政府可以根据情况对本行政区域内未登记的不动产，组织开展集体土地所有权、宅基地使用权、集体建设用地使用权、土地承包经营权的首次登记。

依法取得国有建设用地使用权，可以单独申请国有建设用地使用权登记。依法利用国有建设用地建造房屋的，可以申请国有建设用地使用权及房屋所有权登记。

(1)申请国有建设用地使用权首次登记，应当提交下列材料：

1）土地权属来源材料；

2）权籍调查表、宗地图以及宗地界址点坐标；

3）土地出让价款、土地租金、相关税费等缴纳凭证；

4）其他必要材料。

上述规定的土地权属来源材料，根据权利取得方式的不同，包括国有建设用地划拨决定书、国有建设用地使用权出让合同、国有建设用地使用权租赁合同以及国有建设用地使用权作价出资（入股）、授权经营批准文件。

（2）申请国有建设用地使用权及房屋所有权首次登记的，应当提交下列材料：

1）不动产权属证书或者土地权属来源材料；

2）建设工程符合规划的材料；

3）房屋已经竣工的材料；

4）房地产调查或者测绘报告；

5）相关税费缴纳凭证；

6）其他必要材料。

（3）办理房屋所有权首次登记时，申请人应当将建筑区划内依法属于业主共有的道路、绿地、其他公共场所、公用设施和物业服务用房及其占用范围内的建设用地使用权一并申请登记为业主共有。业主转让房屋所有权的，其对共有部分享有的权利依法一并转让。

2. 变更登记

物权登记机构对不动产物权的变动情况进行的登记。不动产物权变动，必须登记后方能生效。不动产的所有权转移，以完成过户登记的时间为所有权转移时间。

下列情形之一的，不动产权利人可以向不动产登记机构申请变更登记：

（1）权利人的姓名、名称、身份证明类型或者身份证明号码发生变更的；

（2）不动产的坐落、界址、用途、面积等状况变更的；

（3）不动产权利期限、来源等状况发生变化的；

（4）同一权利人分割或者合并不动产的；

（5）抵押担保的范围、主债权数额、债务履行期限、抵押权顺位发生变化的；

（6）最高额抵押担保的债权范围、最高债权额、债权确定期间等发生变化的；

（7）地役权的利用目的、方法等发生变化的；

（8）共有性质发生变更的；

（9）法律、行政法规规定的其他不涉及不动产权利转移的变更情形。

申请国有建设用地使用权及房屋所有权变更登记的，应当根据不同情况，提交下列材料：

（1）不动产权属证书；

（2）发生变更的材料；

（3）有批准权的人民政府或者主管部门的批准文件；

（4）国有建设用地使用权出让合同或者补充协议；

（5）国有建设用地使用权出让价款、税费等缴纳凭证；

（6）其他必要材料。

3. 转移登记

不动产转移登记指因不动产买卖、交换、赠予、继承、划拨、转让、分割、合并、裁决等原因致使其权属发生转移后所进行的房地产所有权登记。

（1）因下列情形导致不动产权利转移的，当事人可以向不动产登记机构申请转移登记：

1）买卖、互换、赠予不动产的；

2）以不动产作价出资（入股）的；

3）法人或者其他组织因合并、分立等原因致使不动产权利发生转移的；

4）不动产分割、合并导致权利发生转移的；

5）继承、受遗赠导致权利发生转移的；

6）共有人增加或者减少以及共有不动产份额变化的；

7）因人民法院、仲裁委员会的生效法律文书导致不动产权利发生转移的；

8）因主债权转移引起不动产抵押权转移的；

9）因需役地不动产权利转移引起地役权转移的；

10）法律、行政法规规定的其他不动产权利转移情形。

（2）申请国有建设用地使用权及房屋所有权转移登记的，应当根据不同情况，提交下列材料：

1）不动产权属证书；

2）买卖、互换、赠予合同；

3）继承或者受遗赠的材料；

4）分割、合并协议；

5）人民法院或者仲裁委员会生效的法律文书；

6）有批准权的人民政府或者主管部门的批准文件；

7）相关税费缴纳凭证；

8）其他必要材料。

4. 注销登记

有下列情形之一的当事人可以申请办理注销登记：

（1）不动产灭失的；

（2）权利人放弃不动产权利的；

（3）依法没收、征收、收回不动产权利的；

（4）因人民法院、仲裁委员会的生效法律文书致使不动产权利灭失的；

（5）不动产权利终止等法律、行政法规或者《不动产登记暂行条例实施细则》规定的其他情形。

属于第（3）、（4）条情形，当事人未申请办理注销登记的，不动产登记机构可以依据《不动产登记暂行条例实施细则》有关规定直接办理。

不动产的注销登记无外乎房屋灭失和放弃所有权两种情形，见表 2-1。

表 2-1　房屋灭失与放弃所有权

类型	具体说明
房屋灭失	房屋灭失是指房屋因为倒塌或者被拆除而在物理形态上消灭。房屋作为登记的客体，是登记的前提和基础，一旦客体不复存在，房屋所有权也失去了依存的基础。房屋灭失后房屋上所设立的各种物权也随之消灭，正所谓"皮之不存，毛将焉附"
放弃所有权	放弃所有权是指房屋所有权人对所有权的抛弃。所有权是最完整的物权，具有物权的所有权能，其中包括处分权，对所有权的抛弃也是行使处分权的一种方式。放弃所有权应以登记后生效。当然，放弃房屋所有权是以不侵害他人的权利为前提的，如该房屋存在查封和他项权利的情况下，房屋所有权人称放弃所有权的，是不能为其办理房屋所有权注销登记的

5. 更正登记

更正登记是彻底地消除登记权利与真正权利不一致的状态，避免第三人依据不动产登记簿取得不动产登记簿上记载的物权。

申请不动产更正登记应提供以下材料：

(1)不动产登记申请表(原件)；

(2)申请人身份证明(原件)；

(3)证实不动产登记簿记载事项错误的材料，但不动产登记机构书面通知相关权利人申请更正登记的除外(原件)；

(4)申请人为不动产权利人的，提交不动产权属证书；申请人为利害关系人的，证实与不动产登记簿记载的不动产权利存在利害关系的材料(原件)；

(5)其他必要材料。

6. 异议登记

异议登记是利害关系人对不动产登记簿记载的权利提出异议并记入登记簿的行为，异议登记前必须进行变更登记。异议登记使得登记簿上所记载权利失去正确性推定的效力，因此异议登记后第三人不得主张基于登记而产生的公信力。

利害关系人认为不动产登记簿记载的事项错误，权利人不同意更正的，利害关系人可以申请异议登记。利害关系人申请异议登记的，应当提交下列材料：

(1)证实对登记的不动产权利有利害关系的材料；

(2)证实不动产登记簿记载的事项错误的材料；

(3)其他必要材料。

7. 预告登记

预告登记，即为保全一项以将来发生的不动产物权变动为目的的请求权的不动产登记。它将债权请求权予以登记，使其具有对抗第三人的效力，使妨害其不动产物权登记请求权所为的处分无效，以保障将来本登记的实现。预告登记是与本登记相对应的一项登记制度。本登记是已经完成的不动产物权的登记，是现实物权的登记，实质是终局登记，当事人所期待的物权变动效果得以实现。预告登记是相对于本登记而言的，它所登记的不是现实的不动产物权，它是在确定的财产权登记条件还不具备时，为了保全将来财产权变动能够顺利进行而就与此相关的请求权进行的登记。

有下列情形之一的，当事人可以按照约定申请不动产预告登记：

(1)商品房等不动产预售的；

(2)不动产买卖、抵押的；

(3)以预购商品房设定抵押权的；

(4)法律、行政法规规定的其他情形。

8. 查封登记

查封登记是作为被执行人的房地产权利人因继承、判决或者强制执行等原因，而当事人尚未向权属登记机关办理登记手续；而由执行法院向登记机关提供被执行人取得财产所依据的继承证明、生效判决书或者执行裁定书及协助执行通知书，由登记机关对该房屋的权属直接进行登记，然后再予以查封。

人民法院要求不动产登记机构办理查封登记的，应当提交下列材料：

(1)人民法院工作人员的工作证；

（2）协助执行通知书；

（3）其他必要材料。

四、不动产登记程序

1. 申请

申请不动产登记，申请人或者其代理人应当到不动产登记机构办公场所申请。不动产登记以共同申请为原则，以单方申请为例外。即申请不动产登记原则上由当事人双方共同申请，但特殊情形下，也可以单方申请。

属于下列情形之一的，可以由当事人单方申请：

（1）尚未登记的不动产首次申请登记的。

（2）继承、接受遗赠取得不动产权利的。

（3）人民法院、仲裁委员会生效的法律文书或者人民政府生效的决定等设立、变更、转让、消灭不动产权利的。

（4）权利人姓名、名称或者自然状况发生变化，申请变更登记的。

（5）不动产灭失或者权利人放弃不动产权利，申请注销登记的。

（6）申请更正登记或者异议登记的。

（7）法律、行政法规规定可以由当事人单方申请的其他情形。

不动产登记申请人可以是自然人，也可以是法人或非法人组织。申请人为自然人的，应具备完全民事行为能力，即一般为年满18周岁智力正常的成年人。未成年人和其他限制行为能力人（如精神病人）由其监护人代为申请。

2. 受理

（1）查验事项：不动产界址、空间界限、面积等材料与申请登记的不动产状况是否一致；有关证明材料、文件与申请登记的内容是否一致；登记申请是否违反法律、行政法规规定。

（2）对属于登记职责范围，申请材料齐全、符合法定形式，或者申请人按照要求提交全部补正申请材料的，应当受理并书面告知申请人。

（3）申请材料不齐全或者不符合法定形式的，应当当场书面告知申请人不予受理并一次性告知需要补正的全部内容。

（4）对房屋等建筑物、构筑物所有权首次登记，在建建筑物抵押权登记，因不动产灭失导致的注销登记，以及不动产登记机构认为需要实地查看的情形，不动产登记机构应当实地查看。

（5）不动产登记机构未当场书面告知申请人不予受理的，视为受理。不动产登记费按件收取，不得按照不动产的面积、体积或者价款的比例收取。

3. 登簿

不动产登记的载体有不动产登记簿、不动产权证书和不动产登记证明。不动产登记簿是不动产物权归属和内容的根据；不动产物权的设立、变更、转让和消灭，依据法律规定应予登记的，自记载于不动产登记簿时发生效力。不动产登记簿应当采用电子介质，暂不具备条件的，可以采用纸质介质。不动产登记簿由不动产登记机构指定专人负责管理、永久保存。不动产权证书和不动产登记证明是不动产登记机构颁发给权利人或登记申请人作为其享有权利或已办理登记的凭证，是不动产登记簿所记载内容的外在表现形式。不动产权证书和不动产登记证明记载的事项，应当与不动产登记簿一致；如记载不一致的，除有证据证明不动产登记簿确有错误外，以不动产登记簿为准。

登簿程序如下：

（1）登记事项自记载于不动产登记簿时完成登记。

（2）不动产登记簿记载的内容：不动产的宗地面积、坐落、界址、房屋面积、用途、交易价格等自然状况；权利人、权利类型、登记类型、登记原因、权利变化等权属状况；涉及不动产权利限制、提示的事项等。

（3）不动产登记机构完成登记，应当依法向申请人核发不动产权证书或者登记证明。

（4）不动产登记证明用于证明不动产抵押权、地役权或者预告登记、异议登记等事项。查封登记不颁发证书或证明。

（5）除法律另有规定的外，不动产登记机构应当自受理登记申请之日起 30 个工作日内办结不动产登记手续。

案例分析5

案情介绍：陈某将名下一处住宅卖给了李某，虽然未签订合同，但把房屋交给李某使用。之后，由于房价上涨，陈某又将这套房屋卖给了张某，并和张某办理了房屋过户手续。这套房屋究竟属于谁？张某能否要求李某腾出房屋？

案情分析：根据《民法典》第二百零九条的规定，不动产物权的设立、变更、转让和消灭，经依法登记，发生效力；未经登记，不发生效力，但是法律另有规定的除外。在本案例中，李某虽然先买房，但既没有签订合同，也没有办理过户手续；张某虽然后买房，但已经办理过户手续，不动产登记簿上的所有人是张某。因此，张某作为房屋的所有人，有权要求李某腾出房屋。李某因此受到的损失，可以要求陈某进行赔偿。

单元五　物业产籍管理

一、物业产籍管理的概念

物业产籍是指在物业登记过程中，经过整理、加工的图表、证件、其他证明等登记资料，是房屋产权状况的记录。

物业产籍管理是指在对物业权属登记等一系列权属管理活动中和测绘过程中所形成的各种图、档、卡、册、表等产籍资料，通过加工整理、分类等环节所进行的综合管理。

二、物业产籍的组成

物业产籍主要由图、档、卡、册、表组成，是通过图形、文字记载、原始证据等，记录反映产权状况、房屋及使用国有土地的情况。

（1）图。图即房地产产籍平面图，是由测绘专业人员按照国家规定的房地产测量规范、标准和测量程序，专为房屋所有权登记和管理而绘制的专用图。一般反映各类房屋及用地的关系位置、产权界限、房屋结构、层数、面积、使用土地范围、街道门牌等。

（2）档。档即房地产档案，是指对在房屋所有权登记中所形成的各种产权证件、证明、各种文件和历史资料等，用科学的方法加以整理、分类、装订成的卷册。房地产档案主要记录反映产权人及房屋、用地状况的演变，它包括房地产产权登记的各种申请表、墙界表、调查材料、原始文件记载和原有契证等。它反映了房产权利、房屋权利人与关系人身份情况，房屋土地演变过程和纠纷处理的过程及结果，是审查确认产权的重要依据。

（3）卡。卡即房地产卡，是对产权申请书中产权人的情况、房屋状况、使用土地状况及其来源等扼要摘录而制成的一种卡。它按丘号（地号）顺序，以一处房屋中一户房屋为单位填制一张卡。其作用是为了查阅房地产的基本情况，以供各类房屋进行分类统计使用。

（4）册。册即房地产登记簿册，实际上是一种工作手册。它是根据产权登记的成果和分类管理的要求而编制的，是产权状况和房屋状况的记录，如登记收件簿、发证记录簿、房屋总册等。它按丘号（地号）顺序，以一处为单位分行填制，装订成册，是产籍资料的一种辅助资料。

（5）表。表即各种统计报表。

物业产籍中的图、档、卡、册各项内容应当一致，准确无误，并保持真实性。各种表、册的项目应无缺项，各种证件、证明资料应当无遗漏，各种手续应当齐全完备，当产权变更和房屋土地发生变化时，产籍资料应当及时随之更改，使之符合现状。

三、物业产籍管理的内容

对反映物业情况的图、表、卡、册及其他有关产籍档案资料的管理工作，包括整理、分析以及长期保存，损失补充，变化调整等，通称产籍管理。物业产籍管理应当由县级以上地方人民政府物业行政管理部门统一管理，并建立健全物业档案和物业测绘的管理制度。物业产籍管理包括物业产权档案管理和物业地籍测绘管理。

（1）物业产权档案管理。物业产权档案管理即对房屋、土地使用情况的各种文件、图表、证件的管理，由专职资料员进行；房屋档案内的各项数据资料不得任意更改，如需要更改，应依照规定进行，并在更改处加盖资料员图章；全幢房屋拆除、移交或发还时，应注销其档案。

（2）物业地籍测绘管理。物业地籍测绘是测绘技术与物业地籍管理相结合的专业测量，应准确反映土地和房屋的自然状况。

模块小结

物权是指权利人依法对特定的物享有直接支配和排他的权利，包括所有权、用益物权和担保物权。物业权属，是指物业权利在主体上的归属状态。通常我们所说的物业权利特指物业民事财产权利，即业主、非业主使用人、物业他项权利。土地所有权是指土地所有人依法可以对土地进行占有、使用、收益和处分的权利。土地使用权是指土地所有人或土地使用人依法对土地开发，满足自己需要的权利。房屋所有权是指房屋所有人依法可以对房屋进行占有、使用、收益和处分的权利。物业相邻权，也称物业相邻关系，是指两个或两个以上相邻的物业所有人或使用人在行使其相应物业权利时，相互之间依法要求对方提供方便或接受限制而发生的权利义务关系。物业抵押权是指债权人对于债务人或者第三人不转移占有而提供担保的物业，在债务人不履行债务时，依法享有的就担保的财产变价并优先受偿的权利。物业产权的取得，是指民事主体以合法方式和根据获得物业产权。物业产权的消灭，是指因某种法律事实的出现，而使物业产权人丧失了物业产权。物业产权的变更指内容的变更及客体的变更。建筑物区分所有权是指多个区分所有权人共同拥有一幢区分所有建筑物时，各区分业主对建筑物内的住宅、经营性用房等专有部分享有所有权，对专有部分以外的共有部分享有共有和共同管理的权利。物业权属登记，是指物业行政主管部门对物业权属进行持续的记录，反映物业所有权、使用权以及其他物业权利的状况，依法确认物业权属关系，并向物业产权人颁发权利证书的行为。物业产籍是指在物业登记过程中，经过整理、加工的图表、证件、其他证明等登记资料，是房屋产权状况的记录。

➤ 思考与练习

一、填空题

1. 物权是权利人直接支配物的权利，物权也称_____。

2. 物权具有_____效力、_____效力和_____效力。

3. 土地所有权是指土地所有人依法可以对土地进行_____、_____、_____和_____的权利。

4. 国有土地使用权的取得方式主要有_____与_____两种。

5. 物业产权的取得有_____和_____两种方式。

6. 以出让或者划拨方式取得土地使用权，应当向_____以上地方人民政府土地管理部门申请登记，经_____以上地方人民政府土地管理部门核实，由人民政府颁发土地使用证书。

7. 物业产籍主要由_____、_____、_____、_____、_____组成，是通过图形、文字记载、原始证据等，记录反映产权状况、房屋及使用国有土地的情况。

二、简答题

1. 如何理解物权的独占性和排他性？

2. 物业权属与物业权利的区别是什么？

3. 简述物业权属的特点。

4. 简述建筑物区分所有权的特点。

5. 物业权属登记的目的是什么？

6. 简述不动产权利人可以向不动产登记机构申请变更登记的情形。

7. 王某购买了一套期房。住房建成后，在办理入住手续时，物业服务企业提出两个要求：第一，签订管理规约；第二，签三年的物业管理协议。王某发现管理规约中有些条款与开发商承诺的不一样，同时他认为签订三年的管理协议也是不合理的，于是拒绝了物业服务企业的要求。结果该物业服务企业却以此为由不给他房屋钥匙。物业服务企业这种做法合法吗？

模块三
业主自治管理法律制度

学习目标

通过本模块的学习，了解业主与开发商、物业服务企业的关系，业主大会的概念与特征，业主委员会的概念、特征、地位、宗旨；掌握业主的权利与义务，业主大会的成立、职责与会议，业主委员会的成立、委员、职责、章程、维权，管理规约与业主大会议事规则。

能力目标

能够运用业主自治管理法律制度处理好物业服务企业与业主自治组织之间的关系，能组织召开业主大会、业主委员会等会议。

引入案例

某物业服务企业承接了某多层住宅小区的管理，做到了环境清洁卫生，公共场地每天清扫，无乱堆乱放，下水道通畅，公共用水池定期清洗；保安人员24小时值班、巡逻；公共配套设施维护良好，水、电、消防设施保障有效。经过某物业服务企业一年的努力，小区内绿地覆盖由原来的20%提高到26%，园林绿化维护良好，增加了社会活动场所，开展了正常的社区文体活动，因此，某物业服务企业向该小区业主委员会提出：物业管理费由原来的每平方米1.4元提高到每平方米2.6元，但遭到业主委员会拒绝。

请问：某物业服务企业的要求是否合理？你有什么建议？

要求是否合理应视其具体情况。如果该物业服务企业是在和业主委员会协商和沟通后，提高了物业管理服务水平和服务质量，增强了物化劳动和活劳动的投入，则要求提高收费标准是合理合法的。但如果该物业服务企业事先没有和业主委员会协商和沟通，自作主张增加各种投入来提高小区的质量档次和服务水准，事后要求提高管理费就不合理了。

单元一　业主权利和义务

一、业主概述

(一)业主的概念

《物业管理条例》第六条规定："房屋的所有权人为业主。"业主，顾名思义就是物业的主人，但是业主不等于房屋所有权人。

(1)物业的概念范围很广泛，不仅仅指房屋。但是由于我国的相关法律对物业的解释及实际运用主要集中在房屋上，所以一般情况下，业主主要是指房屋的所有权人，但是也包括其他形态的物业的所有权人。

(2)房屋所有权人是指已经过房屋产权登记，拥有房屋所有权的人。而在实际生活中，由于某些因素没有经过房屋产权登记，但是事实上已经拥有房屋所有权的也是业主；或者因某种合法行为，已经合法占有房屋，但是未经房屋产权登记的，也可以视为业主。

(二)业主与开发商的关系

开发商是物业的大业主、第一业主，在房产的开发建设阶段，开发商是房屋的唯一业主。但在房屋销售阶段，房屋产权按单元逐步地转移到小业主手中，在此阶段，小业主必然与开发商发生多方面的法律关系。正确地理解开发商与业主之间的关系有利于正确地处理两者之间发生的矛盾与纠纷，维护双方的合法权益。

1. 平等的买卖关系

开发商将单元物业所有权转归买受人即业主，业主支付约定的价款，办理产权过户登记，从而取得单元物业的所有权。双方的买卖关系是由房屋买卖合同体现出来的。买卖合同一经生效，买卖关系就确定。双方必须承担合同载明的义务，同时享有权利。开发商交付单元物业，必须按质、按量、按时，否则将对业主承担违约责任。

房产质量是开发商与业主买卖关系中的大问题。开发商交付的房屋必须符合国家标准，不符合质量标准的应承担法律责任。按照法律规定，开发商出卖房屋后，对业主承担不少于2年保质义务。

房产建筑面积的勘测丈量必须按照国家标准。开发商实际交付的物业的面积与预售合同面积不相符合的，应根据情况分别处理。按套(单元)计价的预售房屋，房地产开发企业应当在合同中附所售房屋的平面图。平面图应当标明详细尺寸，并约定误差范围。房屋交付时，套型与设计图纸一致，相关尺寸也在约定的误差范围内，维持总价款不变；套型与设计图纸不一致或者相关尺寸超出约定的误差范围，合同中未约定处理方式的，买受人可以退房或者与房地产开发企业重新约定总价款。买受人退房的，由房地产开发企业承担违约责任。

按套内建筑面积或者建筑面积计价的，当事人应当在合同中载明合同约定面积与产权登记面积发生误差的处理方式。合同未作约定时，对于面积误差比绝对值在3%以内(含3%)的，据实结算房价款；对于面积误差比绝对值超出3%时，买受人有权退房。

买受人退房的，房地产开发企业应当在买受人提出退房之日起30日内将买受人已付房价款退还给买受人，同时支付已付房价款利息。买受人不退房的，产权登记面积大于合同约定面积时，面积误差比在3%以内(含3%)部分的房价款由买受人补足；超出3%部分的房价款由房地产开发企业承担，产权归买受人。产权登记面积小于合同约定面积时，面积误差比绝对值在3%以内（含3%）部分的房价款由房地产开发企业返还买受人，绝对值超出3%部分的房价款由房地产开发企业双倍返还买受人。

按建筑面积计价的，当事人应当在合同中约定套内建筑面积和分摊的共有建筑面积，并约定建筑面积不变而套内建筑面积发生误差以及建筑面积与套内建筑面积均发生误差时的处理方式。

开发商迟延交付房屋，除不可抗力及约定的原因外，开发商应承担违约责任，支付违约金、赔偿金。购房人也可依法予以退房，开发商不得无理干涉。

2. 平等的业主共处关系

开发商在所开发的房屋未全部出售之前，是未出售部分物业的所有人。此时的开发商除了与一般业主具有平等的买卖关系外，还和一般业主一样具有业主的身份。开发商和单元物业所有人之间的关系是第一业主与一般业主之间的关系。这一关系是平等的，开发商作为业主，与一般业主享有同等的权利和承担同等的义务，而不应有任何可以损害一般业主利益、侵害一般业主权利的特权。当然，在业主委员会尚未成立的前期物业管理期间，开发商作为第一业主有先行聘请物业服务企业等权利，但这些权利本身是服从于全体业主的利益的，而绝不是说第一业主有高于其他业主的任何权利。只有正确认识两者之间是业主与业主的关系，才能正确处理两者之间发生的纠纷和矛盾，才能和谐地发展彼此的平等共处关系，共同将物业管理得更好。

（三）业主与物业服务企业的关系

业主入住后即对物业享有完全产权，特别是业主委员会成立以后，物业管理的决定权由开发商转移给业主（其代表是业主委员会）。依照法律规定，业主大会有权选聘物业服务企业。业主与物业服务企业的关系是聘用与被聘用的合同关系。这一关系决定了业主和物业服务企业必须遵循以下原则。

1. 平等原则

业主与物业服务企业是两个平等的民事主体，双方均应遵循聘用合同所约定的权利和义务。物业管理是对旧的房产管理体制的改革，物业服务企业实行社会化、企业化的统一管理，是物业管理的发展方向。在市场价值规律指导下，物业服务企业实行优胜劣汰的竞争机制，因此，业主有权选择物业服务企业。但是，从另一角度，物业服务企业也有权自主选择业主，有权拒绝聘用。业主与物业服务企业的地位、人格都是平等的，双方互不隶属，都享有国家法律和聘用合同所赋予的平等地参加民事活动的独立的权利，不允许一方以势压人，凌驾于他方之上。

2. 服务原则

物业服务企业接受业主聘请后承担住宅区物业管理，其全部工作目的和宗旨就是为业主提供优质的物业管理服务，为创建优美、文明的住宅小区服务。物业服务企业及其管理、服务人员要牢固树立"服务第一"的思想，"想业主之所想，解决业主之所难"，管好房、修好房、用好房。在提供优质服务中创造经济效益，提高自己的市场竞争能力。丢弃了服务原则的物业服务企业，最终必将被业主丢弃。

业主与物业服务企业之间的聘用与被聘用的关系决定了物业服务企业对物业的管理权是业主所赋予的，业主可以根据聘用合同的规定将这一管理权依法收回。

业主在与物业服务企业的关系中，对物业服务企业具有聘用权和解聘权。当然，这种权利不是单个业主自行行使，它是通过业主大会行使的；对物业服务企业服务工作具有监督权、投诉权；对物业服务企业工作涉及业主权益的事项具有参与决定权，如物业管理某项费用的分摊等；对物业服务费用收支具有审查权。

二、业主权利

由于房屋与其他商品存在很大区别，因此，业主的权利与其拥有其他商品的权利有很大的不同。房屋与其他商品的区别主要体现在：房屋是不动产；房屋一般与周围环境密不可分；房屋一般都与其他房屋相连接；房屋的使用者必须有共同的生活设施与生活空间。

(一)业主权利的类型

1. 对楼房专有部分享有专有所有权

所谓专有部分就是业主自己单独享有的或者说私人享有的那一部分，即一个单元中户门以内的空间。所谓专有所有权就是业主自己单独拥有的权利，不与他人分享的权利。

2. 对楼房共有部分享有共有所有权

所谓共有部分就是全部业主或部分业主都有权的部分，分为法定共有部分和约定共有部分。法定共有部分是由国家法律直接规定的，一般指楼房的基本构造部分、附属建筑物和附属设备等；约定共有部分则是由合同契约或公约约定的属业主所有的部分，比如室外车库、庭园、配套商业设施等。

3. 因业主之间的共同关系形成的成员权

由于楼房的特殊构造，其权利归属及使用上不能分离，业主之间形成共同关系，并通过一定的组织来使用、收益、处理自己的物业的权利，因而作为一个组织的成员具有成员权。

(二)业主权利的内容

1. 业主专有所有权的内容

(1)所有权。业主对专有部分享有充分的自由的占有、使用、出租、转让、赠予等权利，他人不得干涉。

(2)相邻使用权。业主为了正当合理地使用自己的专有部分而请求使用其他业主的专有部分或共有部分的权利。比如，为了修复自己漏水的天花板，该业主可以利用楼上业主的地板，楼上业主不得拒绝。

2. 业主共有所有权的内容

(1)对共有部分的使用权。对于共有部分，业主可以合理地善意地使用。

(2)收益权。如共有部分被出租、出售取得收益的时候，业主可以取得相应份额的利益。

3. 业主成员权的内容

(1)表决权。业主参加全体业主大会，对大会讨论的事项享有投票表决权。

(2)制定规约权。制定规约权即参加全体业主大会，参与制定和修改公约、管理规则等的权利。

(3)选举与罢免管理机构人员的权利。选举与罢免管理机构人员的权利即参加全体业主大会，选举管委会成员，罢免管委会成员，通过管委会罢免物业服务企业的权利。

(4)请求权。请求权即依据管理规约请示召开业主大会、请示管理机构担当管理公共事务、请求收取分配共有部分应得的利益、请求停止侵犯共同利益的行为的权利。

(三)业主在物业管理活动中享有的基本权利

业主参与物业管理时，要求物业服务企业依据物业服务合同提供相应的管理与服务，即拥有对本物业重大管理决策的表决权和对物业服务企业提供物业管理服务的监督、建议、批评、咨询、投诉的权利。业主的权利是由法律和管理规约及物业服务合同来保障和维护的，是通过业主大会和业主委员会来实现的。根据《物业管理条例》的规定，业主在物业管理活动中，享有下列十项权利：

(1)按照物业服务合同的约定，接受物业服务企业提供的服务。

(2)提议召开业主大会会议，并就物业管理的有关事项提出建议。

(3)提出制定和修改管理规约、业主大会议事规则的建议。

(4)参加业主大会会议，行使投票权。

(5)选举业主委员会成员，并享有被选举权。

(6)监督业主委员会的工作。

(7)监督物业服务企业履行物业服务合同。

(8)对物业共用部位、共用设施设备和相关场地使用情况享有知情权和监督权。

(9)监督物业共用部位、共用设施设备专项维修资金(以下简称专项维修资金)的管理和使用。

(10)法律、法规规定的其他权利。

三、业主义务

根据《物业管理条例》的规定，业主在物业管理活动中应履行以下六项义务：

(1)遵守管理规约、业主大会议事规则。

(2)遵守物业管理区域内物业共用部位和共用设施设备的使用、公共秩序和环境卫生的维护等方面的规章制度。

(3)执行业主大会的决定和业主大会授权业主委员会作出的决定。

(4)按照国家有关规定交纳专项维修资金。

(5)按时交纳物业服务费用。

(6)法律、法规规定的其他义务。

单元二　业主大会

一、业主大会的概念与特征

1. 业主大会的概念

《物业管理条例》第八条规定：物业管理区域内全体业主组成业主大会。即业主大会指由物业管理区域内全体业主组成，代表和维护物业管理区域内全体业主在物业管理活动中的合法权益，行使物业管理权利的业主自治机构。

2. 业主大会的特征

业主大会是以会议制形式对物业进行管理的群众性自治机构，是依法管理物业的权力机关。业主大会有民主性、自治性、代表性及公益性特征。

(1)民主性。业主大会是民主性的组织，业主大会的成员为所有的业主，各个业主在大会中是一种民主、平等的关系，平等地享有表达意愿和发表建议的权利。

(2)自治性。业主大会是自治性的组织，其所进行的一切活动，均为业主的自我服务、自我管理、自我协调、自我约束。对于维护物业整体利益的一切活动，不受外界人员的任何非法干预。

（3）代表性。业主大会具有代表性体现在它代表了全体业主在物业管理中的合法权益。业主大会所进行的一切行为和活动都代表着全体业主的合法权益，业主大会所作出的一切决议、制定的所有规章都是全体业主利益的反映。

（4）公益性。业主大会是为全体业主的整体利益服务的组织，其行为和活动可能会与个别业主发生冲突，但只要符合全体业主的公共利益，就应该受到业主的支持和维护。业主大会不是营利性的经济组织，不能从事与物业管理无关的活动，也不能从事经营性的活动。

二、业主大会的成立

《民法典》第二百七十七条规定：业主可以设立业主大会，选举业主委员会。业主大会是物业管理区域内业主自治的最高权力机构，是业主进行物业管理的决策机构，业主大会应当代表和维护物业管理区域内全体业主在物业管理活动中的合法权益。

1. 业主大会的组成范围

物业管理区域内全体业主组成业主大会。一个物业管理区域成立一个业主大会。物业管理区域的划分应当考虑物业的共用设施设备、建筑物规模、社区建设等因素。具体办法由省、自治区、直辖市制定。

同一个物业管理区域内的业主，应当在物业所在地的区、县人民政府房地产行政主管部门或者街道办事处、乡镇人民政府的指导下成立业主大会，并选举产生业主委员会。但是，只有一个业主的，或者业主人数较少且经全体业主一致同意，决定不成立业主大会的，由业主共同履行业主大会、业主委员会职责。

2. 业主大会的成立条件

《物业管理条例》第十条规定：同一个物业管理区域内的业主，应当在物业所在地的区、县人民政府房地产行政主管部门或者街道办事处、乡镇人民政府的指导下成立业主大会，并选举产生业主委员会。一般情况下，当物业管理区域内房屋出售并交付使用的建筑面积达50%以上，或者首套房屋出售并交付使用之日起已满两年时，便具备了设立业主大会的条件。《业主大会和业主委员会指导规则》第十五条规定：业主大会自首次业主大会会议表决通过管理规约、业主大会议事规则，并选举产生业主委员会之日起成立。

3. 业主大会的成立流程

（1）首次业主大会的筹备。业主作为产权人，有权对自己所拥有房产的使用、经营和管理作出决定，这就是业主自治管理。但是，业主自治管理是通过业主大会来实现的，并设立业主委员会作为执行机构。

召开首次业主大会需要一定的条件，《业主大会和业主委员会指导规则》规定：物业管理区域内，已交付的专有部分面积超过建筑物总面积50%时，建设单位应当按照物业所在地的区、县地产行政主管部门或者街道办事0处、乡镇人民政府的要求，及时报送下列筹备首次业主大会会议所需的文件资料：①物业管理区域证明；②房屋及建筑面积清册；③业主名册；④建筑规划总平面图；⑤交付使用共用设施设备的证明；⑥物业服务用房配置证明；⑦其他有关的文件资料。符合成立业主大会条件的，区、县房地产行政主管部门或者街道办事处、乡镇人民政府应当在收到业主提出筹备业主大会书面申请后60日内，负责组织、指导成立首次业主大会会议筹备组。筹备组应当自组成之日起90日内完成筹备工作，组织召开首次业主大会会议。

筹备组成立后，应当做好筹备工作，包括确定首次业主大会会议召开的时间、地点、形式和内容；参照政府主管部门制定的示范文本，拟订《业主大会议事规则（草案）》和《管理规约（草案)》；确认业主身份，确定业主在首次业主大会会议上的投票权数；确定业主委员会委员修选人产生办法及名单；做好召开首次业主大会会议的其他准备工作。

筹备组在完成上述筹备工作后，在首次业主大会会议召开 15 日前以书面形式在物业管理区域内公告上述内容。

(2)召开首次业主大会。首次业主大会的会议议程一般包括报告业主大会的筹备工作情况；宣读业主名册和在首次业主大会会议上的投票权数；宣读《业主大会议事规则(草案)》和《管理规约(草案)》，宣读业主对草案提出的修改意见，以及业主大会筹备组根据业主意见对《业主大会议事规则(草案)》和《管理规约(草案)》的修改结果；投票通过《业主大会议事规则》和《管理规约》；宣读业主委员会候选人名单，经投票选举产生业业主委员会组成人员。

在首次业主大会上，还应听取前期物业管理单位的物业管理前期工作报告，物业服务企业还应当作物业接管验收情况的报告。业主大会可以邀请街道办事处、社区居民委员会和使用人代表列席。

三、业主大会的职责

业主大会的职责，是法律确认的业主大会对其所辖职责范围内自治管理事务的支配权限。

1. 业主大会职责的内容

(1)制定、修改业主大会议事规则。业主大会议事规则应当就业主大会的议事方式、表决程序、业主投票权的确定办法、业主委员会的组成和委员任期等事项依法作出约定。

(2)制定和修改管理规约。管理规约应当对有关物业的使用、监护、管理，业主的共同利益，业主应当履行的义务，违反管理规约应当承担的责任等事项依法作出约定。管理规约是业主自治管理组织的"小宪法"，是物业管理区域内从事物业管理有关活动的总章程。管理规约对全体业主有约束力。

(3)选举业主委员会或者更换业主委员会委员。业主委员会是业主大会的执行机构，实行业主自治管理，应当由业主大会选举业主委员会或者更换业主委员会委员。

(4)选聘、解聘物业服务企业。物业服务企业是从事物业管理和服务的经营性企业。业主大会有权决定对物业服务企业是否聘用。当然，业主大会应当通过市场竞争的方式，从众多的物业服务企业中选聘最合适的。

(5)筹集和使用专项维修资金。专项维修资金是用于住宅物业共用部位共用设施设备的维修资金。它的筹集和使用，关系到物业功能的延续、物业使用价值的保存和物业价值的提升，关系到物业的再生产，属于物业管理的重大事项，由业主共同决定。

(6)改建、重建建筑物及其附属设施。物业服务企业进行的管理和服务是依附于物业而存在的。改建、重建建筑物及其附属设施，是对物业本体的重大变化，这将引起管理和服务关系的变化，涉及全体业主的根本利益，因此要由业主共同决定。

(7)有关共有和共同管理权利的其他重大事项。凡是业主大会认为应当由业主大会决定并且不违反法律的事项，法律法规已经规定的由业主大会决定的事项，以及新的法律法规规定应当由业主大会决定的事项，都是业主大会有权决定的事项。

2. 业主大会职责的履行

业主大会主要通过会议的方式履行职责。业主大会会议分为定期会议和临时会议。召开业主大会时，业主原则上应当出席并参与物业管理有关事项的决议。但如果业主无法亲自参加，也可以委托代理人参加业主大会会议。

(1)定期会议。业主大会定期会议应当按照业主大会议事规则的规定由业主委员会组织召开。通常每年至少召开一次，一般也称为年度会议。在业主委员会成立后，由业主委员会负责每年召集一次。

(2)临时会议。有下列情况之一的，业主委员会应当及时组织召开业主大会临时会议：①经专有部分占建筑物总面积20%以上且占总人数20%以上业主提议的；②发生重大事故或者紧急事件需要及时处理的；③业主大会议事规则或者管理规约规定的其他情况。

发生应当召开业主大会临时会议的情况，业主委员会不履行组织召开会议职责的，区、县人民政府房地产行政主管部门应当责令业主委员会限期召开。

 案例分析1

案情介绍：某小区业主王某因在装修过程中与物业服务企业的员工发生争吵，以致对物业服务企业不满。此后，王某向业主委员会提出书面申请，请求立即召开业主大会会议，讨论物业服务企业的服务水平和解聘问题。个别业主有要求，可以召开业主大会会议吗？

案情分析：根据《业主大会和业主委员会指导规则》，有下列情况之一的，业主委员会应当及时组织召开业主大会临时会议：经专有部分占建筑物总面积20%以上且占总人数20%以上业主提议的；发生重大事故或者紧急事件需要及时处理的；业主大会议事规则或者管理规约规定的其他情况。故而，个别业主是不能以个人的要求提出召开业主大会会议的。如确需召开业主大会临时会议，该业主可以组织和动用20%以上的业主，以书面的形式提出申请。

四、业主大会的会议

1. 业主大会的会议形式

业主大会会议可以采用集体讨论的形式，也可以采用书面征求意见的形式。但是，应当有物业管理区域内专有部分占建筑物总面积过半数的业主且占总人数过半数的业主参加。这是为了尽可能大地体现业主自治，维护大多数业主的利益。

(1)集体讨论形式。集体讨论形式就是用会议讨论的形式。集体讨论形式的优点是，业主和业主面对面地交流思想和讨论问题，可以充分阐述自己的观点和主张，集思广益，容易形成最佳的方案。

(2)书面征求意见形式。书面征求意见形式就是用文字文书的形式，分别向业主征求意见。书面征求意见形式的优点是，可以突破时间和空间的限制，使得无法来参加业主大会的业主，也能向业主大会阐述自己的观点和主张。业主因故不能参加业主大会会议的，可以书面委托代理人参加。

业主大会会议应当由业主委员会作书面记录并存档，还应当以书面形式在物业管理区域内及时公告。同时在业主大会会议召开15日前将会议通知及有关材料以书面形式在物业管理区域内公告全体业主。住宅小区的业主大会会议决议，应当同时告知相关的居民委员会。

2. 业主大会的决定方式

下列事项由业主共同决定：

(1)制定和修改业主大会议事规则；

(2)制定和修改管理规约；

(3)选举业主委员会或者更换业主委员会成员；

(4)选聘和解聘物业服务企业；

(5)筹集和使用专项维修资金；

(6)改建、重建建筑物及其附属设施；

(7)有关共有和共同管理权利的其他重大事项。

业主大会决定上述第(5)条和第(6)条规定的事项，应当经专有部分占建筑物总面积 2/3 以上的业主且占总人数 2/3 以上的业主同意；决定上述规定的其他事项，应当经专有部分占建筑物总面积过半数的业主且占总人数过半数的业主同意。

3. 业主大会的决定效力

业主大会的决定一旦作出，只要符合法律法规的规定，并且遵守了管理规约和业主大会议事规则，便在物业管理区域内对全体业主产生法律效力。即使有个别业主持有不同意见，也必须执行。

业主大会或者业主委员会作出的决定侵害业主合法权益的，受侵害的业主可以请求人民法院予以撤销。

单元三　业主委员会

一、业主委员会的概念与特征

1. 业主委员会的概念

业主委员会，是指由物业管理区域内的业主根据业主大会议事规则选举产生，执行业主大会的决定事项的组织机构。业主委员会的权利来源于业主大会的授权。业主委员会向业主大会负责。

2. 业主委员会的特征

业主委员会不仅是业主参与民主管理的组织形式，也是业主实现民主管理的最基本的组织形式。与其他自治性组织相比，业主委员会具有以下法律特征：

(1)业主委员会是由业主大会选举产生的。业主委员会是业主大会的执行机构，其行为向业主大会负责。由于业主委员会并非是独立的法人组织，它的所有行为后果直接归属于全体业主，责任由全体业主共同承担。因此，业主委员会的组成人员必须反映全体业主的利益。

(2)业主委员会的活动以对物业的自治管理为限。业主委员会设立的目的在于使广大业主的自治管理权能够得到正常的行使，并及时了解和统一业主的不同意见和建议。基于这一目的，业主委员会的所有活动必须以对物业的自治管理为限。除签订物业管理合同外，业主委员会不能进行和从事与物业管理活动无关的任何经营性或非经营性活动。

(3)业主委员会的根本任务是代表和维护全体业主的合法权益。业主委员会代表全体业主的共同意志，其行为向全体业主负责，维护全体业主的合法权益。业主委员会不代表和维护部分业主的意志和利益。

(4)业主委员会必须办理备案手续。业主委员会虽为自治性的组织，但并非自立的闲散组织，其有具体的法定职责和法律地位。为了规范业主委员会，使其更好地为全体业主服务，依据我国《物业管理条例》及相关的规定，业主委员会自产生后 30 日内，应当将业主大会成立的情况、业主大会议事规则、业主公约及业主委员会委员的名单等材料向物业所在地的区、县人民政府房地产行政主管部门备案。

二、业主委员会的地位与宗旨

1. 业主委员会的地位

业主委员会是业主大会的常设执行机构。从我国司法实际来看，业主委员会是一个物业管理区域内长期存在的、代表广大业主行使业主自治管理权的必设机构；是业主自我管理、自我教育、自我服务，实行业主自治自律与专业化管理相结合的管理体制，以保障物业费的安全与合理使用，贯彻执行国家有关物业的法律、法规及相关政策，并办理本辖区涉及物业管理的公共事务和公益事业的社会性自治组织。

2. 业主委员会的宗旨

业主委员会的宗旨是维护本物业的合法权益，实行业主自治与专业化管理相结合的管理体制，保障物业的合理与安全使用，维护本物业的公共秩序，创造整洁、优美、安全、舒适、文明的环境。

三、业主委员会的成立

1. 成立业主大会

根据《物业管理条例》规定，符合召开业主大会条件的物业，业主应在物业所在地的区、县人民政府房地产行政主管部门或者街道办事处、乡镇人民政府的指导下成立业主大会，并选举产生业主委员会。

2. 确定业主委员会委员候选人名单

按照业主大会规程的规定，首次业主大会的筹备组在首次业主大会会议召开 15 日前，以书面形式在物业管理区域内公告业主委员会委员候选人产生办法及名单。

3. 选举产生业主委员会

业主委员会应当自选举产生之日起 7 日内召开首次业主委员会会议，推选产生业主委员会主任 1 人，副主任 1～2 人。业主委员会的主任、副主任是业主委员会的召集人和组织者，他们均由业主大会选举出来的业主委员会委员自行推选产生，这样可以增强业主委员会主任、副主任在业主委员会中的公信力，有利于其组织业主委员会的各项活动。

4. 业主委员会设立的备案

业主委员会应当自选举产生之日起 30 日内，向物业所在地的区、县人民政府房地产行政主管部门和街道办事处、乡镇人民政府备案。

四、业主委员会委员

1. 业主委员会委员的产生及资格

业主委员会委员应由业主委员会主任、副主任在业主委员会成员中推选产生。

业主委员会委员应是本物业管理区域内具有完全民事行为能力的业主，应遵守国家有关法律、法规，遵守业主大会议事规则、管理规约，模范履行业主义务。

业主委员会委员应具备必要的工作时间，热心公益事业，责任心强，公正廉洁，具有社会公信力，并具有一定的组织能力。

2. 业主委员会委员的终止

(1)有下列情况之一的，业主委员会委员资格自行终止：

1）因物业转让、灭失等原因不再是业主的；

2）丧失民事行为能力的；

3）依法被限制人身自由的；

4）法律、法规以及管理规约规定的其他情形。

（2）业主委员会委员有下列情况之一的，由业主委员会三分之一以上委员或者持有20%以上投票权数的业主提议，业主大会或者业主委员会根据业主大会的授权，可以决定是否终止其委员资格：

1）以书面方式提出辞职请求的；

2）不履行委员职责的；

3）利用委员资格谋取私利的；

4）拒不履行业主义务的；

5）侵害他人合法权益的；

6）因其他原因不宜担任业主委员会委员的。

（3）业主委员会委员资格终止的，应当自终止之日起3日内将其保管的档案资料、印章及其他属于全体业主所有的财物移交业主委员会。

案例分析2

案情介绍：某小区的业主赵某平时热心小区工作，责任心强，在业主中的人缘也很好，在一次业主代表选举中，赵某得票较多。但是小区物业服务企业以该业主不配合其开展工作为由，认为赵某不具备当选资格。赵某能否当选业主委员会委员？

案情分析：业主委员会委员是由业主大会选举的，是业主大会的权利。物业服务企业是受业主委员会委托为该小区提供管理服务，对业主大会的任何选举结果无权干涉。

五、业主委员会职责

业主委员会自选举产生之日起履行职责。

1. 召集业主大会会议，报告物业管理的实施情况

除首次业主大会外，业主大会每年至少召开一次。而每年度召开业主大会时，业主委员会应当于会议召开15日以前，将召开的时间、地点、内容、方式以及其他事项予以公告或者送达每位业主。如果是住宅小区的业主大会，业主委员会还应当同时告知相关的居民委员会，以接受居民委员会的指导。会议由业主委员会筹备、召集和主持。在会议期间，业主委员会应当向业主大会报告本物业管理区域内物业管理的实施情况，并做好大会会议记录，以备检查。实践中还有一些特殊情况，如发生重大事故或紧急情况需要及时做出处理的，业主委员会有权依照有关规定召集和主持业主大会的临时会议，将有关物业管理事项的实施情况向业主大会报告并接受业主大会的监督。

2. 代表业主与业主大会选聘的物业服务企业签订物业服务合同

业主大会享有选聘物业服务企业的权利，但业主大会的成员是全体业主，不可能由业主大会与物业服务企业签订物业服务合同。客观上，物业服务合同的签订只能由业主委员会来具体进行。业主大会以通过会议决定的方式选聘某一物业服务企业后，应由业主委员会代表业主与业主大会选聘的物业服务企业正式签订物业服务合同。

3. 监督和协助物业服务企业履行物业服务合同

业主委员会应当根据物业服务合同的规定，并结合物业服务企业的年度计划，除在业主大会上听取业主及相关部门的意见外，在日常工作中亦应广泛听取和了解广大业主及物业使用人的意见和建议，监督、检查物业服务企业的工作落实情况，并审核物业服务企业的各种年度报告，尤其要严格依照合同的约定，监督物业服务企业履行物业服务合同所约定的各项义务。

4. 监督管理规约的实施

管理规约在物业管理区域内的实施是否到位直接影响到物业品质、公共秩序和环境卫生状况的好坏。业主委员会有权对管理规约的实施情况进行监督，一旦有业主不遵守管理规约规定，影响到其他业主的合法权益或者物业管理区域内的公共利益时，业主委员会有权予以制止、批评教育、责令限期改正，并依照管理规约的规定进行处理。

业主委员会应当督促违反物业服务合同约定逾期不交纳物业服务费用的业主，限期交纳物业服务费用。

5. 业主大会赋予的其他职责

业主委员会除上述职责外，还负有业主大会赋予的其他职责。包括反映职责、管理职责、审核职责、执行职责、监督职责和调处职责。

(1)反映职责。业主委员会在遵守国家有关物业管理法律、法规及相关政策的前提下，有权依照物业服务合同的约定并根据本物业管理区域内的实际情况，向业主大会提出有关业主共同事务的建议，向物业服务企业以及物业管理行政主管部门和有关机关、单位及时反映业主的意愿、意见和建议。

(2)管理职责。业主委员会代表全体业主负责辖区内物业附属部分及居住环境的统一管理；负责物业附属部分的收益、专用基金、办公经费及活动经费的使用和管理；负责其他与物业服务有关的合同的订立和管理等。

(3)审核职责。根据业主大会的授权，业主委员会审议决定无须提交业主大会表决通过的事项；审议物业服务费的收费标准及事项，物业服务年度计划，财务预付、决算，专项维修资金的筹集、使用和管理等。

(4)执行职责。业主委员会代表全体业主执行业主大会的决议和业主委员会的决议；负责实施自治管理的有关制度和措施；向全体业主公开业主委员会的工作事务报告、会计报告、结算报告及其他管理事项；协助有关主管部门和机关做好本区域内行政管理工作及社区文明工作等。

(5)监督职责。业主委员会监督物业服务企业的受托服务工作，监督合同的履行情况，制止任何损害业主权益的活动和行为等。

(6)调处职责。业主委员会调解物业管理活动中的各种纠纷，包括前期物业服务纠纷、物业使用纠纷、物业维修养护纠纷、物业管理服务纠纷、物业服务企业与各专业管理部门职责分工的纠纷、物业租赁纠纷、物业买卖纠纷、物业相邻关系纠纷以及政府部门在进行物业管理过程中所发生的各种纠纷等。

案例分析3

案情介绍：某小区的业主们在入住时发现，开发商售房时承诺的绿地面积、地下车库等配套设施都没能兑现。于是业主们委托该小区业主委员会起诉开发商，要求开发商履行35%绿化率等承诺。法院最终认定该业主委员会的起诉针对的是开发商广告欺诈和合同违约，此案与物业管理无关，故以该小区业主委员会不具备诉讼主体资格，无权代表业主提起商品房预售合同诉讼为由，终审裁定驳回业主委员会的起诉。

案情分析：《物业管理条例》第十九条规定："业主大会、业主委员会应当依法履行职责，不得作出与物业管理无关的决定，不得从事与物业管理无关的活动。"业主只有在物业服务企业违反合同约定损害业主公共权益，业主大会决定提前解除物业服务合同时物业服务企业拒绝提出，物业服务合同终止时物业服务企业拒绝将物业管理用房和资料移交给业主委员会及其他损害全体业主公共权益的情形下，才能代表业主成为原告。

六、业主委员会章程

业主委员会章程，是指业主就业主委员会的产生、组织机构、职责以及议事规则等事项所作出的约定，是调整业主与业主委员会之间关系的重要法律文件。业主委员会在章程授权的范围内，执行业主大会的决议并以自己的名义进行物业管理活动。

业主委员会章程是业主委员会进行各项行为和活动的规范性文件。业主委员会章程依据国家有关法律、法规和政策的规定，参照《业主委员会章程（示范文本）》，结合本物业管理区域内的实际情况，在广泛征求和听取业主意见、建议的基础上起草制定，经业主大会讨论通过后方可生效。

根据《业主委员会章程（示范文本）》，业主委员会章程一般包括：业主委员会的名称、地址、物业管理区域的范围；业主委员会的性质、主管部门及其设立的目的；业主委员会组织机构及各部门的职责范围；业主委员会委员的资格条件以及委员产生的程序；业主委员会的权利和义务；业主委员会的经费来源及财务管理制度；业主委员会的工作制度以及会议规则；业主委员会委员资格的变更与终止；业主委员会的组织原则；业主委员会章程生效、修订及补充等有关事项等内容。

知识链接

业主委员会章程（示范文本）
第一章　总　则

第一条　组织名称、地址。

名称：＿＿＿＿＿＿业主委员会（以下简称"本会"）。

地址：＿＿＿＿＿＿＿＿。

所辖区域范围：＿＿＿＿＿＿＿＿＿＿。

第二条　本会是本物业管理区域内代表全体业主对物业实施自治管理的组织。

本会由业主大会（业主代表大会）选举产生。本会是业主大会（业主代表大会）的常设执行机构，对业主大会（业主代表大会）负责。

本会成立后应到物业管理行政主管部门备案登记。备案登记之日为本会成立日期。

第三条　本会接受物业管理行政主管部门的监督与指导。

第四条　本章程所称业主是指物业的所有权人。

第五条　本会宗旨是代表和维护全体业主的合法权益，保障物业的合理、安全使用，维护本物业管理区域内的公共秩序，创造整洁、优美、安全、舒适、文明的工作、居住环境。

第二章　组织及职责

第六条　全体业主(业主代表)组成业主大会(业主代表大会)，其职责是：

1. 选举、罢免本会委员。

2. 审议通过《业主委员会章程》和《业主公约》，审议通过物业管理工作报告。

3. 审议通过本年度财务决算和下一年度财务预算报告。

4. 审议通过其他重大物业管理事项。

第七条　本会每届任期3年。任期届满3个月前，本会组织召开业主大会(业主代表大会)，换届选举新一届业主委员会。

第八条　本会由_____名委员组成，设主任1名、副主任_____名。聘任执行秘书_____名，负责处理本会日常事务。

第九条　本会成立后，每年至少召开一次业主大会(业主代表大会)。

经由_____以上持有投票权的业主(业主代表)提议，本会应于接到该项提议后_____日内，就其提议内容召开业主大会(业主代表大会)的特别会议。对提出的议案已经做出决定的，半年内不得以同一内容再提议召开业主大会(业主代表大会)。

第十条　业主大会(业主代表大会)应按幢或按一定比例邀请物业使用人以及街道、居委会、派出所人员列席会议。列席会议人员没有表决权。

第十一条　召开业主大会(业主代表大会)，应当有超过2/3业主(业主代表)出席。会议决议、决定应当经全体业主(业主代表)过半数通过。

第十二条　业主代表从业主中选举产生。业主代表的缺额补选或增补，由本会提名，提交业主大会(业主代表大会)确认。

第十三条　本会权利：

1. 召集和主持业主大会(业主代表大会)。

2. 负责房屋公用部位、公用设备和公共设施修缮资金的筹集及使用管理。

3. 选聘或解聘物业服务企业，与物业服务企业订立、变更或解除物业管理委托合同。

4. 与物业服务企业议定物业管理服务费的收取标准及方法。

5. 审定物业服务企业提出的物业管理服务年度计划、年度财务预算和决算。

6. 监督检查物业服务企业的物业管理工作。

7. 提出修订《业主公约》《业主委员会章程》的议案。

8. 组织换届，改选本会。

9. 监督公共建筑、公共设施、物业管理服务用房的合理使用。

10. 业主大会(业主代表大会)赋予的其他职责和权利。

第十四条　本会义务：

1. 向业主大会(业主代表大会)报告工作。

2. 执行业主大会(业主代表大会)通过的各项决议、决定。

3. 贯彻执行并督促业主和物业使用人遵守物业管理的有关法规、规章和规范性文件。对业主和物业使用人开展多种形式的宣传教育。

4. 听取业主和物业使用人的意见和建议。

5. 监督物业服务企业的管理服务活动，完成和实现物业管理区域的各项管理目标。

6. 调解业主和物业使用人与物业服务企业发生的纠纷。

7. 建立本会档案制度。

8. 接受物业管理行政主管部门的业务指导和检查。

第十五条　本会作出的决定，不得违反法律、法规、规章和规范性文件，不得违反业主大会(业主代表大会)的决定，不得损害公共利益。

　　第十六条　本会对主任、副主任、执行秘书，可按业主大会(业主代表大会)讨论通过的补贴标准给予适当补贴。

第三章　会　议

　　第十七条　本会每3个月召开一次会议。有1/3以上委员提议或主任、副主任认为有必要时，应在一周内组织召开本会的特别会议。

　　第十八条　本会会议必须有超过半数委员出席，作出的决议、决定须经全体委员过半数通过。

　　第十九条　本会会议决定问题，采取少数服从多数的原则。会议进行表决时，每一委员有一票表决权。若表决中出现赞成票数与反对票数相等时，由主任或会议主持人增投决定性一票。

　　第二十条　本会会议由主任召集、主持，主任因故缺席时，由副主任主持。会议召集人应提前7天将会议通知及有关材料送达每位委员。委员因故不能参加会议的，作为缺席。

　　第二十一条　本会讨论重大事项，可以邀请物业管理行政主管部门及政府有关部门(街道办事处、派出所等)、物业服务企业和物业使用人代表列席会议，并要认真听取邀请列席人员的意见。

　　第二十二条　本会执行秘书应做好每次会议的记录，并由主持人签署后存档。涉及物业管理重大事项的会议记录，应由出席会议的全体委员签署。

第四章　委　员

　　第二十三条　本会委员由业主担任，委员可连选连任。主任、副主任从委员中选举产生。主任由业权份额大的业主担任。委员撤换或增补，须经本会会议通过，提交业主大会(业主代表大会)表决。

　　第二十四条　委员名额分配，坚持按业权份额与体现小业主代表性相结合的原则。小业主委员在委员中应占有一定的比例。自然人业主当选委员，由业主本人担任；法人业主当选委员，由法人委派人员担任。

　　第二十五条　本会委员须符合下列条件：

　　1. 遵守物业管理有关法规、规章、规范性文件。

　　2. 履行业主委员会职责。

　　3. 品行端正无劣迹。

　　4. 热心公益事业。

　　5. 有一定的组织协调能力，在业主中有较高的威信。

　　第二十六条　有下列情形人员不得担任本会委员；已担任的须停任，并由下届业主大会(业主代表大会)确认：

　　1. 已不是业主的。

　　2. 无故缺席会议连续三次以上的。

　　3. 以书面形式向本会提出辞呈的。

　　4. 因身体或精神上的疾病而丧失履行职责能力的。

　　5. 被司法部门认定有违法犯罪行为并正在接受调查的。

　　6. 其他原因不适宜担任本会委员的。

　　第二十七条　委员停任时，必须在停任后半月内将其管理、保存的属于本会所有的资料、财物等移交给本会。

第二十八条　本会主任的职责：

1. 负责召开本会会议。

2. 负责召开业主大会(业主代表大会)。

3. 代表本会对外签约或签署文件。

4. 核定修缮资金账目。

5. 经业主大会(业主代表大会)或业主委员会授权的其他职责。

第二十九条　委员的权利和义务：

1. 权利：

(1)有权参加本会组织的有关活动。

(2)有权参与本会有关事项的决策。

(3)具有对本会的建议和批评权。

2. 义务：

(1)遵守本会章程。

(2)执行本会的决议，完成本会交办的工作。

(3)参加本会组织的会议、活动和公益事业。

(4)对本会的工作提供有关资料和建议。

第五章　经费与办公场所

第三十条　本会经费从_____费中列支。

第三十一条　本会的经费开支包括：业主大会(业主代表大会)和本会的会议费；有关人员的津贴；必要的日常办公费。经费收支账目由物业服务企业负责管理，每季度向本会汇报，每年度向业主公布。

第三十二条　由本会管理使用的物业管理服务用房，严格按规定落实使用用途，不得以任何形式抵押、转让、变更或出租、借用给物业管理单位以外的任何单位和个人。

第六章　附　则

第三十三条　本章程或本章程的修订经业主大会(业主代表大会)通过后生效。本章程未尽事项，由业主大会(业主代表大会)补充。业主大会(业主代表大会)通过的有关本章程的决定，是本章程的组成部分。

第三十四条　解散本会，须经业主大会(业主代表大会)讨论决定，并报物业管理行政主管部门核准。

第三十五条　制定和修订的本会章程，应报物业管理行政主管部门备案。

_____业主委员会
年　　月　　日

七、业主委员会的维权

业主委员会是业主自治和专业化管理相结合的产物，是业主参与民主管理的组织形式，也是业主维护自身利益的基础。

业主委员会应当依法履行职责，不得作出与物业管理无关的决定，不得从事与物业管理无关的活动。当业主委员会作出违反法律、法规的决定时，物业所在地的区、县人民政府房地产行政主管部门或者街道办事处、乡镇人民政府应当责令限期改正或者撤销其决定，并通告全体业主。

业主委员会应当配合公安机关，与居民委员会相互协作，共同做好维护物业管理区域内的社会治安等相关工作。在物业管理区域内，业主大会、业主委员会应当积极配合相关居民委员会依法履行自治管理职责，支持居民委员会开展工作，并接受其指导和监督。

住宅小区的业主委员会作出的决定，应当告知相关的居民委员会，并认真听取居民委员会的建议。

单元四　管理规约与业主大会议事规则

一、管理规约

(一)管理规约的概念

1. 管理规约

管理规约是一种公共契约，属于协议、合约的性质，是由业主承诺的，是全体业主共同约定、相互制约、共同遵守的有关物业使用、维护、管理及公共利益等方面的行为准则，也是实行物业管理的基础和基本准则。

2. 临时管理规约

临时管理规约是房地产开发商或前期介入的物业服务企业制定的、对全体业主共同的约定，要求业主共同遵守的有关物业使用、维护、管理及公共利益等方面的行为准则，也是实行物业管理的基础和基本准则。

(二)管理规约的作用

管理规约是物业管理中的一个基础性文件，与《物业服务合同》《业主委员会章程》等构成了物业管理的基本框架，也是物业服务企业进行管理与服务的法律依据和法律文件。

通过签订管理规约，可以加深业主对物业管理和自治管理的理解和支持。管理规约可作为业主自治管理的有力依据，对违反公约的业主或使用人进行处罚，对业主之间的纠纷予以调解。管理规约可以成为宣传文明的行为准则，从而切实推动社会精神文明建设。

(三)管理规约的订立

1. 管理规约的订立原则

管理规约的订立应遵循合法性、民主性与整体性原则。

(1)合法性原则。管理规约的制定不能违反有关法律、法规。管理规约毕竟只是一种契约或合同性质的法律文件，因此，它必须在国家相关法律、法规的基础上制定，不能与之相冲突，否则会影响管理规约的法律效力。

(2)民主性原则。管理规约的订立应当采用民主管理的形式，即通过业主大会或业主代表大会的形式，反映全体业主或大多数业主的利益和要求。

(3)整体性原则。管理规约的订立应当在全体业主自愿和充分协商的基础上进行，当个别意见难以统一时，应当以全体业主的整体利益为目标，个人服从全体，少数服从多数。

2. 管理规约的订立依据

管理规约是依据国家相关法律、法规制定的，是业主应当共同遵守的行为准则。制定管理规约的主要法律依据如下：

(1)根据《民法典》的规定，不动产的相邻权利人应当按照有利生产、方便生活、团结互助、公平合理的原则，正确处理相邻关系。

(2)《物业管理条例》规定，遵守管理规约和业主大会议事规则是业主应履行的义务之一。

3. 管理规约的订立程序

(1)管理规约的起草。《物业管理条例》规定：建设单位应当在销售物业之前，制定临时管理规约，对有关物业的使用、维护和管理、业主的共同利益、业主应当履行的义务、违反公约应当承担的责任等项依法作出约定。管理规约在召开第一次业主大会时进行起草。

(2)管理规约的通过。管理规约应当经专有部分占建筑物总面积过半数的业主且占总人数过半数的业主同意方能有效。管理规约通过后，在此后入住的业主视为同意接受管理规约的约束。通过制定管理规约，并从程序上由业主大会通过，业主便能心悦诚服地遵守公约。

(3)新入住业主对规约的签署。《物业管理条例》规定，建设单位应当在物业销售前，将临时管理规约向物业买受人明示，并予以说明。物业买受人在与建设单位签订物业买卖合同时，应当对遵守临时管理规约予以书面承诺。在管理规约通过之后才确认业主身份的，应当在办理有关入住手续的同时，签署管理规约，表示愿意接受管理规约的约束。

4. 管理规约的订立内容

管理规约一般由政府房地产行政主管部门统一制订，业主大会可以根据本物业管理区域的实际情况进行修改、补充。经过一段时间的执行，管理规约如需要修改，应当由业主或业主委员会提出修改建议和修改草案，将修改草案提交业主大会讨论通过后执行。一般而言，管理规约的主要内容如下：

(1)有关物业的使用、维护和管理。具体包括物业管理区域的名称、地点、面积及户数；共用场所及共用设施设备状况；建筑物各项维修、养护、管理费用和物业管理服务费用、专项维修资金以及依照业主大会决定的有关分摊费用的交纳等。

(2)业主的共同利益。具体包括业主使用建筑物和物业管理区域内其他共用场所、共用设施设备的权益；业主在本物业管理区域内应遵守的行为准则；业主大会的召集程序及决定重大事项的方式等。

(3)业主享有的权利与应当履行的义务。具体包括业主参与物业管理的权利与义务；业主对业主大会、业主委员会和物业服务企业进行监督的权利；建筑物毁灭后修复与重建的权利与义务等。

(4)违反管理规约应承担的责任。具体包括业主不履行管理规约义务应承担的民事责任和解决争议的办法等。

5. 管理规约的特点

管理规约作为最高自治规则，具有业主意愿自治、订立程序严格和约定效力至上的特点。

(1)业主意愿自治。管理规约是业主约定彼此相互关系的民事协定，订立管理规约是业主间的共同行为。根据自治原则，只要不违反法律强制性规定，不背离公序良俗，不侵犯业主的固有权益，公约可以自由设定业主的权利义务，还可以规定物业管理区域内业主应具备的社会公德修养。

管理规约作为业主行为规范由业主自行设定，而非国家统一设定，立法只能就普通问题做规定。管理规约由业主自己执行，无须国家强制力来保证实施。

(2)订立程序严格。管理规约的订立、变更均通过业主大会进行，而且管理规约一般还需经过物业管理行政主管部门登记备案。

(3)约定效力至上。管理规约作为物业区域内全体业主的最高自治规则，约束全体业主。业主大会或业主委员会的相关规定均不得违反管理规约，否则无效。

6. 管理规约的修改

管理规约的修改程序与其制定程序相同，业主大会可以依法根据本物业管理区域内的实际情况对管理规约进行修改补充，并向房屋管理部门备案。修改补充条款，自业主大会通过之日起生效，无须经业主重新签订。修改补充条款不得与法律、法规和有关政策规定相抵触，否则房屋管理部门有权予以纠正或撤销。

(四)物业服务企业违反管理规约行为的处理

物业服务企业正确界定物业管理区域内违反管理规约的行为，并能及时根据管理规约纠正和处理各种违反管理规约的行为，是加强物业管理的一个重要环节。其处理方法包括规劝、制止、批评、警告、要求承担违约责任及提起民事诉讼。

(1)规劝。对于正在发生的、比较轻微的、还未造成损失的违约行为，物业管理人员可以对其进行规劝，使其停止和改正。

(2)制止。对于正在发生、正在造成损失的违约行为，物业管理人员应当立即采取适当措施予以制止。

(3)批评。对于已经发生、制止之后的轻度违约行为，对违约者要进行批评教育。

(4)警告。对于规劝或者制止均无效果的违约行为，可以采用严厉的方式予以警告。

(5)要求承担违约责任。对于已经发生并造成损失的违约行为，应当根据管理规约要求其承担违约责任。

(6)提起民事诉讼。对于采取以上措施均无效果，违约人仍在继续违约，如拒绝或者拖欠交纳各项物业管理服务费用，严重违约造成建筑物或者共用设施设备损坏的，可以提起民事诉讼。

知识链接

管理规约(示范文本)

为加强住宅区各类物业管理，保障本住宅区物业的安全与合理使用，维护住宅区的公共秩序，创造良好的生活环境，同意签订本公约，并共同遵守。

一、本住宅区情况

1. 地点：_____区_____路。

2. 总占地面积：_____平方米。

3. 总建筑面积：_____平方米，其中：住宅_____平方米，非住宅_____平方米(商业用房_____平方米，其他_____平方米)。

4. 楼宇____幢____套，其中：高层楼宇____幢____套，多层楼宇____幢____套。

5. 业主数量：_____个。

6. 业主委员会财产：

(1)公用设施专用基金_____元。

(2)物业管理用户_____平方米，其中，业主委员会_____平方米，物业服务企业_____平方米。

(3)商业用户_____平方米。

(4)其他：_____

7. 公用设施及公共场所(地)状况：

(1)道路：车行道_____平方米；人行道_____平方米。

(2)园林绿化地面积：_____平方米。

(3)教育设施：中学_____所，建筑面积_____平方米；小学_____所，建筑面积_____平方米；幼儿园_____所，建筑面积_____平方米。

(4)文体设施：文娱活动中心_____个，建筑面积_____平方米；网球场_____个，占地面积_____平方米；门球场_____个，占地面积_____平方米，游泳池_____个，建筑面积_____平方米；儿童游乐场所_____个，占地面积_____平方米。

其他：a. _____

b. _____

c. _____

(5)路灯_____盏；庭院灯_____盏；其他灯：a. _____ b. _____

(6)污水检查井_____个，排污管_____米；雨水检查井_____个，雨水管_____米；化粪池_____座；明沟_____米；暗沟_____米。

(7)消防水泵头接口_____个。

(8)停车场_____个，总占地面积_____平方米，车位_____个。

(9)综合楼_____座，建设面积_____平方米；其中，a. _____ b. _____

(10)肉菜市场_____个，建筑面积_____平方米。

(11)邮电局(所)_____个，建筑面积_____平方米。

(12)影剧院_____座，建筑面积_____平方米。

(13)医院_____座，建筑面积_____平方米。

(14)其他：

以上所有公用设施和公共场所(地)有_____、_____、_____项已竣工交付使用，有_____、_____、_____项尚未竣工或交付使用，预计_____年_____月可交付使用。

8. 其他事项：

(1)_____

(2)_____

(3)_____

二、业主大会的召集和决定住宅区重大事项的方式

1. 业主大会的召集：

(1)第一次业主大会在住宅交付使用且入住率达到百分之五十以上时，由区住宅管理部门会同开发建设单位或其委托的物业服务企业按法定程序和形式召集，选举产生业主委员会。

1)由区住宅管理部门牵头，与开发建设单位或其委托的物业服务企业组成业主大会筹委会(以下简称筹委会)，筹委会可邀请市住宅主管部门及其他有关部门、单位的人员参加。

2)筹委会根据有关法规规定，在充分征求业主的意见后提出业主委员会委员候选人名单，并做好大会议程、资料准备等工作。

3)筹委会在业主大会召开14天前将大会召开日期、地点、内容、方式、程序及业主委员会候选人名单等在住宅区内公告。

4)筹委会主任按规定的程序主持业主大会，选出第一届业主委员会委员，完成大会各项议程。

5）第一届业主委员会产生后，经市政府社团登记部门核准登记成立，依法行使各项权利。

6）住宅区所有有投票权的已入住业主，均应按筹委会公告要求，按时出席业主大会，参加投票，行使法定权利，承担法定责任。

7）各业主明白如不出席业主大会并参加投票表决，将由自己承担由此而产生的一切后果。

（2）业主委员会成立以后，负责召集此后的业主大会，并每年至少召开一次。

经持有百分之十以上投票权的业主提议，业主委员会应于接到该项提议后14天内就其所指明的目的召开业主大会。

业主委员会应于召开业主大会7天前将会议地点、时间、内容、方式及其他事项予以公告。业主大会由业主委员会主任主持，如果业主委员会主任缺席，则由业主委员会副主任主持。

2.业主大会必须有已入住业主中持有百分之五十以上投票权的业主出席才能举行；如经已入住业主中持有百分之五十以上投票权的业主决定，可以推迟召开业主大会。

3.业主大会的出席人数达到法定人数时，在会上提出的一切事项，由出席会议的业主表决，以过半数通过。表决可采用书面投票或其他形式。如遇票数相等，则会议的主持人除可投一票普通票外，还可投一票决定票。

4.大会投票实行住宅房屋一户一票；一百平方米以上的非住宅房屋每一百平方米的建筑面积为一票，一百平方米以下的有房地产权证书的非住宅房屋每证一票。

5.在业主大会上，业主应亲自或委托代表投票。委托代表投票，必须于会议召开前一天或业主委员会主任批准的时间内，向业主委员会出具授权委托书，否则该项委托无效。授权委托书必须有业主签字。如业主为法人，则须盖法人公章。

6.业主可以一幢或数幢楼房为单位，推选楼长，作为推选人的共同代表，参加业主大会，并行使业主的其他管理权利。

三、业主的权利、义务

（一）业主的权利

1.依法享有对自己所拥有物业的各项权利。

2.依法合理使用房屋本体公用设施（楼梯、通道、电梯、上下水管道、加压水泵、公用天线、阳台、消防设备等）、住宅区公用设施和公共场所（地）（道路、文化娱乐场所、体育设施、停车场、单车房等）的权利。

3.有权按有关规定在允许的范围内进行室内装修、维修和改造。

4.有权自己或聘请他人对房屋自用部位的各种管道、电线、水箱以及其他设施进行合法维修养护。

5.有权根据房屋的外墙面、楼梯间、通道、屋面、上下水管道、公用水箱、加压水泵、电梯、机电设备、公用天线和消防设施等房屋本体公用设施的状况，建议物业服务企业及时组织维修养护，其费用从住宅维修基金中支出。

6.有权根据住宅区的道路、路灯、沟渠、池、井、园林绿化地、文化娱乐体育设施、停车场、连廊、自行车房（棚）等住宅区公用设施及公共场所（地）的状况，建议物业服务企业及时进行维修养护，其费用从管理服务费中支出。

7.有权要求物业服务企业对住宅区内各种违章建筑、违章装修以及违反物业管理规定的其他行为予以制止、纠正。

8.有权参加业主大会，并对住宅区的各项管理决策拥有表决权。

9.有权对本住宅区物业管理的有关事项向业主委员会、物业服务企业提出质询，并在3日内得到答复。

10. 有权要求业主委员会和物业服务企业按照市政府规定的期限定期公布住宅区物业管理收支账目。

11. 有权对住宅区的物业管理提出建议、意见或批评，可要求业主委员会对物业服务企业的违反合同或有关规定的行为进行干预、处罚。

12. 有权会同其他业主就某一议题要求业主委员会召集业主大会。

13. 有权就本住宅区的物业管理向市住宅主管部门和区住宅管理部门投诉或提出意见和建议。

14. 有权要求毗连部位的其他维修责任人承担养护义务，并按规定分摊维修费用。

(二)业主的义务

1. 在使用、经营、转让其名下物业时，应遵守有关法律、法规和政策规定。

2. 在使用住宅区物业时，应当遵守下列规定：

(1)未经市政府有关部门批准，不得改变房屋结构、外貌和用途。

(2)不得对房屋内外承重墙、梁、柱、楼板、阳台、天台、屋面及通道进行违章凿、拆、搭、占。

(3)不得堆放易燃、易爆、剧毒、放射性等物品，但自用生活性燃料除外。

(4)不得利用房屋从事危害公共利益的活动。

(5)不得侵害他人的正当权益。

3. 业主如需对其住宅进行装修，必须遵守《_____市住宅装修管理规定》，并填写装修申请表，报物业服务企业审查批准后方可施工，接受物业服务企业的管理和监督。

4. 房屋室内部分以及供电、供水、供气等分户表后部分(往用户方向)和表前至第一个阀门部分由用户负责维修养护。

5. 凡房屋及附属设施有影响市容或者可能危害毗连房屋安全及公共安全的，按规定应由业主单独或联合修缮的，业主应及时进行修缮。拒不进行修缮的，由业主委员会授权物业服务企业修缮，其费用由业主承担。

6. 业主应自觉维护公共场所的整洁、美观、畅通及公用设施的完好。

业主不得在任何公共场所违章搭建任何建筑物或堆放、悬挂、弃置物品、垃圾，不得损坏、拆除、改造供电、供水、供气、通信、交通、排水、排污、消防等公用设施。

7. 在住宅区内不得有下列行为：

(1)践踏、占用绿化地；

(2)占用楼梯间、通道、屋面、平台、道路、停车场、自行车房(棚)等公用设施而影响其正常使用功能；

(3)乱抛垃圾、杂物；

(4)影响市容观瞻的乱搭、乱贴、乱挂等；

(5)损坏、涂、划园林艺术雕塑；

(6)聚众喧闹；

(7)随意停放车辆和鸣喇叭；

(8)发出超过规定标准的噪声；

(9)排放有毒、有害物质；

(10)经营锻造、锯木、建筑油漆、危险品、殡仪业以及用住宅开舞厅、招待所等危害公共利益或影响业主正常生活秩序的行业；

(11)妨碍他人合法使用公用设施及公共场所(地)；

(12)法律、法规及市政府的规定禁止的其他行为。

8. 对本住宅区物业服务企业人员在出示工作证(牌)或有关证明后，在合理时间内(上午_____，下午_____)进入本住宅区任何楼宇内部及其公共部位进行检查、维修、养护或检查管理规约的有关条款是否得到遵守和实施的巡视行为，业主应提供方便，不得拒绝或阻挠。

9. 按规定交纳应支付的管理服务费和住宅维修基金等。

10. 业主应同时遵守下列城市管理法规、规定，并承诺接受业主委员会或物业服务企业据此而进行的管理和处罚：

(1)_____市住宅区物业管理条例及其实施细则；

(2)_____市公共卫生管理条例；

(3)_____市园林绿化管理条例；

(4)_____市环境噪声管理暂行规定；

(5)_____市房屋租赁管理条例；

(6)_____市消防管理暂行规定；

(7)_____市人民政府关于禁止在市区饲养家禽家畜的通告；

(8)_____市人民政府关于禁止在特区内销售、燃放烟花爆竹的通告；

(9)_____市住宅装修管理规定；

(10)其他有关住宅区物业管理的法律、法规及政策规定。

11. 业主承诺在自己与其他非业主使用人建立合法使用、修缮、改造有关物业的法律关系时，应告知对方遵守住宅物业管理规定和本管理规约中的有关规定条款。

四、业主应付的费用

1. 业主应每月到物业服务企业缴交管理服务费。管理服务费的标准是，开发建设单位自行或委托物业服务企业管理期间，执行市物价主管部门和市住宅主管部门批准的收费标准；业主委员会成立后，由其根据本住宅区的实际情况制订，并交业主大会通过后实施。管理服务费的用途：住宅区的道路、路灯、沟渠、池、井、园林绿化、文化娱乐体育场所、停车场、连廊、自行车房(棚)等公共设施和公共场所(地)的管理、维修、养护。

2. 业主应按月到物业服务企业缴交住宅维修基金。住宅维修基金的标准是_____元/平方米。由物业服务企业以房屋本体为单位设立专账代管，用于房屋的外墙面、楼梯间、通道、屋面、上下水管道、公用水箱、加压水泵、电梯、机电设备、公用天线和消防设施等房屋本体公用设施的维修、养护。

3. 业主如进行室内装修，则应在办理申请手续时按有关规定缴交装修押金，装修完工后由物业服务企业进行检查，如无违章情况则予以返还，否则不予返还。

4. 业主如请物业服务企业对其自用部位和毗连部位的有关设施设备进行维修、养护，则应支付有关费用。

5. 业主使用本住宅区内有偿使用的文化娱乐体育设施和停车场等公用设施、公共场所(地)时，应按规定交纳费用。

五、违约责任

1. 违反业主义务中第2、6、7款规定的，物业服务企业有权制止，并要求其限期改正；逾期不改正的，可进行强制恢复，包括采用停水、停电、停气等修改措施；造成损失的，有权要求赔偿。

2. 业主进行室内装修，如违反《_____市住宅装修管理规定》，按其中有关规定处理。

3. 业主如延期缴交应交的管理服务费、住宅维修基金以及有关赔偿款和罚款等费用的，处以每日千分之三的滞纳金；无正当理由超过 3 个月不交的，物业服务企业可采取停水、停电、停气等催交措施。

4. 业主无理由拒绝、阻挠物业服务企业对房屋本体公用设施和区内公共场所、公用设施的检查、维修、养护及其他正常管理活动，由此造成损失的，应赔偿损失。

六、其他事项

1. 本管理规约由前期物业管理单位如实填充第一条"本住宅区情况"后印制，并在本住宅区入住率达到百分之三十后组织已入住业主签订。

2. 本管理规约经已入住业主中持有过半数以上投票权的业主签订后生效，已生效的管理规约对本住宅区所有业主和非业主使用人具有约束力。

3. 业主大会可以依法根据本住宅区的实际情况对本管理规约进行修改补充，并报市住宅主管部门和区住宅管理部门备案。修改补充条款自业主大会通过之日起生效，无须经业主重新签订。

4. 修改补充条款不得与法律、法规和有关政策规定相抵触，否则，区住宅管理部门有权予以纠正或撤销。

5. 本管理规约一式两份，业主和物业服务企业各执一份。

业主（签章）：_____   物业服务企业（签章）：_____

签约时间：_____

联系地址：_____

联系电话：_____

名下物业：住宅_____幢_____房

商业用户：_____幢_____房（店、铺）

其他：_____

二、业主大会议事规则

业主大会议事规则，是指业主就业主大会的议事方式、表决程序、业主投票权的确定方法、业主委员会的组成和委员任期等事项所作出约定的书面文件。业主大会议事规则是对业主大会行为作出的规范化约定，具有法律效力。其主要作用是建立业主议事制度，保障业主议事的权利。

《物业管理条例》规定，业主大会议事规则由业主大会制定或修改，业主大会是全体业主组成的维护业主利益的机构，要让业主大会顺利运转，就需要对业主大会议事规则作出详细的规定。

1. 业主大会的议事方式

业主大会的组织性质是决策机构。业主大会的基本议事形式是召开会议，以讨论议案和表决通过决议的方式来行使其职权。业主大会会议分为定期会议和临时会议。但是应当何时召开定时会议，法律未作强制规定。从我国相当一部分地方的物业管理实践来看，往往规定至少每年召开一次年会。除了规定业主会议的召开时间之外，议事规则还对会议的形式作出规定。例如：可以根据需要，规定会议形式包括预备会议、全体会议和分组会议；可以邀请有关部门、物业服务企业和物业使用权人列席等。

2. 业主大会表决程序

业主大会通过决议应当经过提出议案、审议议案、表决通过议案和公布会议决议等四个阶段。议事规则需要对这些阶段作出具体规定：

(1)对于何人享有提案权作出规定，特别对业主委员会、业主各自的提案权规则必须予以明确。

(2)对于如何审议议案也应作出规定，例如与会业主是否分组讨论、提案人是否应当作出必要的说明、是否进行全体的讨论程序等。

(3)议案经审议后，会议主持机构应当如何提交大会表决，会议表决时应当采用无记名投票或举手表决方式还是其他的表决方式，形成会议决议后应当在什么地方以何种方式予以公布，这些都需要议事规则给予具体的规定。

3. 业主投票权的确定方法

业主的投票权也就是表决权的确定，关系到业主的切身利益，也关系到能否形成有效的业主大会决议。议事规则应当对业主的投票权计算方法作出规定。综观物业管理的不同规定，业主表决权大致有以下计算方式：

(1)以业主所拥有的物业权利份额来计算，每份业权份额拥有一个表决权。有的地方物业管理法规规定，业主大会表决可以采用投票方式或者其他方式，各类房屋按建筑面积每 10 m^2 计算为一票，不足 5 m^2 的不计票。

(2)不区分每个业主所拥有的物业份额，每个业主都享有相同的表决权。有的地方物业管理法规规定，投票权的计算按照每一户一个投票权的原则进行。有的物业管理法规为了避免大业主享有较大表决权，导致小业主的利益可能得不到较好的保护，还对个别业主所掌握的投票数额作出限制性明确规定，如当一业主的投票权占全体业主投票权的 1/5 以上时，其超过 1/5 部分不予计算投票权，这样可以防止少数大业主任意左右业主大会，同时也可以平衡大、小业主之间的利益关系。

4. 业主委员会的组成及委员的任期

(1)业主委员会的组成。业主委员会的委员人数由议事规则规定，这可以根据物业管理区域的规模结合管理工作任务来决定；议事规则规定业主委员会委员的消极资格，也就是说排除某些业主担当委员，例如，可以规定担当过破产企业的负责人并对企业破产负有个人责任的业主、被刑事处罚过(过失犯罪除外)的业主不得出任业主委员会委员等；业主委员会中是否需要设有专业的财务与法律事务委员，委员会的副主任的人数以及分工等，议事规则也可以作出规定。

(2)业主委员会委员的任期。业主委员会委员的具体任期、是否可以连任均应当由议事规则加以明确。除了上述事项，议事规则还可以根据需要规定其他事项，如业主大会撤换和补选业主委员会委员的程序以及条件。

5. 其他需要依法作出约定的事项

"其他需要依法作出约定的事项"是指涉及物业管理区域内的建筑物、构筑物的建设，房屋改建、加层、大修，专项维修资金不足时再次筹集的标准，业主委员会经费的筹集方式、来源、标准，修改业主委员会章程和管理规约，撤销业主委员会不当决定等事项。

知识链接

业主大会议事规则(示范文本)
第一章 总则

第一条 为了规范业主大会的活动，维护业主的合法权益，根据《物业管理条例》《业主大会规程》及《业主大会章程》制定本业主大会议事规则。

第二章　业主大会中业主投票权的确定办法

第二条　业主在业主大会会议上的投票表决权，按业主拥有房屋的套数行使，业主每拥有一套房屋拥有一票投票表决权。

如业主房屋超过＿＿＿＿＿＿平方米（此数额为所有业主房屋建筑面积的平均数），每超过前述平均数1倍的业主，其拥有二票投票表决权，若超过前述平均数2倍的业主，其拥有三票投票表决权，房屋面积若超出3倍以上的，按此方法依次类推，若房屋面积虽然超过前述平均数，但实际面积不是平均数的倍数，则超过部分的投票表决权忽略不计。

第三条　业主大会会议召开之前，业主委员会的秘书应将小区内每一位业主的姓名、住址、通信地址、联系电话、拥有的投票表决权的票数登记造册，同时要提前3天将每一位业主在今后所有的业主大会会议中拥有的投票表决权的票数书面通知每一位业主。

每一位业主收到秘书的书面通知后，如对所持有的投票数持有异议，应在15日以内向业主委员会申请复议一次，逾期申请或未申请复议，均视为其同意秘书所登记的其所拥有的投票数。

第三章　业主委员会委员的组成和委员的任期及业主委员会会议的方式

第四条　业主委员会系业主大会的执行机构。首次业主大会会议由业主大会筹备组组织召开，业主委员会的委员由首次业主大会选举产生。以后的业主大会由业主委员会组织召开。

第五条　业主委员会经业主大会选举共有5至9名委员组成，委员名单为：＿＿＿＿＿＿。每名委员的任期为2年，可以连选连任。

第六条　业主委员会应当自选举产生之日起3日内召开首次业主委员会会议，推选产生业主委员会主任1人，副主任1至2人，秘书1人，业主委员会的委员均享有同等的投票权。业主委员会的主任为：＿＿＿＿＿＿；副主任为：＿＿＿＿＿＿；秘书为：＿＿＿＿＿＿。

第七条　业主委员会会议应当有过半数委员出席，做出决定必须经全体委员人数半数以上同意。

第八条　业主委员会的会议方式可以是电话会议，也可以到小区的固定场所集体讨论，也可以采取互发电子邮件等方式召开，但业主委员会会议应当由秘书在当时或事后作书面记录，由参与或出席会议的委员签字后存档。

业主委员会的决定应当由秘书以书面形式在物业管理区域内及时公告。

第九条　经三分之一以上业主委员会委员提议或者业主委员会主任认为有必要的，应当及时召开业主委员会会议。会议召开3天前，由秘书电话通知每位委员。

第四章　业主大会的议事方式

第十条　业主大会会议由业主委员会依法召集，由委员会主任主持。业主委员会主任因故不能履行职务时，由业主委员会主任指定的副主任或其他委员主持。主任和副主任均不能出席会议，主任也未指定会议主持人的，由出席会议的业主共同推举一名业主主持会议，会后应及时将会议内容告知未出席的委员，并且要书面记录该委员的具体意见。

第十一条　业主委员会应当在业主大会会议召开10日前，由业主委员会的秘书将会议通知及会议拟讨论的事项以书面挂号信的形式寄往每一位业主所登记的通信地址，该挂号信寄出三天后即视为送达，具体时间从挂号信寄出后的第二天开始计算。此外，业主委员会的秘书同时要将会议通知在物业管理区域内提前10日公告。

住宅小区的业主大会会议，业主委员会的秘书应当同时告知相关的居民委员会。

第十二条　业主在收到业主委员会秘书有关召开大会的书面通知后，本人未亲自到会，也未委托他人出席会议的，视为其放弃了自己的投票表决权，但该次业主大会形成的决议其必须服从。若该业主提前三天向业主委员会秘书提出请假申请，则在业主大会闭会后的三天内，秘书必须将大会会议内容通知该业主，该业主仍可在收到通知当天内以书面形式对会议内容进行投票，秘书必须将业主大会业主的投票数重新进行整理。若该业主没有在规定的期限内发表书面意见，则视为其同意业主大会的决议。

第十三条　物业管理区域内业主人数较多的，可以幢、单元、楼层等为单位，推选一名业主代表参加业主大会会议。

推选业主代表参加业主大会会议的，业主代表应当于参加业主大会会议 3 日前，就业主大会会议拟讨论的事项书面征求其所代表的业主意见。凡需投票表决的，业主的赞同、反对及弃权的具体票数经本人签字后，由业主代表在业主大会投票时如实反映。业主代表出席会议时，须向业主大会提供业主书面的委托书。

业主代表因故不能参加业主大会会议的，其所代表的业主可以另外推选一名业主代表参加。

第十四条　业主大会会议的地点可以是固定的，也可以是不固定的；会议形式可以采用集体讨论的形式，当场由业主委员会秘书记录，最后形成决议，也可以是业主委员会秘书给每位业主送达书面征求意见函，随后根据业主的书面答复进行整理，最后按本规则所约定的计票方法统计业主的投票数，最后形成大会决议，该决议必须在 3 天之内由秘书在公告栏内公告。

每次业主大会的召开必须有本小区内持有1/2以上投票表决权的业主参加方为有效。

第十五条　业主大会会议分为定期会议和临时会议。

业主大会应当每年召开两次定期会议，由业主委员会组织召开，召开的时间可以确定为每年年初的_____月_____日和年末的_____月_____日。特殊情况时间若有变化，秘书另行书面通知。

有下列情形之一的，随时可以召开临时业主大会：

(1)委员人数少于章程所定人数的三分之二时；

(2)需要向业主收取业主大会、业主委员会的办公经费时；

(3)需要确定业主委员会每位委员的津贴数额时；

(4)需要审批业主委员会制订的年度经费预算计划时；

(5)需要审议业主委员会上一年度的经费开支是否合理时；

(6)距物业管理合同到期日三个月前；

(7)业主委员会任期届满两个月前；

(8)小区业主的公共利益遭到侵害时，需要聘请会计师审查物业服务企业的账目时，或为了维护公共利益，需要聘请律师以全体业主名义提起诉讼时；

(9)经20%以上的业主书面请求时；

(10)发生重大事故或者紧急事件需要及时处理的；

(11)业主委员会认为有必要时；

(12)业主大会章程或者管理规约规定的其他情况。

临时业主大会只对通知中列明的事项做出决议。

第五章　业主大会的表决程序

第十六条　业主大会决议分为普通决议和特别决议。

业主大会做出普通决议，应当经代表 1/2 以上投票表决权的业主通过。业主大会做出特别决议，应当经代表 2/3 以上投票表决权的业主通过。

第十七条　下列事项由业主大会以普通决议通过：

(1)选举、更换业主委员会委员；

(2)监督物业服务企业的工作；

(3)监督实施专项维修资金的使用及续筹方案；

(4)需要聘请会计师或律师时。

第十八条 下列事项由业主大会以特别决议通过：

(1)修改业主大会章程；

(2)制定和修改管理规约及本业主大会议事规则；

(3)选聘、解聘物业服务企业；

(4)决定专项维修资金的使用和续筹方案；

(5)决定业主交纳业主大会、业主委员会的办公经费的具体数额时；

(6)需要确定业主委员会每位成员的津贴数额时；

(7)需要提前审批业主委员会制订的年度经费计划时；

(8)法律、法规或者业主大会章程规定的其他重要事宜。

第十九条 业主大会会议应当由业主委员会秘书做书面记录并存档。

第二十条 业主的投票由业主委员会的秘书统计，业主大会的决定应当以书面形式在物业管理区域内及时公告。若业主认为投票的统计数额有误，可以到业主委员会秘书处查看投票的书面凭证。

第六章 业主大会及业主委员会的办公经费

第二十一条 业主大会和业主委员会开展工作的经费由全体业主承担。

第二十二条 业主大会和业主委员会办公经费的来源及组成：

(1)小区顶楼和外墙的广告收入；

(2)小区全体共用部位作为经营场所所得的经营收入；

(3)业主大会或业主委员会依据《管理规约》及《业主大会章程》等要求违反公共利益的相关业主支付的违约金；

(4)业主交纳的业主大会及业主委员会的办公经费。

第二十三条 在没有第二十二条前三项的费用之前，由业主委员会组织召开临时业主大会，决定每位业主先行交纳前述费用的具体数额，并由业主委员会秘书负责收取。如第二十二条前三项的费用已经实际存在，并且能够保证业主大会及业主委员会正常工作需要时不得向业主另行收取任何前述经费。

第二十四条 业主大会及业主委员会的办公经费中由业主交纳的部分由业主在物业服务费用之外另行交纳，经业主大会授权也可由物业服务企业在收取物业费时一并收取，并在收款收据上加盖业主大会的公章，然后将其所代收的经费向业主委员会移交。

第二十五条 业主大会及业主委员会的办公经费由业主委员会设置专用活期存折进行统一管理，经业主委员会主任签字方可开支。

第二十六条 业主大会及业主委员会的经费开支包括：

(1)业主大会和业主委员会会议支出；

(2)业主委员会人员的津贴；

(3)必要的日常办公费用；

(4)维护业主共同利益所支出的费用；

(5)聘请会计师、律师所支出的费用；

(6)业主大会决定的其他需开支的费用。

第二十七条 对于业主大会和业主委员会工作经费的使用情况，业主委员会秘书应当定期以书面形式在物业管理区域内公告，接受业主的质询。业主委员会必须在年终业主大会上向全体参加会议的代表汇报该经费的使用情况。第二年经费的使用额度由前一年年终业主大会上由业主代表讨论，最后制定一个预算方案，第二年经费必须在预算内支出。

第七章　业主大会及业主委员会的印章

第二十八条　业主大会和业主委员会的印章由业主委员会负责到有关部门各刻制一枚，并到相关的政府部门登记备案。

第二十九条　上述两枚印章均由业主委员会负责管理，业主委员会内部实行主任负责制。

第三十条　上述两枚印章必须是业主大会和业主委员会按业主大会章程的规定履行其应尽职责时方能使用。使用印章必须有业主委员会主任的书面签字，使用人必须在秘书处作书面登记，且盖章的文件必须在秘书处备案一份。

第三十一条　违反印章使用规定，造成经济损失或者不良影响的，由责任人承担相应的责任。

第八章　效力

第三十二条　本业主大会议事规则由业主大会筹备组成员 2/3 投票权的业主通过即产生法律效力。

第三十三条　本业主大会议事规则不得与现行或将来国家法律、法规、部门规章及政府文件相抵触，否则，相抵触的相关条款无效。

🏠 三、住户手册

物业管理的风险责任在物业服务企业接管物业办理验收手续后，就由开发单位转移到物业服务企业。物业服务企业为了做好管理和服务工作，会根据每一幢物业的不同情况，设计、订立一系列的物业管理的标准、程序、制度，简称为"物业管理文件"或"规章制度"。物业服务企业为了把这些制度告知先后入住的业主，就把文件中有关涉及业主权利和义务、入住手续等文件，综合汇编为"住户手册"发给业主或使用人。

(一)住户手册的概念与分类

1. 住户手册的概念

目前尚无法律、法规和规章对住户手册做过明确的规定。从物业管理的运作实践来看，住户手册是物业服务企业发给业主或使用人的一本必须知道与了解的有关物业管理及规定的综合性文件汇编。住户手册是物业服务企业单方面制定或汇编的，它无须业主的承诺，其目的是使业主或使用人了解居住小区或楼宇的情况、物业服务企业的基本情况、业主或使用人和物业服务企业的权利与义务、物业管理的规定和要求，以便在业主入住后加强双方的联系与协作。通过物业管理双方的共同努力，共创住宅小区或楼宇的安全、宁静、优雅的生活与工作环境。

2. 住户手册的分类

依据不同的标准，住户手册可作两种分类。

(1)依手册的组成方式分类，可以分为单一文件式住户手册和汇编文件式住户手册。

1)单一文件式住户手册，是住户手册只由一个综合性文件组成，全部内容按章排列或按目排列，内容包罗万象，可以从物业服务企业欢迎业主或使用人的致辞开始，一直到业主或使用人的投诉电话号码。

2)汇编文件式住户手册，是由物业服务企业把有关物业管理的单个文件汇总起来，系统排列成册。汇编文件式与单一式没有性质的区别，也没有重大的内容区别，主要是文件的组成形式的差别。

(2)依手册是否需要业主或使用人的签字承诺分类，可以分为合同式住户手册和非合同式住户手册。

1)合同式住户手册就是在整个住户手册的组成文件中，有一个或几个文件需要业主或使用人来签字确认，但大多数文件是不需要业主或使用人来签字确认的。

2)非合同式住户手册就是全部文件由物业服务企业制定，无须业主做任何签字确认的住户手册。非合同式文件主要是依据法律规范制定的物业管理区域的规章制度，或者是"服务指南""告知事项"和"注意事项"类性质的文件。

(二)住户手册的性质、效力和作用

1. 住户手册的性质与效力

住户手册本身不是法律规范，而是物业服务企业创设的一种工作性规范化文件，不具有法律上所称的约束力。但是，由于住户手册是依据法律制定或者是引用法律规范的，其有一定的法律属性。具体表现如下：

(1)住户手册的内容涉及业主(或使用人)和物业服务企业共同签署的文件，具有合同的性质，受合同、法律的约束。无论业主(或使用人)还是物业服务企业违反合同，都应依法承担相应的法律责任。一方当事人违反合同，另一方当事人可依法申请仲裁或向有管辖权的人民法院起诉。

(2)住户手册的内容涉及物业服务企业履行义务的规范或承诺服务的标准，这部分内容可以视为单方承诺的义务。在实践中必须履行，带有准法律的效力。如果物业服务企业违反单方承诺，损害了业主或使用人的合法利益，业主或使用人可以依据相关的民事法律去追究物业服务企业的责任。

(3)住户手册的内容涉及要求业主履行义务的，必须要有相应的法律、法规和政策作为依据，或者要有相应的契约类的文件为依据，或者要求符合社会公认的道德要求，不违背社会公序良俗。物业服务企业不得在住户手册中无端要求业主或使用人承担不合法也不合理的义务。

2. 住户手册的作用

住户手册的作用是让物业服务企业和广大业主通过共同努力，建设一个良好的生活环境和工作环境，具体可归结为知情服务作用、知己自律作用和知彼配合作用。

(1)知情服务作用。知情服务作用是指物业服务企业把住户手册提供给业主(使用人)，让业主(使用人)了解居住区域楼宇及其周围情况，了解物业服务企业的管理服务的规定和要求，其最终目的是更好地为业主或使用人提供服务，寓管理于服务之中，管理本身也是一种服务。

(2)知己自律作用。知己自律作用是指在住户手册中含有很多工作程序性的规定和业主或使用人需要承担的义务，只有让业主或使用人知晓了这些，认识到遵守规章制度的必要性，业主或使用人才会遵守规章制度，履行义务，才会自律。

(3)知彼配合作用。知彼配合作用是指通过住户手册，让业主或使用人了解物业服务企业的组织机构、工作流程、运作规律，从而让业主或使用人在接受服务和管理的过程中，和物业服务企业有良好的合作。

(三)住户手册的主要内容

住户手册涉及的内容全凭物业服务企业自身对住户手册的认识水平和工作需要来决定。但综合各种具体的住户手册的内容来看，大致可分为五类。

1. 物业和物业服务企业简介

(1)物业简介。物业的简介要视物业具体情况而定。如一个新建的商住楼，其简介要突出介

绍与商业营运有关的政府机关、社会服务单位的联系办法、办公地点和时间；商住楼附近的商业银行和营业网点状况。

一般而言，物业简介考虑四项内容：

1)物业的地理位置，旨在说明物业在一个区域中的位置，从而说明出行的种种交通关系。

2)物业的公共设施情况介绍，旨在说明公共设施分布情况，可供使用情况，推荐业主使用，如小车的泊位数量、摩托车、电动车、自行车的车库分布。

3)物业的组成情况，旨在使业主或使用人加强对物业的了解，增加对物业及其居住的感情。如楼宇由两个主楼两个裙房组成，住宅小区由若干个园组成。

4)物业的周围情况介绍，包括商业服务的网点分布，邮政通信公共服务的布局，学校、电影院、文化馆设置情况等。

(2)物业服务企业简介。物业服务企业的简介一般包括：

1)物业服务企业投资和组建情况。这项内容旨在说明物业服务企业的投资设立者或与开发商的关系，企业的经济性质，其上级主管单位，物业服务企业建立后，企业变化改组的历史沿革。

2)物业服务企业组织机构的设置。这项内容旨在说明各物业服务企业的内部机构的设置，整个企业业务的分类分工的大致情况，尤其要说明本住宅小区或楼宇由哪一个管理处负责，以便业主或使用人与企业各部门的合作。

3)物业服务企业的经营范围和经营业绩。这项内容旨在说明物业服务企业兼营的服务项目、管理的其他物业、主要经营业绩。

2. 住户入住程序性规定

住户入住程序性规定也称业主或使用人须知，其内容没有统一的模式，由物业服务企业在制定整个住户手册时，在确定全部文件内容分工后做划分，一般包括以下内容：

(1)业主或使用人入住小区或楼宇的期限和办理入住手续的必备资料。入住期限是指业主自接收到入住通知书之日起的一定时间内到物业服务企业办理入住手续，逾期要承担一定的法律责任。必备资料一般包括入住通知书、物业出售的合同书及公证或见证书、居民身份证等。

(2)文明公约或家庭美德守则。文明公约可以是用于住宅小区的，也可是用于其他楼宇的，有些地区是由市或区人民政府的派出机构——街道办事处制定的，有些地区是由物业服务企业制定的，也有些是由区域性的物业管理的群众性组织(如协会)制定的。家庭美德守则一般用于住宅小区，由地区精神文明建设委员会制定，或由物业服务企业拟定。文明公约或家庭美德守则旨在使居住小区或楼宇形成一个良好的社会风气。

(3)业主和使用人的不作为义务。为了保持居住小区(楼宇)的整体面貌、外观设计布局，业主不可在公共地方搭建违章建筑、帐幕、神位，也不得在窗户、阳台、外墙处设立广告性的企业标志。

(4)房屋损坏(瑕疵)的修理责任。房屋非正常维修有两种情况：业主或使用人的不当使用造成损坏的维修和房屋未交付使用前的损坏的维修。为了分清责任，业主在入住时，应认真察看室内的设备有无损坏、房屋有无漏水等，如果存在损坏或瑕疵的，应及时与物业服务企业联系，然后向建设单位或施工单位交涉要求修理。

除上述四点主要的业主须知外，物业服务企业还可根据需要增添其他须知的内容。

3. 其他各项管理规定

这类规定的内容最为复杂，大致可以分为装修管理、房屋保修管理、房屋管理、环境卫生管理、园林绿化管理、公共设施管理、消防管理、治安管理、交通管理等。具体的管理规定有些是对国家法律法规的引用，有些是物业服务企业创设的工作性规定。

以物业装饰装修管理规定为例，其规定还可分为以下各项：

(1)装饰装修备案规定。有些地方政府规定，物业装修必须向主管部门备案。政府对物业装修有备案要求的，物业服务企业必须在住户手册中告知业主。政府没有要求的，物业服务企业可以要求业主在装修前到物业服务企业去登记，以便物业服务企业管理服务。

(2)装饰装修作业时间规定。物业装饰装修管理规定中应规定不同季节不同时期的施工作业的时间。如春季的作业时间、周一至周五的作业时间可长一些，其他时期的作业时间则应短一些。具体规定可参照当地政府有关夜间施工和夜间营业时间的具体规定。

(3)建筑垃圾处理规定。为了保证物业区域的卫生，必须对建筑垃圾的处置做明确规定。或者要求业主交纳建筑垃圾的处置费用，由物业服务企业协同有关部门负责清运；或者要求业主负责垃圾清运，不可将建筑垃圾混合普通生活垃圾一同处理。

(4)装饰装修的禁止性规定。物业服务企业可以把国家有关法规、技术标准汇总，明确这些法规在装饰装修中适用的主要环节，使禁止性规定有法可依。如在天井内禁止搭建、限制墙体打洞、禁止拆除房屋承重结构等。对违反禁止性规定的行为，除要承担赔偿义务之外，还要承担行政法律责任。

4. 注意事项

(1)公共设施的安全正确使用。公共设施包括电梯、中央空调、电视机的公用天线、防盗报警装置、对讲机、消防报警装置、消防器材。这些公共设备要明确规定使用方法，要规定由专人管理和操作，同时要求住户正确使用，不要随意触摸这些设备的按钮、开关，以免发生故障，影响公众的使用。

(2)防止管道的堵塞。管道主要是指污水管道、粪便管道。日常使用中，要求住户不要把垃圾、茶叶渣、废纸、废物投入污水管道及抽水马桶。否则，一旦出现管道堵塞、污水倒流、粪便满溢，将会给住户带来极大的麻烦，也会影响相邻各方正常的生活和工作。

(3)交通工具的合理停放。日常生活中的交通工具是指小车、摩托车、电动车、自行车，还有少数残疾人用车。一般来说，车辆应当入库停放。但在车库泊位不足的情况下，车辆可在公共场所停放，但要注意不损坏绿地，不挤占行人通道，以免发生侵权纠纷之类的麻烦。

5. 各项服务收费标准、违章赔偿标准

这类内容是最为敏感的。服务收费政策性极强，同时又涉及人民群众切身的利益。凡是法律、法规和政策规定的，物业服务企业必须执行。有关违章赔偿标准的设立，要有相应的法规、政策为依据。物业服务企业不能擅自设立违章处罚标准。

物业服务企业提供的服务，从收费定价不同的标准来分，可以分为公共性服务、公共代办性服务和特约服务。物业服务企业能够提供服务的范围大小，也是企业管理水平、管理质量高低的重要标志。

➤ 模块小结

业主，顾名思义就是物业的主人，但是业主不等于房屋所有权人。业主对楼房专有部分享有专有权，对楼房共有部分享有共有权。业主在物业管理活动中应按《物业管理条例》的规定履行相应的义务。业主大会是以会议制形式对物业进行管理的群众性自治

机构，是依法管理物业的权力机关。业主大会有民主性、自治性、代表性及公益性特征。业主大会的职责，是法律确认的业主大会对其所辖职责范围内自治管理事务的支配权限。业主大会会议可以采用集体讨论的形式，也可以采用书面征求意见的形式。业主委员会，是指由物业管理区域内的业主根据业主大会议事规则选举产生，执行业主大会的决定事项的组织机构。业主委员会委员应由业主委员会主任、副主任在业主委员会成员中推选产生。管理规约是一种公共契约，属于协议、合约的性质，是由业主承诺的，全体业主共同约定、相互制约、共同遵守的有关物业使用、维护、管理及公共利益等方面的行为准则，也是实行物业管理的基础和基本准则。业主大会议事规则，是指业主就业主大会的议事方式、表决程序、业主投票权的确定方法、业主委员会的组成和委员任期等事项所作出约定的书面文件。

思考与练习

一、填空题

1. 物业管理区域内_____组成业主大会。

2. 业主大会有_____、_____、_____及_____特征。

3. 符合成立业主大会条件的，区、县房地产行政主管部门或者街道办事处、乡镇人民政府应当在收到业主提出筹备业主大会书面申请后_____日内，负责组织、指导成立首次业主大会会议筹备组。筹备组应当自组成之日起_____日内完成筹备工作，组织召开首次业主大会会议。

4. 业主大会会议分为_____和_____。

5. 业主委员会应当自选举产生之日起_____日内召开首次业主委员会会议，推选产生业主委员会主任_____人，副主任_____人。

6. 业主委员会自_____起履行职责。

7. 管理规约作为最高自治规则，具有_____、_____和_____的特点。

二、简答题

1. 业主与物业服务企业的关系是怎样的？应遵循什么原则？

2. 简述业主权利的内容。

3. 简述业主在物业管理活动中享有的基本权利和应履行的基本义务。

4. 业主大会的成立条件是什么？

5. 简述业主大会的决定效力。

6. 简述业主委员会的特征。

7. 简述管理规约的订立原则。

8. 物业服务企业违反管理规约行为的处理方法有哪些？

9. 简述住户手册的作用。

10. 某小区居民赵某在购买了一套房子后，由于各方面的原因，暂时没有取得产权证，因此在小区召开业主代表大会时，被工作人员核定他不具业主资格，理由是，虽然房子可能实际是赵某所买，但他却没有取得房产证，所以不能称为业主，也不能参加业主大会。请分析：工作人员所说得是否合理？为什么？

模块四

物业管理招标投标法律制度

学习目标

通过本模块的学习，了解物业管理招标的概念、特点，物业管理投标的概念；熟悉物业管理开标、评标与定标的法律制度；掌握物业管理招标的范围、类型与程序，物业管理投标人行为规范与投标程序。

能力目标

能够编写物业管理招标文件和投标文件，能够参与物业管理招标与投标全过程。

引入案例

宋某是某小区业主，该小区成立了业主委员会，并履行了相关的成立备案手续。近期，业主委员会发出《业主委员会关于物业招标投标的决议》，宋某收到业主委员会发布的该短信通知后认为业主委员会擅自决定更换物业服务企业，未能按照法律要求召开业主大会，故起诉要求撤销业委会发出的《业主委员会关于物业招标投标的决议》。

法院经审理认为，根据《物业管理条例》，选聘和解聘物业服务企业应由全体业主共同决定，属于业主大会的权限范围，故业主委员会的决定违法，宋某的诉讼请求依法得到支持。

单元一　物业管理招标法律制度

一、物业管理招标的概念与特点

（一）物业管理招标的概念

物业管理招标是指招标人为即将竣工使用或正在使用的物业寻找物业服务企业而制定出符合其管理服务要求和标准的招标文件，向社会公开招聘，并采取科学的方法进行分析和判断，最终确定物业服务企业的全过程。

物业管理招标人是指依法提出招标项目、进行招标的物业开发建设单位、业主或者业主大会。前期物业管理工作招标人是指依法进行前期物业管理招标的物业建设项目单位。

(二)物业管理招标的特点

由于物业管理服务的特殊性，物业管理招标与其他类型的招标相比，有着自身的特点，概括起来就是超前性、长期性和阶段性。

1. 超前性

物业管理招标的超前性指的是在物业动工兴建之前，开发商就应进行物业管理招标。这是由物业管理超前介入的特点决定的，为了确保物业质量，遵循统一规划、合理布局、综合开发、配套建设和因地制宜的方针，也为了业主和住户的利益，物业管理必须在物业管理规划设计时就应介入。在设计过程中，物业服务企业应从专业管理角度、从业主利益出发，运用以往的管理经验，监督设计方案是否合理。如果是住宅小区，就应该注意生活网点要合理布局，生活服务车位尽可能预留，对生活设施的现代化进程都要统一考虑进去。在施工过程中，物业服务企业也应该监督施工质量，对不完善的项目及时提出意见，督促整改或采取补救措施。这是便于日后物业服务企业完成招标中确定的目标所不可缺少的。

2. 长期性和阶段性

物业管理招标的长期性和阶段性是由物业管理工作的长期性和多阶段性决定的。针对不同阶段和不同服务内容，物业管理招标的内容要求和方式选择也有所不同。

与一般建筑工程和货物采购招标不同，物业管理招标并非是一劳永逸的，其长期性和阶段性主要体现在：第一，由于开发商或业主在不同时期对物业管理有不同的要求，招标文件中各种管理要求、管理价格的制定具有阶段性，为了适应各种变化有可能需要调整。第二，物业服务企业即使中标，也不意味着可以长期占据这一市场份额，一方面，随着时间的推移，可能会有更好、更先进的物业服务企业参与竞争；另一方面，也可能由于自身的管理服务技术水平低下，企业内部建设和管理松懈而遭淘汰。因此，物业管理招标具有长期性和阶段性的特点。

二、物业管理招标的范围和类型

(一)物业管理招标的范围

1. 必须实行招标的项目

招标的范围是指哪些项目必须招标；哪些项目可以招标也可以通过其他方式指定承包商；哪些项目不适于招标。根据《招标投标法》的规定，在中华人民共和国境内进行下列工程建设项目，必须进行招标：

(1)大型基础设施、公共事业等关系社会公共利益、公众安全的项目。

(2)全部或者部分使用国有资金投资或者国家融资的项目。

(3)使用国际组织或者外国政府贷款、援助资金的项目。

根据《物业管理条例》第二十四条的规定，国家提倡建设单位按照房地产开发与物业管理相分离的原则，通过招标投标的方式选聘物业服务企业。住宅物业的建设单位，应当通过招标投标的方式选聘物业服务企业。

根据《前期物业管理招标投标管理暂行办法》第三条的规定，住宅及同一物业管理区域内非住宅的建设单位，应当通过招标投标的方式选聘具有相应资质的物业管理企业。

2. 不宜招标的项目

根据《招标投标法》第六十六条的规定，涉及国家安全、国家秘密、抢险救灾或者属于利用扶贫资金实行以工代赈、需要使用农民工等特殊情况，不适宜进行招标的项目，按照国家有关规定可以不进行招标。

根据《物业管理条例》和《前期物业管理招标投标管理暂行办法》的规定，投标人少于3个或者住宅规模较小的，经物业所在地的区、县人民政府房地产行政主管部门批准，可以采用协议方式选聘具有相应资质的物业服务企业。

3. 可以实行招标的项目

根据《前期物业管理招标投标管理暂行办法》的规定，国家提倡其他物业的建设单位通过招标投标的方式，选聘具有相应资质的物业管理企业。也就是说除上述第1、2条规定的项目外，均属此类项目的范围，国家一般提倡、鼓励采用招标投标的方式选聘物业服务企业。

(二)物业管理招标的类型

1. 按照物业管理招标内容不同分类

(1)单纯物业管理招标。单纯物业管理招标是对住宅小区或高层楼宇物业管理服务进行招标，即仅围绕物业管理权进行招标，不涉及其他内容。

(2)物业管理与经营总招标。物业管理与经营总招标是对一些商住楼或购物中心进行的物业管理招标。其不仅是对整个物业管理服务进行招标，而且还对这些场所的经营关系进行招标。

(3)专项工作招标。在有些情况下，业主委员会或物业服务企业鉴于自身的能力有限，或者为节约成本开支，决定把物业管理中的某一项目(如保洁、维修)拿出来进行招标，由专业公司来完成某项工作。

2. 按照物业服务方式的不同分类

(1)全权管理招标。全权管理招标采用的是全方位服务型管理方式，是指招标人聘请物业服务企业对招标物业进行全方位的常规物业管理服务，由物业服务企业自行负责组织实施和运作，招标人只负责对管理服务的质量和效果进行综合测评。

(2)顾问项目招标。顾问项目招标是指由物业服务企业负责派驻相应的管理小组，对招标人的前期物业管理或全方位常规物业管理进行顾问指导服务，而日常运作完全由招标人自行负责。

(3)合资合作。合资合作是指招标投标双方就招标物业的常规物业管理、物业经营等内容采取合资合作的方式，一般适用于大型的综合型物业、经营型物业或招标人有下属物业服务企业的情况。

3. 按照招标方式的不同分类

(1)公开招标。公开招标又称无限竞争性招标。招标人采取公开招标方式的，应当在公开媒介上发布招标公告，并同时在中国住宅与房地产信息网和中国物业管理协会网上发布免费招标公告。招标公告应当载明招标人的名称和地址、招标项目的基本情况以及获取招标文件的办法等事项。

凡是符合投标条件又有兴趣的物业服务企业都可以申请投标。公开招标的优点是招标人有较大的选择余地，竞争性强，招标人可以从众多的投标单位之中去选择最优秀的投标者，其缺点是由于竞争单位比较多，因此，招标工作量大、时间长，增加了招标成本。公开招标一般适用规模较大的物业，尤其是收益性物业。

一般来说，我国大型的基础设施和公共物业的物业管理一般都采用公开招标方式。需要指出的是，由于物业管理具有长期性和区域性的特点，因此，除国家重点项目以外，对于地方性的重点项目一般都采用地方公开招标方式招标。地方公开招标就是指通过在地方媒体刊登招标广告或在招标广告中注明只选择本地投标人进行投标。由于物业管理自身的特点，对于一些不可能也不适宜吸引全国各地物业服务企业的项目，通过地方公开招标，节省了招标人的招标成本，又不影响公开招标的公平性和有效性，不失为一种较为经济有效的招标方法。

（2）邀请招标。邀请招标是指招标人以投标邀请书的方式邀请特定的物业服务企业（一般3个以上）参加投标的招标方式。

邀请招标适用于标的规模较小的物业管理项目。邀请招标有的地方弥补了公开招标方式工作量大、招标时间长、费用高等不足，成为公开招标不可缺少的补充方式，深受一些私营业主和开发商的欢迎，特别为一些实力雄厚、信誉较高的老牌开发商所经常采用。究其原因，首先，由于物业管理具有地域性的特点，开发商主要在当地选择投标单位，而当地投标人数量本身就不大；其次，由于开发商的市场经验较丰富，能及时掌握各类物业服务企业的经营情况和服务质量情况，使其有能力挑选出一批素质上乘的物业服务企业参加投标，既节省了成本，又不失效果。

根据《招标投标法》的规定及物业管理招标实践，被邀请的物业服务企业应具有独立法人资格，符合招标规模要求的资质条件，具有良好的信誉，并且当前及过去的财务状况良好，具有近期内所管理物业情况的报告。

4. 按照招标项目服务阶段的不同分类

（1）早期介入和前期物业管理招标。早期介入和前期物业管理招标的具体内容包括：

1）对投标物业的规划设计提供专业的合理化建议。

2）对投标物业设施配备的合理性及建筑材料的选用提供专业意见。

3）对投标物业的建筑设计、施工是否符合后期物业管理的需要提供专业意见并对现场进行必要监督。

4）提出投标物业的其他管理建议。

5）参与物业的竣工验收，并提出相应整改意见。

6）建立服务系统和服务网络，制定物业管理方案。

7）办理移交接管，对业主入住、装修实施管理和服务。

（2）常规物业管理招标。常规物业管理招标的具体内容包括：

1）项目机构与日常运作机制的建立，包括机构设置、岗位安排、管理制度等。

2）房屋及共用设施设备的管理。

3）环境与公共秩序的管理，包括清洁卫生、绿化养护、停车场及安全防范等。

4）客户管理、服务及便民措施。

5）精神文明建设。

6）物业的租赁管理。

7）财务管理，包括对物业服务费和专项维修资金的使用和管理。

三、物业管理招标程序

物业管理招标过程中涉及大量的人力物力，因此应严格根据程序按部就班地完成。

（一）准备阶段

准备阶段是指从开发商或业主决定进行物业管理的招标，到正式对外招标（即发布招标公告）之前这一阶段所做的一系列准备工作。一般根据惯例主要包括成立招标机构、编制招标文件、制定招标控制价（标底）。

1. 成立招标机构

招标人具有编制招标文件和组织评标能力的，可以自行办理招标事宜；招标人也可自行选择招标代理机构，委托其办理招标事宜。

2. 编制招标文件

《招标投标法》明确规定：招标文件应当包括招标项目的技术要求、对投标人资格审查的标准、投标报价要求和评标标准等所有实质性要求和条件以及拟签订合同的主要条款。根据我国《招标投标法》及国际惯例，结合我国地方物业管理招标规定及其实践，物业管理招标文件一般包括招标公告或投标邀请书、投标须知、相关附件等。

（1）招标公告或投标邀请书。招标公告用于公开招标，投标邀请书用于邀请招标。它们通常包括招标单位（开发商或物业管理委员会）名称；物业项目名称、地点、性质（类别）、用途、建筑面积等；物业管理要求概述；投标单位条件；获取招标文件的方法、时间、地点及相关费用；投标报名截止日期；报送投标书截止日期；招标单位的地址、电话等有关事项。

（2）投标须知。投标须知包括投标人须知、技术规范和要求、合同格式和合同条件等。

（3）相关附件。附件是对招标文件主体部分文字说明的补充，一般包括投标书格式、授权书格式、开标一览表、投标人资格的证明文件格式、协议书格式、物业说明书及物业的设计、施工图纸等。

3. 制定招标控制价（标底）

制定招标控制价（标底）是招标的一项重要的准备工作。按国际惯例，在正式招标前，招标人必须对招标项目制定出一个招标控制价（标底）。所谓的招标控制价（标底）就是招标人为准备招标的内容计算出的一个合理的基本价格。招标控制价（标底）是作为招标人审核报价、评标和确定中标人的重要依据。

（二）实施阶段

实施阶段是指整个招标过程的实质性阶段。招标的实施阶段主要包括发布招标公告或投标邀请书；组织资格预审；召开标前会议及现场勘察答疑；开标、评标和中标；发出中标通知书与签订合同。

1. 发布招标公告或投标邀请书

采用公开招标的，开发商或物业管理委员会应通过报纸、杂志、电视、网络等媒体发布招标公告，有特殊要求的应通过政府制定的媒体发布；采用邀请招标的开发商或物业管理委员会需向自己挑选的物业服务企业发出投标邀请书并同时出售招标文件。招标人应在出售招标文件前对前来投标的物业服务企业进行资格预审。招标人通常会把资格预审文件编制成表格，一并出售给投标企业。

2. 组织资格预审

在公开招标中，招标人可以根据招标文件的规定，对投标申请人进行资格预审。资格预审是对投标人进行的一次预选，目的是先期淘汰没有能力达到招标人要求的投标人，减少评标的工作量，也减少投标人无谓的编写投标文件的劳动。

资格预审文件包括资格预审申请书格式、申请人须知以及需要投标申请人提供的企业资格文件、业绩、技术装备、财务状况和拟派出的项目负责人与主要管理人员的简历、业绩等证明材料。

经资格预审后，招标人应当向资格预审合格的投标申请人发出资格预审合格通知书，告知获取招标文件的时间、地点和方法，并同时向资格不合格的投标申请人告知资格预审结果。在资格预审合格的投标申请人过多时，可以由招标人从中选择不少于5家资格预审合格的投标申请人。

3. 召开标前会议及现场勘察答疑

招标机构通常在投标方购买招标文件后安排一次投标方会议，即标前会议，以澄清投标方提出的各类问题。

标前会议通常在招标人所在地（招标项目所在地）进行。在会议期间，其记录和各种问题的统一解释或答复，应视为招标文件的组成部分。如与原招标文件冲突，以会议文件为准。此外标前会议上应宣布开标日期。有的投标单位会以来信、发电子邮件、发传真、打电话等形式询问，招标单位在接到后，要尽快予以解答。

另外，招标人应根据物业管理项目的具体情况，组织潜在的投标人对物业项目现场进行踏勘，并提供隐蔽工程图纸等详细资料。对投标申请人提出的疑问应当予以澄清并以书面形式发送给所有的招标文件收受人。

4. 开标、评标和中标

开标、评标和中标是物业管理招标工作的一个关键性的阶段，招标人或招标机构收到投标单位封送的投标书后，经审查合格后，就可以在规定的时间地点当众开标，宣读各物业服务企业的标的，然后交由专家组进行评审。经过评标后，确定各候选人，招标人就应从候选人中选定中标人。否则视为无效。

5. 发出中标通知书与签订合同

定标后，招标人应向中标人发出中标通知书，并同时将中标结果通知所有未中标的投标人。中标通知书产生法律效力。

发出中标通知书30日内，双方应按招标文件及中标人的投标文件，签订委托管理合同。同时招标人应对招标过程中形成的一系列契约和资料进行整理、封存，以备查考。

（三）结束阶段

当选出最后的中标人时，招标工作就进入结束阶段，这一阶段的特点是招标人和投标人由一对多的选拔和被选拔的关系转移到一对一的合同关系。开发商或物业管理委员会按约移交物业，组织中标后的日常物业管理。

案例分析1

案情介绍：2009年3月，某物业服务企业从媒体上获悉，某开发商欲将小区前期物业管理委托给一家有实力、有品牌的物业服务企业管理。于是，这家物业服务企业经过精心准备，在几十家投标单位中一举夺魁，接下来草签协议，将该物业服务企业进行前期管理写入了商品房预售合同的附件里，吸引了不少买家。到了2009年10月，开发商开出了非常苛刻的条款，逼中标物业服务企业自动退出，将自己下属的物业服务企业隆重推出，由此，物业服务企业将开发商诉至法庭。

请分析：开发商的做法合理吗？为什么？

案情分析：开发商的做法不合理。根据《物业管理条例》的规定，住宅物业的建设单位，应当通过招标投标的方式选聘具有相应资质的物业服务企业。

单元二 物业管理投标法律制度

一、物业管理投标的概念

物业管理投标是指投标人在接到招标通知后，根据招标通知的要求编制投标文件，并将其递交给招标人的行为。

物业管理投标人是指响应物业管理招标，参加投标竞争的物业服务企业。物业管理投标人应当具有相应的物业服务企业资质和招标文件要求的其他条件。

在投标的过程中，物业服务企业中负责投标工作的部门称为投标组织机构。为保证投标工作的顺利进行，物业服务企业投标时，与物业管理投标活动密切相关的开发部、财务部、工程部要参与投标工作。

二、物业管理投标人行为规范

在投标活动中，投标人不得出现违规行为，必须遵循国家有关法律法规的规定。

(1)不得相互串通投标，不得排挤其他投标人的公平竞争，不得损害招标人或者其他投标人的合法权益。

(2)不得与招标人串通投标，损害国家利益、社会公共利益或者他人的合法权益。

(3)禁止以向招标人或者评标委员会成员行贿等不正当手段谋取中标。

(4)不得以他人名义投标或者以其他方式弄虚作假，骗取中标。

(5)投标人应当具备承担投标项目的能力，即参加投标的物业服务企业应当有依法取得的资质证书，并在资质等级许可的业务范围内承揽项目。

(6)投标人应当按照招标文件的要求编制投标文件，并按照招标文件要求提交投标文件的截止时间前，将投标文件送达投标地点。投标人在招标人要求提交投标文件的截止时间前，可以补充、修改或者撤回已提交的投标文件，并书面通知招标人；补充、修改的内容为投标文件的组成部分。

(7)投标人根据招标文件载明的项目服务内容，拟在中标后将中标项目的部分专业性服务进行再次招标或分项承包给他人的，应当在投标文件中载明。

(8)投标人不得以低于成本的报价竞标。

三、物业管理投标程序

1. 可行性分析

物业管理投标从购买招标文件到送出投标书，涉及大量的人力物力支出，一旦投标失败，其所有的前期投入都将付之东流，因此，在投标过程中必须提前进行可行性分析。

投标可行性分析是选择物业项目，决定是否参与投标的关键性工作，一般包括招标物业项目条件分析、物业服务企业投标条件分析和风险分析。

(1)投标物业项目条件分析。物业项目条件分析的内容包括物业项目性质、面积、建筑结构、住户概况、开发商信誉、物业服务等。也要对特殊服务、物业招标背景等条件进行分析，关键要看物业项目是否符合物业服务企业的拓展计划。

(2)物业服务企业投标条件分析。物业服务企业投标条件分析主要是针对物业项目条件的分析结果，分析自己在投标中的优势条件。首先，应看自己在技术、财务、人力等方面是否能够承担招标项目的物业管理工作；其次，应根据自己的相关物业管理经验及其他可能参与竞标的物业服务企业的情况，分析自己是否在投标中具有优势，自己的劣势又在何处。

(3)风险分析。风险分析是指要结合前两项分析结果，对物业服务企业自身在竞标及假设中标管理过程中，可能面临的种种风险进行分析。风险主要包括自身管理不善及业主不配合等方面的经营风险、社会金融环境的金融风险、自然的不可抗力风险及其他风险。

2. 递送投标申请书并申请资格预审

物业项目若是采用公开招标方式，物业服务企业在经过可行性分析后，如果决定参与投标，则应按要求提交相应的申请文件，提请资格预审。

3. 购买、阅读招标文件并考察物业现场

收到招标邀请书或参与公开招标，通过资格预审的物业服务企业可通过规定的地点、时间及程序购买招标文件。取得招标文件后，应详细阅读全部招标文件内容，弄清其各项规定，研究其图纸、设计说明书和管理服务标准、范围与要求，使制定的投标书和报价有据可依，然后根据招标文件对现场进行实地考察，有时开发商或物业管理委员会会组织投标者统一参观现场并做必要介绍。

4. 列出管理服务方法和工作量

根据招标文件中的物业情况和管理服务范围、要求，详细列出完成所要求管理服务的人、物的方法和工作量，从而制定和规划管理服务内容即工作量，并应根据物业性质，作出管理重点分析。

5. 确定单价并进行投标决策

物业管理投标活动中，主要是对市场指导价和市场价这两部分单价进行专题分析研究。由于每一物业情况不同，因此，不能套用一种单价，应具体问题具体分析。同时，还应对竞争对手进行分析。弄清竞争对手的情况，在确定单价时要从战略、战术上去进行研究。一旦单价确定下来，与工作量相乘，即可得出管理服务费总标价。

投标领导小组为了获取利润或取得最大的发展机会，即可决定采取何种策略竞标以及报价原则等问题，作出投标决策。

6. 编制和投送标书

(1)编制标书。投标单位在作出投标报价决策之后，就应组织编写人员分工合作，按照招标文件的各项要求编制标书。标书主要介绍投标企业的概况和经历，分析投标物业管理特点，拟定质量管理目标、采用的管理方式和管理服务内容，拟出物质装备计划，配备管理人员，制定管理规章制度，建立档案管理流程，制定经费收支预算，提出经营、管理、服务新思路。

编制标书时，投标文件中的每一空白均需填写，如有空缺，则视为放弃意见。投标文件应字迹清楚、整洁、纸张统一，装帧美观大方，最好用打印方式。标书中计算数字要准确无误，无论单价、合计、分部合计、总标价及其大写数字均应仔细核对。标书不得涂改，个别字句如经修改，应在修改处加盖投标单位负责人的印章。

(2)投送标书。投标人可派专人将编制好的标书投送给招标人，也可通过邮寄方式投送。投送标书时，标书应准备正、副本(通常正本一份，副本两份)，每份正、副本单独包装，用内、外两层封套分别包装、密封，并打上"正本"或"副本"印记。按投标邀请书的规定，在两层封套上写明投递地址及收件人，注明投标文件的编号、物业名称、某日某时(指开标日期)前不要启封等。标书内层封套上写明投标人的地址和名称。封套上要有法人签字并有投标单位公章。

7. 参加开标会议及招标答辩

投标物业服务企业在接到开标通知或等到开标日期时，应主动在规定的时间内，到开标地点参加开标会议。同时，答辩人要做好答辩的思想和资料准备，答辩时要积极、流畅地应对招标单位的询问，在有限的时间内把本单位的基本情况、参加投标的意图、投标的措施等告之于招标单位，以获得一个良好的印象分或答辩分，为成功中标打下基础。

8. 中标后签订合同，未中标的总结投标

经过招标机构的评标与定标，若投标方中标，需与招标方就具体问题进行谈判。同时，中

标物业服务企业应着手组建物业管理专家小组，制定工作规划。

合同自签订之日起生效，业主与物业服务企业均应按照合同规定行使权利、履行义务。若未中标，物业服务企业应认真分析原因，作出投标总结。

9. 资料整理与归档

无论投标企业中标与否，都应在竞标结束后将一些重要文件进行整理与归档，以备查核。

单元三　物业管理开标、评标与定标法律制度

一、开标

开标就是打开标书的行为，开标应当在招标文件确定的提交投标文件截止时间的同一时间公开进行；开标地点应当为招标文件中预先确定的地点。开标由招标人主持，邀请所有的投标人参加。

由投标人或者其推选的代表检查投标文件的密封情况，也可以由招标人委托的公证机构进行检查并公证。经确认无误后，由工作人员当众拆封，宣读投标人名称、投标价格和投标文件的其他主要内容。招标人在招标文件要求提交投标文件的截止时间前收到的所有投标文件，开标时都应当当众予以拆封。开标过程应当记录，并由招标人存档备查。

二、评标

评标就是招标人在众多投标者中选择最合适的物业服务企业的过程。招标人是通过组建评标委员会来进行评标的。

1. 评标委员会的组成

评标委员会由招标人代表和物业管理方面的专家组成，成员为5人以上的单数，其中招标人代表以外的物业管理方面的专家不得少于成员总数的2/3。评标委员会的专家成员，应当由招标人从房地产行政主管部门建立的专家名册中采取随机抽取的方式确定。与投标人有利害关系的人不得进入相关项目的评标委员会。

2. 评标委员会的工作

(1)要求投标人说明和澄清。评标委员会可以用书面形式要求投标人对于投标文件中含义不清或者自相矛盾的内容做必要的澄清或者说明。投标人的澄清或者说明也应采用书面形式，其内容不得超出投标文件的范围或者改变投标文件的实质性内容。

(2)现场答辩。在评标过程中，评标委员会可以根据需要召开现场答辩会，通过投标人的现场答辩，使评标委员会更理解投标人的意图，便于评标委员会的正确评标。需要进行现场答辩的，招标人应当事先在招标文件中说明，并注明所占的评分比重。

(3)秘密评标。除现场答辩外，评标应当在保密的情况下进行。评标委员会应当按照招标文件确定的评标标准和方法，对投标文件进行评审和比较，并对评标结果签字确认。评标委员会经评审，认为所有投标文件都不符合招标文件要求的，可以否决所有投标。但对于依法必须进行招标的物业管理项目的所有投标被否决的，招标人应当重新招标。

(4)推荐中标候选人。评标委员会通过评标活动选择最合适的中标人。完成评标后，应当向招标人提出书面评标报告，阐明评标委员会对各投标文件的评审和比较意见，并按照招标文件

规定的评标标准和评标方法，推荐不超过 3 名有排序的合格中标候选人。

三、定标

定标就是招标人选定前期物业服务企业的行为。

1. 定标依据

投标人的选定应当充分尊重评标委员会的意见。根据相关法律规定，招标人应当按照中标候选人的排序确定中标人。当确定中标的中标候选人放弃中标或者因不可抗力提出不能履行合同的，招标人可以依序确定其他的中标候选人为中标人。

2. 定标时间

根据相关法律规定，招标人应当在投标有效期截止时限 30 日前确定中标人；投标有效期应当在招标文件中载明；招标人应当向中标人发出中标通知书，同时将中标结果通知所有未中标的投标人，并应当返还其投标书。招标人应当自确定中标人之日起 15 日内，向物业项目所在地的房地产行政主管部门备案。备案资料应当包括开标评标过程、确定中标人的方式及理由、评标委员会的评标报告、中标人的投标文件等资料。委托代理招标的，还应当附招标代理委托合同。

3. 订立合同

法律规定招标人和中标人应当自中标通知书发出之日起 30 日内，按照招标文件和中标人的投标文件订立书面合同；招标人和中标人不得再行订立背离合同实质性内容的其他协议。招标人无正当理由不与中标人签订合同，并给中标人造成损失的，招标人应当给予赔偿。

模块小结

物业管理招标是指招标人为即将竣工使用或正在使用的物业寻找物业服务企业而制定出符合其管理服务要求和标准的招标文件，向社会公开招聘，并采取科学的方法进行分析和判断，最终确定物业服务企业的全过程。物业管理招标过程中涉及大量的人力物力，因此应严格根据程序按部就班地完成。物业管理投标是指投标人在接到招标通知后，根据招标通知的要求编制投标文件，并将其递交给招标人的行为。在投标活动中，投标人不得出现违规行为，必须遵循国家有关法律法规的规定。开标就是打开标书的行为，开标应当在招标文件确定的提交投标文件截止时间的同一时间公开进行；开标地点应当为招标文件中预先确定的地点。评标就是招标人在众多投标者中选择最合适的物业服务企业的过程。定标就是招标人选定前期物业服务企业的行为。

思考与练习

一、填空题

1. 由于物业管理服务的特殊性，物业管理招标与其他类型的招标相比，有着自身的特点，概括起来就是_____、_____和_____。

2. 国家提倡建设单位按照房地产开发与物业管理_____的原则，通过_____的方式选聘物业服务企业。

3. 发出中标通知书_____日内，双方应按招标文件及中标人的投标文件，签订委托管理合同。

4. 评标委员会由招标人代表和物业管理方面的专家组成，成员为_____人以上的单数，其中招标人代表以外的物业管理方面的专家不得少于成员总数的_____。

5. 根据相关法律规定，招标人应当在投标有效期截止时限_____日前确定中标人。

二、简答题

1. 简述不宜招标的项目。

2. 在物业管理招标过程中如何组织资格预审？

3. 简述物业管理投标人行为规范。

4. 投标单位如何编制和投送标书？

模块五

物业服务企业

学习目标

通过本模块的学习，了解物业服务企业的概念、分类、组织形式，物业服务企业品牌建设；掌握物业服务企业的设立程序、权利与义务。

能力目标

能够模拟发起成立一家物业服务企业，并明确物业服务企业的权利和业务，能够正确运用相关法规进行物业管理服务。

引入案例

某小区业主家中被盗。几个月后，公安机关破案，作案嫌疑人竟然就是该小区物业管理处的保安。业主了解此情况后，要求物业服务企业赔偿损失。

为业主提供安全的环境是物业服务企业提供的服务内容之一。为完成此目标，物业服务企业应建立一支高素质的保安队伍，为辖区消除隐患，落实防范措施。保安队伍的建设除了加强领导，使保安队伍的管理走向规范化和制度化，真正成为公司对外窗口的第一形象外，在人员的招聘上，应该选聘道德品质良好、身体健康、没有犯罪记录的人员担任保安，并定期对保安人员开展教育培训。如果物业服务企业严格按照上述要求操作，个别保安人员的犯罪行为，则由其个人承担；反之，如果物业服务企业对保安队伍疏于管理，给个别人员可乘之机，并造成业主用户人身财产损失，物业服务企业就有不可推卸的责任，理应进行赔偿。

单元一 物业服务企业概述

一、物业服务企业概念与分类

1. 物业服务企业的概念

物业服务企业是依法定资质条件和法定程序设立的，接受业主或业主委员会的委托，根据

业主或业主委员会订立的物业合同及相关法律规定，为各类物业及相配套的公共设施设备、场地提供专业化、一体化管理服务的具有独立法人地位的经济实体。

2. 物业服务企业的分类

(1)按存在形式划分。按存在形式划分，物业服务企业分为独立的物业服务企业和附属于房地产开发公司的物业服务企业。目前，这两类物业服务企业都比较普遍。前者的独立性和专业化程序一般都比较高；而后者的发展程序则明显参差不齐，有的只是管理母公司(房地产开发公司)开发的项目，有的已发展成独立化、专业化和社会化的物业服务企业。

(2)按服务范围划分。按服务范围划分，物业服务企业分为综合性物业服务企业和专门性物业服务企业。前者提供全方位、综合性的管理与服务，包括对物业产权产籍管理、维修与养护以及为住户提供公共秩序维护、绿化、清洁等各种服务；后者只就物业管理的某一部分内容实行专业化管理，如专门的装修公司、设施设备维修公司、清洗公司、保安公司等。

(3)按管理层次划分。按管理层次划分，可分为一个管理层的物业服务企业、两个管理层的物业服务企业和三个管理层的物业服务企业。

1)一个管理层的物业服务企业纯粹由管理人员组成，人员精干，不带作业工人，而是通过承包方式，把具体的作业交给专门性的物业服务企业或其他作业队伍，由它们实施具体操作业务。

2)两个管理层的物业服务企业包括行政管理层和作业层，作业层实施具体的业务管理，如房屋维修、清洁、装修、服务性活动等。

3)三个管理层的物业服务企业一般规模较大，管理范围较广，企业有自己的分公司，而分公司又有作业层和行政管理层。

(4)按股东出资形式划分。按股东出资形式分类，物业服务企业可分为有限责任公司、股份有限公司、股份合作公司。

1)有限责任公司。由2个以上、50个以下股东共同出资，并以其出资额为限，对公司承担责任。公司以其全部资本对其债务承担责任。目前大部分物业服务企业属于这种形式。

2)股份有限公司。由5～200人发起成立，全部资本为等额股份，每个股东以其所持有的股份对公司承担责任。公司以其全部资产对其债务承担责任，但这种形式目前较少。

3)股份合作公司。职工股东不得少于8人，是自愿组织、自愿合作、自愿参股、自负盈亏、按劳分配、按股分红，企业以其全部资产对企业债务承担责任的企业法人。股东一般可以成为企业员工，股东订立合作经营章程，按其股份或劳动享有权利、承担义务，公司以其全部资产对其债务承担责任。

(5)按所有制性质划分。按所有制性质划分，物业服务企业可分为全民、集体、私营、联营、三资等企业。

1)全民物业服务企业即国有物业服务企业，是指资产属于国家所有，并由国家按照所有权与经营权相分离的原则，授予公司经营管理权的物业服务企业。

2)集体所有物业服务企业是指资产属于部分劳动者所有的物业服务企业。

3)私营物业服务企业是指资产属于私人投资者所有的物业服务企业。

4)联营物业服务企业是指企业之间或企业、事业单位之间联营，组成新的经营实体，取得法人资格。

5)三资物业服务企业是指依照中国有关法律在中国境内设置的全部资本由外国投资的企业；外国公司、企业和其他经济组织或个人经中国政府批准在中国境内，同中国的公司、企业或其他经济组织共同举办的合资经营企业，或举办的中外合作经营企业。

(6)按经营服务方式划分。按经营服务方式划分，物业服务企业的类型如下：

1)委托服务型物业服务企业。该类企业接受多个产权人的委托，管理着若干物业乃至整个小区，其物业所有权和经营权是相分离的。

2)自主经营型物业服务企业。该类企业受上级公司指派，管理着其自主开发的物业。物业产权属于上级公司或该类企业，并通过经营收取租金、获取利润，其物业所有权和经营权是相统一的。

(7)按内部运作方式划分。按物业服务企业内部运作方式划分，物业服务企业的类型如下：

1)管理型物业服务企业。这种企业除主要领导人和各专业管理部门的业务骨干外，其他如保安、清洁、绿化等各项服务，往往通过合同形式交由社会上的专业化公司承担，这类公司的人员人数适中、办事精干。

2)顾问型物业服务企业。这种企业由少量具有丰富物业管理经验的人员组成，不具体承担物业管理工作，而是以顾问的形式出现，收取顾问费，这类公司的人员少、素质高。

3)综合型物业服务企业。这种企业不仅直接接手物业，从事管理工作，还提供顾问服务，适应性强。

(8)按是否具有法人资格划分。按是否具有法人资格划分，物业服务企业的类型如下：

1)具有企业法人资格的物业管理专营公司或综合公司。

2)具有以其他项目为主，兼营物业管理而不具备企业法人资格的物业管理部。

二、物业服务企业组织形式

1. 物业服务企业的组织机构形式

(1)直线式组织机构形式。直线式是最早的也最简单的一种组织形式。企业的各级组织机构从上到下实行垂直领导，各级主管人员对所属单位的一切问题负责，不设专门职能机构，只设职能人员协助主管人员工作。采用这种组织机构形式的物业服务企业一般都是小型的专业化物业服务企业，以作业性工作为主，如专门的保洁公司、保安公司、维修公司等。这些公司下设专门的作业组，由经理直接指挥。

(2)直线职能制组织机构形式。直线职能制是以直线式为基础，在各级主管人员的领导下，按专业分工设置相应的职能部门，实行主管人员统一指挥和职能部门专业指导相结合的组织形式。目前物业服务企业普遍采用的这种形式，其特点是各级主管人员直接指挥，职能机构是直线行政主管的参谋。职能机构对下面直线部门一般不能下达指挥命令或工作指示，只是起业务指导和监督作用。

(3)事业部制组织机构形式。事业部制是较为现代的一种组织形式，又称分权组织，或部门化结构，是产品种类复杂、产品差别很大的大型集团公司所采用的一种组织形式。

事业部制组织机构形式一方面把企业的经营管理活动，按地区、业务和职能不同，建立经营事业部；另一方面实行分权管理体制，即按"政策制定与行政管理分开"的原则，企业主要负责制定企业的决策与管理，每个事业部在企业的领导下，负责日常经营与计划，在经营管理上拥有自主权。

(4)矩阵式组织机构形式。矩阵式是在传统的直线职能制纵向领导系统的基础上，按照业务内容、任务或项目划分而建立横向领导系统，纵横交叉，构成矩阵的形式。矩阵式组织机构形式在同一组织中既设置纵向的职能部门，又建立横向的管理系统；参加项目的成员受双重领导，既受所属职能部门的领导又受项目组的领导。

2. 物业服务企业的职能部门

一般来说，物业服务企业的主要职能部门由总经理室、行政部、人力资源部、财务管理部、综合服务部、市场开发部、物业管理处组成。

（1）总经理室。总经理室是物业服务企业的决策机构，一般设总经理1人、副总经理若干人。总经理对企业全面负责，制定企业的发展规划和经营管理方针，决定机构设置，布置和协调副总经理与各部门的工作，对重大问题作出决策。副总经理协助总经理处理分管的工作，完成总经理和经理办公会议交给的各项任务。

（2）行政部。行政部也称为办公室，在总经理领导下负责日常行政管理工作。主要负责企业内部日常行政事务，包括拟写文书、文档处理、后勤管理、接待来访、协调公共关系、召集会议等项工作。

（3）人力资源部。人力资源部主要负责人员招聘、培训、考核等人力资源管理工作。

（4）财务管理部。财务管理部主要负责总公司及各项目物业管理处的财务预算与核算、服务费的收缴、会计报表编制、纳税等工作。

（5）综合服务部。综合服务部主要负责各项目物业管理处物业管理服务工作的领导、监督、协调和援助工作，定期到各项目物业管理处检查和指导工作。

（6）市场开发部。市场开发部主要负责不断扩大企业的物业管理业务和提高知名度，做好市场调研和开发，开展多种经营和对外合作，负责房屋租赁和招标投标工作。

（7）物业管理处。大型物业服务企业一般在每个物业管理区域都设有一个物业管理处，物业管理处一般设有客户服务部、环境管理部、安全管理部和工程保障部。其中客户服务部（管理部）负责物业管理区域内的客户服务工作；主要负责日常客户接待服务、客户投诉处理、日常档案管理、开展综合经营服务等工作；环境管理部（保洁部）主要负责环境保洁与绿化美化管理，为业主提供整洁、舒适、优美的环境；安全管理部（保安部）主要负责物业管理区域内的安全保卫、消防、车辆行驶与停放等安全和公共秩序管理；工程保障部（工程部）负责物业管理区域内房屋及配套设施和相关场地的维修和养护，确保各物业设施设备的正常运转。

单元二　物业服务企业设立

一、一般规定

物业管理是一种特殊的行业，物业服务企业的服务对象具有地域的限制，因此物业服务企业的设立，除应符合《中华人民共和国公司法》（以下简称《公司法》）等一般规定外，还必须符合地方法规、行业法规等相关法规的特殊规定。一般来说，物业服务企业的设立有下述六方面的规定。

1. 企业名称

物业服务企业的命名应该符合《公司法》的相关规定，并结合自身的特点，根据所管物业的名称、地域、企业发起人等取名。企业名称的具体规定有四个方面：第一，有限责任公司必须在公司的名称中标明有限责任公司的字样；股份有限公司应在名称中标明股份有限公司字样；第二，对于使用"中国""中华"或者冠以"国际"字词为企业名称的，只限于全国性公司、国务院或其授权机关批准的大型进出口企业和大型企业集团，国家工商行政管理局规定的其他企业；第三，在企业名称中使用"总"字的必须设有三个以上的分支机构；第四，在企业名称中不得含有以下内容和文字：有损于国家、社会公共利益的；可能对公众造成欺骗或者误解的；外国国家(地区)名称、国家组织名称；党政名称及部队番号；汉语拼音(外文名称中使用的除外)、数字；其他法律法规、行政法规规定禁止的。

2. 企业地址

《公司法》规定，公司应该以其主要办事机构所在地为住所。因此，物业服务企业也应以其主要办事机构所在地为住所。如果企业住所是租赁用房，必须有合法的租赁凭证，且租赁期限一般须在一年以上。

3. 注册资本

根据《公司法》的规定，有限责任公司的注册资本为在公司登记机关登记的全体股东认缴的出资额。法律、行政法规以及国务院决定对有限责任公司注册资本实缴、注册资本最低限额另有规定的，从其规定。

4. 股东人数

《公司法》规定，有限责任公司由五十个以下股东出资设立。设立股份有限公司，应当有二人以上二百人以下为发起人，其中须有半数以上的发起人在中国境内有住所。

5. 法定代表人

法定代表人是指依法律或法人章程规定代表法人行使职权的负责人。企业法定代表人在国家法律、法规以及企业章程规定的职权范围内行使职权、履行义务，代表企业参加民事活动，对企业的生产经营和管理全面负责，并接受本企业全体成员和有关机关的监督。

6. 企业章程

物业服务企业章程是明确企业宗旨、性质、资金、业务、经营规模、组织机构以及利益分配、债权债务、内部管理等内容的书面文件，也是设立企业的最重要的基础条件之一。根据《公司法》的规定，有限责任公司章程应当载明下列事项：

(1)公司名称和住所；

(2)公司经营范围；

(3)公司注册资本；

(4)股东的姓名或者名称；

(5)股东的出资方式、出资额和出资时间；

(6)公司的机构及其产生办法、职权、议事规则；

(7)公司法定代表人；

(8)股东会会议认为需要规定的其他事项。

股东应当在公司章程上签名、盖章。

二、物业服务企业设立程序

1. 物业服务企业名称预先核准

法律规定物业服务企业在进行公司登记前，必须先做企业名称的预先审核。一般而言，申请企业名称预先审核，应当提交下列资料：

(1)全体投资人签署的《企业名称预先核准申请书》。

(2)全体投资人签署的《投资人授权委托意见》。

(3)代办人或代理人身份证复印件。

(4)申请冠以"中国""中华""国家""全国""国际"字词的，还应提交国务院的批准文件。

对于已提交的预先审核资料，《企业名称预先核准申请书》由国家市场监督管理总局制印，《投资人授权委托意见》已印制在《企业名称预先核准申请书》里，投资人按要求填写或打印即可；代办人或代理人身份证复印件粘贴在《企业名称预先核准申请书》相应的位置。

登记机关经过核准，确认没有重名的，发给《企业名称预先核准通知书》。

2. 物业服务企业的设立登记申请

物业服务企业的设立登记需要向公司登记机关提交相关的文件。由于物业服务企业的组织形式、出资的性质不同，提交的文件要求也不同。即使是有限责任公司性质的物业服务企业，登记所要提交的文件也会因为是国有独资有限责任公司、一人出资的有限责任公司或两人以上出资的有限责任公司及其分公司而不同。其中，两人以上出资的有限责任公司设立登记，应向公司登记主管机关提交下列文件：

(1)公司董事长或执行董事签署的《公司设立登记申请书》。

(2)全体股东指定代表或者共同委托代理人的证明。

(3)公司章程。

(4)具有法定资格的验资机构出具的验资证明。

(5)股东的法人资格证明或者自然人身份证明。

(6)载明公司董事、监事、经理姓名、住所的文件以及有关委派、选举或者聘用的证明。

(7)公司法定代表人的任职文件和身份证明。

(8)《企业名称预先核准通知书》。

(9)公司住所证明。

3. 批准登记

公司登记机关收到申请人提交的符合规定的全部文件后，发给《公司登记受理通知书》。公司登记机关自发出《公司登记受理通知书》之日起的 30 日之内，作出核准登记或者不予登记的决定。公司登记机关核准登记的，应当自核准登记之日起的 15 日内通知申请人，发给或者换发《企业法人营业执照》或者《营业执照》。公司登记机关不予登记的，应当自作出决定之日起 15 日内通知申请人，发给《公司登记驳回通知书》。

经公司登记机关核准设立登记并发给《企业法人营业执照》的，物业服务企业即告成立，取得法人资格，具有民事权利能力和民事行为能力。

单元三　物业服务企业权利和义务

一、物业服务企业的权利

物业服务企业的权利大致可分为三个方面：首先，有权采取完成委托任务所必需的行为；其次，有权获得劳动报酬；最后，有权根据物业服务合同制止违背全体业主利益的行为。

物业服务企业接受了业主的委托，便获得了物业管理区域的管理权。物业服务企业享有的权利具体包括：

(1)根据有关法规、结合实际情况制定物业管理办法。物业服务企业应当根据有关法律法规、物业服务合同和物业管理区域内物业共用部位和共用设施设备的使用、公共秩序和环境卫生的维护等方面的规章制度，结合实际情况，制定管理办法。

(2)依照物业管理合同和管理办法对物业实施管理。物业管理委托合同中明确规定了管理项目和管理的内容，物业服务企业有权根据合同中有关条款的规定，通过管理办法对物业实施具体管理。

(3)依照物业管理合同和有关规定收取管理费、维修基金及按照业主大会决议应当分摊的费用等。在物业管理委托合同中，一般就物业管理费作出了明确规定，物业服务企业将以物业管理委托合同为依据，向业主和物业使用人收取物业管理服务费。

(4)有权制止违反规章制度的行为。《物业管理条例》第四十五条规定，对物业管理区域内违反有关治安、环保、物业装饰装修和使用等方面法律、法规规定的行为，物业服务企业应当制止，并及时向有关行政管理部门报告。

(5)有权要求业主委员会协助管理。业主委员会和物业服务企业是物业管理委托合同签约的双方，总的目标都是要设法把物业管理好。因此，需要相互配合，在有些问题上，物业服务企业有权要求业主委员会协助。如物业服务企业按规定收费，个别人无故拒绝交纳，则物业服务企业有权要求业主委员会协助收缴。

(6)有权选聘专营公司承担专项管理业务。《物业管理条例》第三十九条规定，物业服务企业可以将物业管理区域内的专项服务业务委托给专业性服务企业，但不得将该区域内的全部物业管理一并委托给他人。

(7)可以实行多种经营，以其收益补充管理经费。对于商业楼宇或高档别墅，管理费收费标准较高。但住宅小区居民对管理费承受能力有限，因此，管理费收费标准较低，不能满足管理经费的支出。物业服务企业为了补充管理经费不足，有权实行多种经营。但是，实行多种经营必须经过业主大会同意，且不得损害业主的合法权益。

(8)有权接受供水、供电、供热、通信、有线电视等单位的委托代收相关费用。《物业管理条例》第四十四条规定，物业管理区域内，供水、供电、供气、供热、通信、有线电视等单位应当向最终用户收取有关费用。物业服务企业接受委托代收前款费用的，不得向业主收取手续费等额外费用。

(9)法律、法规、规章和物业管理合同规定的其他权利。

案例分析1

案情介绍：某物业服务企业为某小区提供物业管理服务，因自身没有专业的保安队伍，遂将保安服务转委托给某保安服务公司。该小区业主委员会认为，未经小区业主大会同意，某物业服务企业将保安服务另行委托给某保安服务公司的行为无效，是对业主合法权益的侵犯。

案情分析：根据《物业管理条例》第三十九条的规定，物业服务企业可以将物业管理区域内的专项服务业务委托给专业性服务企业，但不得将该区域内的全部物业管理一并委托给他人。本案中，某物业服务企业由于认识到自己不具有提供保安服务的能力，所以将保安服务项目转委托给专业性保安服务公司，是法律所允许的。该小区业主委员会不可以干涉该转委托行为，但如果因转委托行为使业主遭受损害，某物业服务企业应当对业主承担赔偿责任。

二、物业服务企业的义务

物业服务企业依法承担的义务具体包括：

(1)履行物业服务合同，依法经营。物业服务企业在日常管理工作中，必须按合同的要求进

行管理，达到合同规定的各项服务标准。特别是多种经营时，一定要依法经营。

(2)接受业主委员会和业主及使用人的监督。物业服务企业的主要职责是：既对业主及使用人提供全方位服务，又对物业进行管理。要想实现这一目标，就要接受业主及物业使用人及其代表——业主委员会的监督。

(3)重大管理措施应提交业主委员会审议批准。有关物业管理的重大措施，物业服务企业无权自行决定。物业服务企业应将制定措施的报告提交业主委员会审议，获得通过后方可实施。

(4)接受行政主管部门监督指导。根据对物业管理实行属地管理和行业管理相结合的原则，物业服务企业应当接受物业管理行政主管部门及有关政府部门的监督和指导。

(5)至少每6个月应向全体业主公布一次管理费用收支账目。

(6)发现违法行为要及时向有关行政管理机关报告。物业服务企业不是国家执法机构，它只能约束业主和使用人因居住活动而引发的一些行为。物业服务企业对业主和使用人的其他违法行为无权干涉和无法追究时，有义务向有关行政管理机关报告并协助采取措施制止或追究。

(7)提供优良的生活环境，搞好社区文化。对于商业楼主要应提供良好的工作环境，而对于居住区则应提供良好的生活环境，搞好生活服务，致力于开展社区文化活动。

(8)物业服务合同终止时，必须向业主委员会移交全部房屋、物业管理档案、财务等资料和本物业的公共财产，包括管理费、公共收入积累形成的资产，同时，业主委员会有权指定专业审计机构对物业管理财务状况进行审计。

单元四　物业服务企业品牌建设

物业服务企业品牌是物业服务企业的形象和物业管理服务个性化的表现，如果消费者(业主)对于物业管理服务认知、情感和行动是正面的、积极的、友好的和愿意接受的，那么企业品牌就有可能转化为物业服务企业的一种无形资产，同时也是物业服务企业赢得市场的利刃。

一、物业服务企业品牌建设的意义

1. 物业服务企业自身发展的需要

在国内外物业管理服务市场竞争激烈的今天，物业服务企业要求生存、谋发展，就必须打造物业服务企业自身的品牌，产生强大的物业管理品牌效应。

2. 物业管理行业发展的需要

在经济全球化和区域经济集团化的今天，一个行业如果没有一批代表行业形象，体现行业综合实力、科技水平、管理水平、服务质量和企业文化，在国内外市场上叫得响的品牌企业，就难以确立行业的社会地位和形象。这是因为品牌不仅代表企业的形象，关系到企业的兴衰，而且一个国际品牌企业或品牌产品的多少也体现了一个国家的经济实力。

3. 满足业主日益增长的物业管理服务产品需求的需要

物业管理行业是为业主、物业使用人提供服务的行业，而业主、物业使用人花钱买的就是高标准的管理与服务。因此，在同等价格下，业主在众多物业服务企业的比较、选择中，会将品牌作为衡量的标准。

二、物业服务企业品牌塑造的途径

塑造物业服务企业优秀品牌，应该从以下几个方面入手。

1. 优质服务

物业服务企业的产品就是服务，向业主提供全面、周到、高品质的物业管理服务，既是物业服务企业的天职，也是企业持续经营、实现管理目标的基础。第一，物业服务企业要树立服务第一、业主至上的经营理念，并通过企业内部制度体制建设来实现这些理念；第二，要通过业主需求的调查，全面了解业主对物业的管理服务的需求，明白业主在想什么，对什么满意、对什么不满意，在当前已享受的服务基础上，还期望得到什么样的服务等；第三，根据业主的需求进行产品设计和开发，形成企业资源与业主需求相匹配的产品系列；第四，根据业主对物业管理服务的需求，制定出可以衡量的质量规范和质量标准；第五，按照服务质量规范和质量标准的要求，制定出相应的作业标准和流程。

2. 组建一支高素质的人才队伍

物业服务行业的竞争，归根结底就是人才的竞争。建立科学的人才培养、管理制度，可以为物业服务企业人才搭建良好的成长平台，使企业员工目标明确，并勇于在挑战中不断创新。通过各种方法组织、培养和引进物业管理的专业优秀人才，注重人才培养，打造高素质的物业管理员工队伍是创建企业品牌的关键因素之一。

3. 构建独特的企业文化

企业文化是企业独特的经营个性、管理风格、企业理念、人员素质的综合体现，它包括文化理念、价值观念、企业精神、道德观念、行业标准、历史传统、企业制度、文化环境和企业产品等。物业服务企业在追求利润目标的同时，还必须加强企业发展的灵魂建设，即企业文化建设。现代企业文化由表层的物质文化、浅层的行为文化、中层的制度文化和深层的精神文化四个层次构成。这四个层次形成了企业文化由表层到深层的有序结构。

(1)物质文化。物质文化是现代企业文化的第一层，是指由员工创造的品牌形象和各种物质设施所构成的器物文化，包括企业服务的物业环境和社会影响、企业员工劳动环境和娱乐休息环境，以及员工的文化设施等。表层的物质文化是企业员工的思想、价值观和精神面貌的具体反映。所以，尽管它是企业文化的最外层，但却集中体现了一个现代企业的社会上的外在形象。因此，它是社会对一个企业作出总体评价的起点。

(2)行为文化。行为文化是现代企业文化的第二个层次，是企业员工在服务经营、学习娱乐和人际交往时产生的活动文化，主要包括企业的经营管理、教育宣传活动、协调人际关系的活动和各种文娱体育活动等。这些活动实际上反映了企业的经营作风、精神面貌、人际关系等文化特征，也是企业精神、企业目标的动态反映。

(3)制度文化。制度文化是现代企业文化的第三个层次，是指与现代企业在服务经营活动中形成的企业精神、企业价值等意识形态相适应的企业制度、规章和组织机构等。这一层次主要是企业文化中规范人和物的行为方式的部分。实际上，现代企业的领导制度、组织结构体系、管理的规章制度等无不反映出企业的价值观、精神和文化。

(4)精神文化。精神文化是现代企业文化的核心层，是指企业在经营服务中形成的独具企业特征的意识形态和文化观念，包括企业精神、企业道德、价值观念、企业目标和行为准则等。由于企业的精神文化具有企业的特点，故其往往是在企业多年经营中逐步形成的。

4. 培育物业服务企业的企业核心竞争力

物业服务企业的核心竞争力是指物业服务企业赖以生存和发展的关键要素，如服务技术、服务技能和管理机制等。一个成功的企业必定有其核心能力，这种能力需要开发、培养、不断巩固以及更新与完善。物业服务企业要建立品牌的核心竞争力，就必须首先建立企业的竞争力。

因此，如何保持物业服务企业的竞争力就成了企业经营管理中的重要问题。物业服务企业核心竞争力必须具有独特性。

模块小结

物业服务企业是依法定资质条件和法定程序设立的，接受业主或业主委员会的委托，根据业主或业主委员会订阅的物业合同及相关法律规定，为各类物业及相配套的公共设施设备、场地提供专业化、一体化管理服务的具有独立法人地位的经济实体。一般来说，物业服务企业的主要职能部门由总经理室、行政部、人力资源部、财务管理部、综合服务部、市场开发部、物业管理处组成。物业管理是一种特殊的行业，物业服务企业的服务对象具有地域的限制，因此物业服务企业的设立，除应符合《公司法》等一般规定外，还必须符合地方法规、行业法规等相关法规的特殊规定。物业服务企业的权利大致可分为三个方面：首先，有权采取完成委托任务所必需的行为；其次，有权获得劳动报酬；最后，有权根据物业服务合同制止违背全体业主利益的行为。物业服务企业品牌是物业服务企业的形象和物业管理服务个性化的表现。

思考与练习

一、填空题

1. 按经营服务方式划分，物业服务企业的类型有_____物业服务企业和_____物业服务企业。

2. 公司登记机关收到申请人提交的符合规定的全部文件后，发给_____。公司登记机关自发出_____之日起的_____日之内，作出核准登记或者不予登记的决定。

3. 法律规定物业服务企业在进行公司登记前，必须先做企业名称的_____。

二、简答题

1. 物业服务企业的组织机构形式有哪几种？

2. 简述物业服务企业的职能部门的组成。

3. 简述有限责任公司章程应当载明的事项。

4. 简述物业服务企业的权利。

5. 简述物业服务企业的义务。

6. 简述物业服务企业品牌建设的意义。

模块六

物业服务合同

学习目标

通过本模块的学习，了解物业服务合同的概念、特点；掌握物业服务合同的主体、分类与内容，物业服务合同的订立、效力、履行、变更、终止与违约责任。

能力目标

能够拟订住宅小区物业服务合同，能够处理物业服务合同案件纠纷。

引入案例

2013年1月1日，物业服务企业与小区业主委员会签订了《物业服务合同》。合同约定：合同期限为三年，自2013年1月1日起至2016年1月1日止，由物业服务企业为业主提供物业服务。随后，物业服务期限届满，物业服务企业未与业主委员会续签《物业服务合同》，物业服务企业服务至2018年5月31日。50余名业主以2016年1月1日物业服务期限已经届满，物业服务企业收取合同期满以后物业服务费没有法律依据，只愿意承担三年合同期限内的物业服务费。

根据《民法典》的规定，法律、行政法规规定或者当事人约定合同应当采用书面形式订立，当事人未采用书面形式但是一方已经履行主要义务，对方接受时，该合同成立。2013年1月1日签订《物业服务合同》约定的委托管理期限到期后，虽然双方没有再签订物业服务合同，但业主委员会并未依法请求物业服务企业退出小区物业服务区域、移交物业服务用房和相关设施等，而物业服务企业仍然按照之前所签订合同的标准提供物业服务，因此，物业服务企业与业主之间形成了事实物业服务合同关系，故50余名业主应当参照2013年《物业服务合同》的约定标准交纳合同期满后的物业服务费。

单元一　物业服务合同概述

一、物业服务合同的概念与特点

1. 物业服务合同的概念

物业服务合同是指物业服务企业与业主委员会在平等、自愿基础上依法签订的以物业服务

企业提供物业管理服务、业主支付物业服务费用为内容的，规范业主与物业服务企业权利义务的协议。

在物业服务合同中，当事人一方为业主及业主委员会，即委托人；另一方为物业服务企业，即被委托人。合同的内容和履行的目的为：由物业服务企业提供物业管理服务，业主希望达到物业的保值增值，维护物业管理区域内环境的舒适、方便和安全有序目的；物业服务企业则通过提供物业管理服务，达到收取服务费用的目的。

2. 物业服务合同的特点

物业服务合同在法律属性上属于民事合同的一种，具有一般民事合同的平等性、当事人意思自治、自愿性、具有等价关系等共同特点，同时基于物业管理的特殊性，物业服务合同也具有自己的特点。

（1）物业服务合同是典型的劳务合同。劳务合同是指合同标的是符合一定要求的劳务，而非物质成果，且合同约定的劳务是通过履行义务一方特定的行为表现出来的。物业服务合同是物业服务企业依照约定完成处理有关事务的劳务合同。其实质上是一种带有管理性质的劳务，同时也是通过物业服务企业的特定行为表现出来的，如保证共用设施设备及时维修、保持环境整洁等。

（2）物业服务合同是有偿合同。有偿合同是指当事人一方享有合同规定的权益，须向对方当事人偿付相应代价的合同。除要约人提供要约事务的必要费用外，要约人应向物业服务企业支付约定的报酬。因不可归责于物业服务企业的原因，除双方当事人有约定外，物业服务合同解除或要约事务不能完成的，要约人应向物业服务企业支付相应的报酬。

（3）物业服务合同是诺成合同。物业服务合同一旦经过业主委员会与物业服务企业就有关物业服务事项、服务期限、收费标准等达成一致意愿即告成立，而无须在当事人之间转移特定标的物。

（4）物业服务合同是双务合同。双务合同是指双方当事人相互享有权利和义务，取得权利是以承担一定义务为前提的。在物业服务合同中，业主享有物业服务企业提供的服务是以支付相应的物业服务费为前提的，物业服务企业享有收取物业服务费的权利是以提供符合要求的物业管理服务为前提的。

（5）物业服务合同是要式合同。要式合同是指法律要求或当事人约定必须具备一定形式的合同。《物业管理条例》第三十四条规定，业主委员会应当与业主大会选聘的物业服务企业订立书面的物业服务合同。

二、物业服务合同主体

物业服务合同的主体即物业服务合同的当事人或参加者，包括房地产开发商或建设单位、业主、业主委员会及物业服务企业。

1. 房地产开发商或建设单位

房地产开发商是以营利为目的，从事房地产开发和经营的企业；而房地产建设单位的概念比房地产开发企业的概念宽泛，它泛指建设工程项目投资主体或投资者，包括房地产开发企业。房地产开发企业或建设单位在出售物业之前，与物业服务企业签订物业服务合同，就成为物业服务合同的主体。

2. 业主

业主是指房屋物业的产权人，具备房屋的所有权、使用权，但不具备土地的所有权。业主可以是自然人、法人和其他组织，也可以是本国公民或组织，还可以是外国公民或组织。购买预售商品房(含经济适用房)，但尚未取得房屋权属证书的，房屋买卖合同记载的购房人可以视为"业主"。

3. 业主委员会

业主委员会是由一个物业管理区域内业主代表组成，代表业主的利益，向社会各方反映业主意愿和要求，并监督物业服务企业管理运作的一个社会性自治组织。业主委员会的权利基础是其对物业的所有权，它代表该物业的全体业主，对该物业有关的一切重大事项拥有决定权。业主委员会由业主大会选举产生，并经房地产行政主管部门登记，是业主大会的常设机构和执行机构，对业主大会负责。业主委员会与业主大会选聘的物业服务企业订立书面的物业服务合同。

4. 物业服务企业

物业服务企业是指专门从事永久性建筑物，基础配套设施设备以及周围环境的现代化科学管理，为业主或使用人提供良好的生活、工作或学习环境的服务性企业。其主要职能是接受业主委员会的委托，运用现代化科学管理手段和先进的维修养护技术，对物业实施管理，维护业主或使用人的合法权益，为人们创造优雅、舒适、宁静、和谐、安全、优良的生活、工作和学习环境。物业服务企业按照企业化、专业化、社会化、制度化的要求管理物业。其组织形式一般为物业服务企业。

三、物业服务合同的分类

一般而言，根据不同物业管理阶段和签约主体，现实存在两种物业服务合同。一种是在前期物业管理阶段，由建设单位选聘物业服务企业所签订的物业服务合同；另一种是业主或业主大会选聘物业服务企业所签订的物业服务合同。

1. 前期物业服务合同

《物业管理条例》第二十一条规定："在业主、业主大会选聘物业服务企业之前，建设单位选聘物业服务企业的，应当签订书面的前期物业服务合同。"物业竣工之后，由于出售率或入住率未达到法定应召开第一次业主大会条件或由于其他原因，尚未成立业主委员会之前，已经产生对物业进行管理的必要，此时既然业主委员会尚未成立，只能由房地产开发公司要约物业服务企业管理。为了与业主委员会和物业服务企业签订的物业服务合同相区别，把房地产开发公司与物业服务企业签订的合同叫作前期物业服务合同。

2. 物业服务合同

物业服务合同是指业主委员会与物业服务企业签订的物业管理合同。

《物业管理条例》第三十四条规定："业主委员会应当与业主大会选聘的物业服务企业订立书面的物业服务合同。物业服务合同应当对物业管理事项、服务质量、服务费用、双方的权利义务、专项维修资金的管理与使用、物业管理用房、合同期限、违约责任等内容进行约定。"一个物业管理区域成立一个业主委员会，业主委员会应当要约一个物业服务企业管理物业。物业服务企业接受要约从事物业管理服务，应当与业主委员会签订物业服务合同。

四、物业服务合同的内容

《民法典》第四百七十条规定：合同的内容由当事人约定，一般包括以下条款：①当事人的姓名或者名称和住所；②标的；③数量；④质量；⑤价款或者报酬；⑥履行期限、地点和方式；

⑦违约责任；⑧解决争议的方法。

（一）前期物业服务合同的主要内容

（1）合同的当事人。物业服务合同的当事人为建设单位与物业服务企业，其中建设单位以及物业服务企业一般都是法人组织。

（2）物业基本情况。物业基本情况包括物业名称、物业类型、坐落位置、建筑面积等方面的内容。

（3）服务内容与质量。服务内容与质量主要包括：物业共用部位及共用设施设备的运行、维修、养护和管理；物业共用部位和相关场地环境管理；车辆停放管理；公共秩序维护、安全防范的协助管理；物业装饰装修管理服务；物业档案管理及双方约定的其他管理服务内容等。

前期物业管理应达到约定的质量标准。

（4）服务费用。服务费用包括：物业服务费用的收取标准、收费约定的方式（包干制或酬金制）；物业服务费用开支项目；物业服务费用的交纳；酬金制条件下，酬金计提方式、服务资金收支情况的公布及其争议的处理等。

（5）物业的经营与管理。物业的经营与管理包括：停车场和会所的收费标准、管理方式、收入分配办法；物业其他共用部位及共用设施设备经营与管理。

（6）承接查验和使用维护。承接查验和使用维护的主要内容包括：执行过程中双方责任义务的约定。

（7）专项维修资金。专项维修资金的主要内容包括：此部分资金的交存、使用、续筹和管理。

（8）违约责任。违约责任主要内容包括：违约责任的约定和处理、免责条款的约定等。

（9）其他事项。其他事项主要包括：合同履行期限、合同生效条件、合同争议处理、物业管理用房、物业管理相关资料归属以及双方认为需要约定的其他事项等。

知识链接

_____市前期物业服务合同（示范文本）

合同编号：_____

说明

1. 本合同文本为示范文本，由_____市建设委员会和_____市工商行政管理局共同制定，供开发建设单位选聘物业服务企业时使用。

2. 本合同文本中所称前期物业服务，是指开发建设单位通过选聘物业服务企业，由物业服务企业按照前期物业服务合同的约定，对房屋及配套的设施设备和相关场地进行维修、养护、管理，维护物业区域内的环境卫生和相关秩序，并由业主支付费用的活动。

3. 本合同文本[　]中选择内容、空格部位填写及其他需要删除或添加的内容，双方当事人应当协商确定。[　]中选择内容，以画"√"方式选定；对于实际情况未发生或双方当事人不做约定的，应当在空格部位打"×"，以示删除。

4. 双方当事人可以根据实际情况决定本合同原件的份数，并在签订时认真核对合同内容。

开发建设单位（甲方）：_____

营业执照注册号：_____

企业资质证书号：_____

组织机构代码：_____

法定代表人：_____ 联系电话：_____

委托代理人：_____ 联系电话：_____

通信地址：_____ 邮政编码：_____

物业服务企业(乙方)：_____

营业执照注册号：_____

企业资质证书号：_____

组织机构代码：_____

法定代表人：_____ 联系电话：_____

委托代理人：_____ 联系电话：_____

通信地址：_____ 邮政编码：_____

根据《中华人民共和国民法典》《物业管理条例》等有关法律、法规的规定，在自愿、平等、公平、诚实信用的基础上，甲方以[公开招标方式][邀请招标方式][协议方式]选聘乙方提供前期物业服务，订立本合同。

第一部分 物业项目基本情况

第一条 本物业项目(以下简称本物业)基本情况如下：

名称：[地名核准名称][暂定名]_____。

类型：[普通住宅][经济适用住房][公寓][别墅][办公][商业]_____。

坐落位置：_____区(县)_____路(街)_____。

建筑面积：[预测面积][实测面积][房屋所有权证记载面积]_____平方米。

区域四至：

东至_____；

南至_____；

西至_____；

北至_____。

规划平面图和委托的物业构成明细见附件一、二(以实际验收清单为准，略)。

第二部分 物业服务内容

第二条 甲乙双方应当就业主入住前的服务事宜签订书面协议，明确服务的范围、费用以及双方的权利义务等事项。业主入住前的服务范围一般包括：

1. 对已接收的物业进行维护。

2. 做好公共区域的清洁工作(施工垃圾的清理、施工场地和料场的清洁由甲方负责)。

3. 协助甲方做好业主入住时的交房、接待以及与物业服务相关的咨询等工作。

以上发生的费用由甲方另行支付，不得摊入业主的物业服务费用。

第三条 业主入住后，乙方应当提供的物业服务包括以下内容：

1. 制订物业服务工作计划并组织实施；管理相关的工程图纸、档案与竣工验收资料等；根据法律、法规和《临时管理规约》的授权制定物业服务的有关制度。

2. 物业共用部位的日常维修、养护和管理。共用部位明细见附件三(略)。

3. 物业共用设施设备的日常维修养护、运行和管理。共用设施设备明细见附件四(略)。

4. 公共绿地、景观的养护。

5. 清洁服务，包括物业共用部位、公共区域的清洁卫生，垃圾的收集等。

6. 协助维护秩序，对车辆(包括自行车)停放进行管理。

7. 协助做好安全防范工作。发生安全事故，应当及时向有关部门报告，采取相应措施，协助做好救助工作。

8. 消防服务，包括公共区域消防设施的维护以及消防管理制度的建立等。

9. 负责编制物业共用部位、共用设施设备、绿化的年度维修养护方案。

10. 按照法律、法规和有关约定对物业装饰装修提供服务。

11. 发现物业区域内违反有关治安、环保、物业装饰装修和使用等方面法律、法规、规章的行为，应当及时告知、建议、劝阻，并向有关部门报告。

12. 制定预防火灾、水灾等应急突发事件的工作预案，明确妥善处置应急事件或急迫性维修的具体内容。

13. 设立服务监督电话，并在物业区域公告栏等醒目位置公示。

14. 其他服务事项：_____。

第三部分　物业服务标准

第四条　乙方按照双方约定的物业服务标准[见附件五(略)]提供服务。

双方约定的住宅物业的服务标准不得低于《住宅物业服务等级规范(一级)(试行)》中规定的相应要求。

第四部分　物业服务期限

第五条　前期物业服务期限为_____年，自_____年_____月_____日至_____年_____月_____日。

第五部分　物业服务费用

第六条　本物业区域物业服务收费选择[包干制][酬金制]方式。

第七条　包干制

1. 物业服务费用由业主按其拥有物业的建筑面积交纳，具体标准如下：

[多层住宅]：_____元/(平方米·月)；

[高层住宅]：_____元/(平方米·月)；

[别墅]：_____元/(平方米·月)；

[办公楼]：_____元/(平方米·月)；

[商业物业]：_____元/(平方米·月)；

[会所]：_____元/(平方米·月)；

_____物业：_____元/(平方米·月)。

2. 实行包干制的，盈余或者亏损均由乙方享有或者承担；乙方不得以亏损为由要求增加费用、降低服务标准或减少服务内容。

3. 乙方应当定期向业主公布公共服务收支情况。

第八条　酬金制

1. 物业服务资金由业主按其拥有物业的建筑面积预先交纳，具体标准如下：

[多层住宅]：_____元/(平方米·月)；

[高层住宅]：_____元/(平方米·月)；

[别墅]：_____元/(平方米·月)；

[办公楼]：_____元/(平方米·月)；

[商业物业]：_____元/(平方米·月)；

[会所]：_____元/(平方米·月)；

_____物业：_____元/(平方米·月)。

2. 物业服务资金为交纳的业主共同所有，由乙方代管，其构成包括物业服务支出和物业服务企业的酬金。

物业服务支出包括以下部分：

(1)乙方员工的工资、社会保险和按规定提取的福利费等；

(2)物业共用部位、共用设施设备的日常运行、维护费用；

(3)物业区域内清洁卫生费用；

(4)物业区域内绿化养护费用；

(5)物业区域内秩序维护费用；

(6)乙方办公费用；

(7)乙方企业固定资产折旧；

(8)物业共用部位、共用设施设备及公众责任保险费用；

(9)其他费用：＿＿＿＿＿＿＿＿＿＿＿＿＿＿＿＿＿＿＿＿＿＿＿。

3. 乙方采取以下第＿＿＿＿＿＿种方式提取酬金：

(1)［每季］［每半年］［每年］＿＿＿＿＿＿，计＿＿＿＿＿＿元的标准从预收的物业服务资金中提取；

(2)［每季］［每半年］［每年］＿＿＿＿＿＿，从预收的物业服务资金中按＿＿＿＿＿＿％的比例提取。

4. 物业服务支出应当全部用于本合同约定的支出，年度结算后结余部分，转入下一年度继续使用，年度结算后不足部分，由全体业主承担，另行交纳。

5. 乙方应当向全体业主公布物业服务年度计划和支出年度预决算，并按［季］［本年］＿＿＿＿＿＿向全体业主公布物业服务资金的使用情况。

第九条　物业服务费应当从甲方通知的收房期限届满之日起计收。业主办理入住手续时预付［季度］［半年］的物业服务费。此后按［季度］［半年］［一年］＿＿＿＿＿＿交纳，具体时间为＿＿＿＿＿＿。

第十条　业主或物业使用人申请装饰装修时，乙方应当告知相关的禁止行为和注意事项，与其订立书面的装饰装修服务协议。除约定收取装饰装修服务费外，乙方不得另行收取装修垃圾清运费、施工人员管理费、门卡工本费、开工证费、管线图费等与装饰装修有关的费用。

如收取装饰装修押金的，未造成共用部位、共用设施设备和承重结构损坏，乙方应当在完工后 7 日内将押金全额退还。

第十一条　停车服务费按露天停车场车位＿＿＿＿＿＿元/(个·月)，地下停车库、停车楼车位＿＿＿＿＿＿元/(个·月)的标准收取。

乙方应当与停车场车位使用人签订书面的停车服务协议，明确双方在车位使用及停车服务等方面的权利义务。

第十二条　乙方对业主自有物业提供维修养护或其他特约服务的，按乙方在物业区域内公示的收费标准或按双方的约定收取费用。

业主、物业使用人在符合相关法律规定的前提下，利用住宅物业从事经营活动的，乙方可以参照商业物业标准收取相应的物业服务费。

第十三条　乙方接受供水、供电、供气、供热、通信、有线电视等公用事业服务单位委托代收使用费用的，不得向业主收取手续费等额外费用，不得限制或变相限制业主或物业使用人购买或使用。

第六部分　权利与义务

第十四条　甲方的权利义务

1. 审定乙方制定的物业服务方案，并监督其实施。

2. 在办理业主入住_____日前，提供符合办公要求的物业服务用房，建筑面积约_____平方米，位置为_____。

3. 在办理业主入住后[3个月]_____月内，向乙方移交本物业的竣工总平面图；在办理业主入住[30日]_____日前，向乙方移交本物业的其他相关资料。资料清单见附件六(略)。

4. 在双方委派专业人员办理完相关资料、图纸的移交后[5日]_____日内，负责与乙方一起对共用部位和共用设施设备逐项进行验收，登记列表，并经双方[签字][盖章]_____确认。

5. 提供物业共用部位、共用设施设备的工程验收资料，并按照质量保证书承诺的内容承担相应的保修责任。

6. 按规划设计要求，为业主户内配置[电卡式计量表][燃气的输卡式计量表][远程抄送式水表]_____；各个分区[独立单独计量]_____，例如，[楼道照明][车库][庭院照明][动力用电][电梯][水泵]_____等单独计量的电表；使用临水、临电的，应当按物业的性质承担相应的费用差价。

7. 解决开发建设遗留问题。

8. 配合乙方做好物业区域内的物业服务工作。

9. 按时交纳物业区域内已竣工但尚未出售的物业、因甲方原因未能按时交付物业买受人的物业及自有物业的服务费用。

10. 有关法律规定和当事人约定的其他权利义务。

第十五条　乙方的权利义务

1. 在办理业主入住手续30日前，向甲方提交本物业的入住工作计划。

2. 根据有关法律、法规及本合同的约定，按照物业服务标准和内容提供物业服务，收取物业服务费、特约服务费。

3. 可以选聘专业性服务企业承担物业区域内的专项服务项目，但不得将本物业区域内的全部物业服务委托给第三方；乙方应当将委托事项及受托企业的信息在物业区域内公示；乙方与受托企业签订的合同中约定的服务标准，不得低于本合同约定；乙方应当对受托企业的服务行为进行监督，并对受托企业的服务行为承担责任。

4. 妥善保管和正确使用本物业的档案资料，及时记载有关变更信息，并为业主的个人资料信息保密。

5. 及时向全体业主和物业使用人通报本物业区域内有关物业服务的重大事项，接受甲方、业主和物业使用人的监督。

6. 对业主和物业使用人违反本合同和《临时管理规约》的行为，采取告知、劝说和建议等方式督促业主和物业使用人改正。

7. 不得擅自将业主所有的共用部位、共用设施设备用于经营活动；将其用于广告、房屋租赁、会所经营、商业促销等活动的，应当在符合有关法律规定并征得相关业主同意后，按照规定办理有关手续，并每半年公布收益情况，接受业主监督；所得收益归相关业主所有，分配及使用由相关业主共同约定。

8. 不得擅自占用本物业区域的共用部位、共用设施设备或改变用途，不得擅自占用、挖掘本物业区域内的道路、场地。

确需临时占用、挖掘本物业区域内道路、场地的，应当按规定办理相关手续，制定施工方案，开工前要在物业区域内公示，施工过程中尽可能减少对业主的影响，并及时恢复原状。

9. 本物业区域内需另行配备相关设施设备的，应当与甲方及相关业主协商解决。

10. 属于甲方保修的业主自有物业，业主提出修理申请的，乙方应当给予协助，并对施工现场提出管理要求。

11. 有关法律规定和当事人约定的其他权利义务。

第十六条　业主（包括仍有未售出房屋的甲方）的权利义务

1. 对本物业区域内的物业服务事项有知情权。

2. 对乙方提供的物业服务有建议、督促的权利。

3. 有权聘请专业机构对酬金制收费方式的物业服务资金年度预决算和物业服务费收支情况进行审计。

4. 有权监督本物业区域内共用部位、共用设施设备的经营收益及使用情况。

5. 配合乙方做好物业区域内的物业服务工作。

6. 按照相关规定交存、使用和续交专项维修资金。

7. 按照约定交纳物业服务费与特约服务费。

8. 有关法律、法规和《临时管理规约》规定的其他权利义务。

第七部分　合同终止

第十七条　甲乙双方中任何一方决定在服务期限届满后不再续约的，均应当在届满3个月前书面通知对方。

第十八条　服务期限未满，但业主大会已选聘新的物业服务企业的，应当在新的物业服务合同生效3个月前书面通知甲、乙双方；新合同生效时，本合同自动终止；乙方应当在本合同终止前移交物业服务用房、物业服务的相关资料及属于本物业区域内的物业共用设施设备、公共区域，并按时撤出本物业区域。

第十九条　本合同终止后尚未有新的物业服务企业承接的，乙方应当继续按本合同的约定提供服务，在此期间的物业服务费用仍由业主按本合同约定标准交纳。

第二十条　本合同终止后，甲乙双方应当共同做好债权债务处理，包括物业服务费用的清算、对外签订的各种协议的执行等；乙方应当协助甲方或业主大会、业主委员会做好物业服务的交接和善后工作。

第八部分　违约责任

第二十一条　由于甲方开发建设遗留问题导致乙方未能完成服务内容的，乙方有权要求甲方限期解决，甲方应当承担相应的违约责任；给乙方造成损失的，甲方应当承担相应的赔偿责任。

乙方在服务期限内擅自撤出的，应当按照[服务剩余期限物业服务总费用]_____的标准向业主支付违约金；乙方在本合同终止后拒不撤出本物业区域的，应当按照[延迟撤出期间物业服务总费用]_____的标准向业主支付违约金。前述行为给业主造成损失的，乙方应当承担相应的赔偿责任。

除不可预见的情况外，乙方擅自停水、停电的，甲方或业主有权要求乙方限期解决，乙方应当承担相应的违约责任；给甲方或业主造成损失的，乙方应当承担相应的赔偿责任。

业主逾期未交纳物业服务费的，应当按照[逾期每日万分之五]_____的标准承担相应的滞纳金。

第二十二条　除本合同第七部分规定的合同终止情形外，甲、乙双方均不得提前解除本合同，否则解约方应当承担相应的违约责任；给对方或业主造成损失的，解约方应当承担赔偿责任。

第二十三条　除本合同另有约定外，甲乙双方可以结合本物业的具体情况和服务需求以附件的形式对违约责任进行详细约定。违约行为给他方造成损失的，均应当承担相应的赔偿责任。

第二十四条　因不可抗力致使合同部分或全部无法履行的，根据不可抗力的影响，部分或全部免除责任。

第二十五条　为维护公共利益，在不可预见情况下，如发生煤气泄漏、漏电、火灾、暖气管或水管破裂、救助人命、协助公安机关执行任务等突发事件，乙方因采取紧急避险措施造成损失的，当事人应当按有关规定处理。

第二十六条　乙方有确切证据证明属于以下情况的，可不承担违约责任：

1. 由于甲方、业主或物业使用人的自身责任导致乙方的服务无法达到合同约定的。

2. 因维修养护本物业区域内的共用部位、共用设施设备需要且事先已告知业主或物业使用人，暂时停水、停电、停止共用设施设备使用等造成损失的。

3. 非乙方责任出现供水、供电、供气、供热、通信、有线电视及其他共用设施设备运行障碍造成损失的。

第九部分　争议解决

第二十七条　合同履行过程中发生争议的，双方可以通过友好协商或者向物业所在地物业纠纷人民调解委员会申请调解的方式解决；不愿协商、调解或者协商、调解不成的，可以按照以下方式解决：

1. 向有管辖权的人民法院提起诉讼；

2. 向［_____仲裁委员会］［中国国际经济贸易仲裁委员会］或_____申请仲裁。

第十部分　附则

第二十八条　双方约定自首户业主入住前［30 日］_____日，乙方根据甲方的委托，办理承接验收手续。

第二十九条　对需进入物业区域内的执法活动和救援等公共事务，各方应当配合，不得阻挠。

第三十条　对本合同的任何修改、补充须经双方书面确认，与本合同具有同等的法律效力。修改、补充的内容不得与本合同和《临时管理规约》的内容相抵触。

第三十一条　本合同正本连同附件一式_____份，甲方、乙方、_____各执一份，具有同等法律效力。以招标投标方式选聘物业服务企业的，须在招标投标备案时提交主管部门一份。

第三十二条　本合同经双方法定代表人或授权代表人签字并加盖公章后生效，并作为《商品房预售合同》或《商品房现房买卖合同》的附件。

第三十三条　其他约定：_____。

甲方：_____　　　　乙方：_____

授权代表：_____　　　授权代表：_____

　　　　　　　　　　　　　　　　　签订日期：_____年____月____日

附件：（略）

(二)物业服务合同的主要内容

物业服务合同应包括以下内容：

(1)物业项目基本情况。

(2)物业服务内容。

(3)物业服务标准。

(4)物业服务期限。

(5)物业服务费用。

(6)公用部位公用设施相关收益及分配。

(7)双方权利、义务。

(8)合同终止。

(9)违约责任。

(10)争议解决及附则。

知识链接

物业服务合同(示范文本)

第一章　总则

第一条　本合同当事人

委托方(以下简称甲方)：

名称：_____业主大会

受委托方(以下简称乙方)：

名称：_____

物业管理资质等级证书编号：

根据有关法律、法规，在自愿、平等、协商一致的基础上，甲方选聘(或续聘)乙方为_____(物业名称)提供物业管理服务，订立本合同。

第二条　物业管理区域基本情况

物业名称：_____

物业用途：_____

坐落：_____

四至：_____

占地面积：_____

总建筑面积：_____

委托管理的物业范围及构成细目见附件一(略)。

第二章　物业服务内容

第三条　制定物业管理服务工作计划，并组织实施；管理与物业相关的工程图纸、用户档案与竣工验收材料等；_____。

第四条　房屋建筑共用部位的日常维修、养护和管理，共用部位包括：楼盖、屋顶、外墙面、承重墙体、楼梯间、走廊通道、_____。

第五条　共用设施设备的日常维修、养护和管理，共用设施设备包括：共用的上下水管道、共用照明、_____。

第六条　共用设施和附属建筑物、构筑物的日常维修、养护和管理，包括道路、化粪池、泵房、自行车棚、_____。

第七条　公共区域的绿化养护与管理，_____。

第八条　公共环境卫生，包括房屋共用部位的清洁卫生、公共场所的清洁卫生、垃圾的收集、_____。

第九条　维护公共秩序，包括门岗服务、物业区域内巡查、_____。

第十条　维持物业区域内车辆行驶秩序，对车辆停放进行管理，_____。

第十一条　消防管理服务，包括公共区域消防设施设备的维护管理，＿＿＿＿＿＿＿＿＿＿。

第十二条　电梯、水泵的运行和日常维护管理，＿＿＿＿＿＿＿＿＿＿。

第十三条　房屋装饰装修管理服务，＿＿＿＿＿＿＿＿＿＿。

第十四条　其他委托事项：

(1)＿＿＿＿＿＿＿＿＿；

(2)＿＿＿＿＿＿＿＿＿；

(3)＿＿＿＿＿＿＿＿＿。

<h3 style="text-align:center">第三章　物业服务质量</h3>

第十五条　乙方提供的物业服务质量按以下第＿＿＿＿＿项执行：

1. 执行北京市国土资源和房屋管理局发布的《北京市住宅物业管理服务标准》(京国土房管物字〔2003〕950号)规定的标准一，即普通商品住宅物业管理服务标准；＿＿＿＿＿＿＿＿。

2. 执行北京市国土资源和房屋管理局发布的《北京市住宅物业管理服务标准》(京国土房管物字〔2003〕950号)规定的标准二，即经济适用房、直管和自管公房、危旧房改造回迁房管理服务标准；＿＿＿＿＿＿＿＿。

3. 执行双方约定的物业服务质量要求，具体为：＿＿＿＿＿＿＿＿＿＿。

<h3 style="text-align:center">第四章　物业服务费用</h3>

第十六条　(适用于政府指导价)物业服务费用执行政府指导价。

1. 物业服务费由乙方按＿＿＿＿＿元/(平方米·月)向业主(或交费义务人)按年(季、月)收取(按房屋建筑面积计算，房屋建筑面积包括套内建筑面积加公共部位与公用房屋分摊建筑面积)。

其中，电梯、水泵运行维护费用价格为：＿＿＿＿＿；按房屋建筑面积比例分摊。

2. 如政府发布的指导价有调整，上述价格随之调整。

3. 共用部位、共用设施设备及公众责任保险费用，按照乙方与保险公司签订的保险单和所交纳的年保险费按照房屋建筑面积比例分摊。乙方收费时，应将保险单和保险费发票公示。

第十七条　(适用于市场调节价)物业服务费用实行市场调节价。

1. 物业服务费由乙方按＿＿＿＿＿元/(平方米·月)向业主(或交费义务人)按年(季、月)收取(按房屋建筑面积计算，房屋建筑面积包括套内建筑面积和公共部位与公用房屋分摊建筑面积)。

其中，电梯、水泵运行维护费用价格为：＿＿＿＿＿；按房屋建筑面积比例分摊。

2. 物业服务支出包括以下部分：

(1)管理服务人员的工资、社会保险和按规定提取的福利费等；

(2)物业共用部位、共用设施设备的日常运行、维护费用；

(3)物业管理区域清洁卫生费用；

(4)物业管理区域绿化维护费用；

(5)物业管理区域秩序维护费用；

(6)办公费用；

(7)物业服务企业固定资产折旧；

(8)物业共用部位、共用设施设备及公众责任保险费用；

(9)其他费用：

＿＿＿＿＿＿＿＿＿＿＿＿＿＿＿＿＿＿＿＿＿；

＿＿＿＿＿＿＿＿＿＿＿＿＿＿＿＿＿＿＿＿＿。

3.(适用于包干制)物业服务费如需调整，由双方协商确定。

4.(适用于酬金制)从预收的物业服务费中提取＿＿＿＿＿＿＿％作为乙方的酬金。

5.(适用于酬金制)物业管理费如有节余，则转入下一年度物业管理费总额中；如物业管理费不足使用，乙方应提前告知甲方，并告知物业服务费不足的数额、原因和建议的补足方案，甲方应在合理的期限内对乙方提交的方案进行审查和作出决定。

6.(适用于酬金制)双方约定聘请/不聘请专业机构对物业服务资金年度预决算和物业服务资金的收支情况进行审计；聘请专业机构的费用由全体业主承担，专业机构由双方协商选定/(甲方选定、乙方选定)。

第十八条　共用部位、共用设施设备的大、中修和更新改造费用从专项维修资金中支出。

第十九条　停车费用由乙方按下列标准向车位使用人收取：

1.露天车位：＿＿＿＿＿＿＿＿＿＿＿＿＿＿＿＿＿＿＿。

2.车库车位(租用)：＿＿＿＿＿＿＿＿。其中，物业管理服务费为：＿＿＿＿＿＿＿＿。车库车位(已出售)：＿＿＿＿＿＿＿＿。

3.＿＿＿＿＿＿＿＿＿＿＿＿＿＿＿＿＿＿＿＿。

4.＿＿＿＿＿＿＿＿＿＿＿＿＿＿＿＿＿＿＿＿。

第二十条　乙方对业主房屋自用部位、自用设备维修养护及其他特约服务的费用另行收取，乙方制定的对业主房屋自用部位、自用设备维修养护及其他特约服务的收费价格应在物业管理区域内公示。

第五章　双方权利义务

第二十一条　甲方权利义务：

1.审定乙方制订的物业管理服务工作计划；

2.检查监督乙方管理工作的实施情况；

3.按照法规政策的规定决定共用部位共用设施设备专项维修资金的使用管理；

4.(适用于酬金制)审查乙方提出的财务预算和决算；

5.甲方应在合同生效之日起＿＿＿＿＿＿＿日内向乙方移交或组织移交以下资料：

(1)竣工总平面图、单体建筑、结构、设备竣工图、配套设施、地下管网工程竣工图等竣工验收资料；

(2)设施设备的安装、使用和维护保养等技术资料；

(3)物业质量保修文件和物业使用说明文件；

(4)各专业部门验收资料；

(5)房屋和配套设施的产权归属清单；

(6)物业管理所必需的其他资料。

6.合同生效之日起＿＿＿＿＿＿＿日内向乙方提供＿＿＿＿＿＿＿平方米建筑面积物业管理用房，管理用房位置：＿＿＿＿＿＿＿＿＿＿＿＿＿＿＿＿＿＿＿＿。

管理用房按以下方式使用：

(1)乙方无偿使用。

(2)＿＿＿＿＿＿＿＿＿＿＿＿＿＿＿＿＿＿＿＿。

7.当业主和使用人不按规定交纳物业服务费时，督促其交纳。

8.协调、处理本合同生效前发生的遗留问题：

(1)＿＿＿＿＿＿＿＿＿＿＿＿＿＿＿＿＿＿＿＿；

(2)＿＿＿＿＿＿＿＿＿＿＿＿＿＿＿＿＿＿＿＿。

9.协助乙方做好物业管理区域内的物业管理工作。

10.其他：＿＿＿＿＿＿＿＿＿＿＿＿＿。

第二十二条　甲方的业主委员会作为执行机构，具有以下权利义务：

1. 在业主大会闭会期间，根据业主大会的授权代表业主大会行使基于本合同拥有的权利，履行本合同约定的义务（按照法规政策的规定必须由业主大会决议的除外）；

2. 监督和协助乙方履行物业服务合同；

3. 组织物业的交接验收；

4. 督促全体业主遵守《业主公约》《业主大会议事规则》和物业管理规章制度；

5. 督促违反物业服务合同约定逾期不交纳物业服务费用的业主，限期交纳物业服务费用；

6. 如实向业主大会报告物业管理的实施情况；

7. 其他：＿＿＿＿＿＿＿＿＿＿＿。

第二十三条　乙方权利义务：

1. 根据甲方的授权和有关法律、法规及本合同的约定，在本物业区域内提供物业管理服务；

2. 有权要求甲方、业主委员会、业主及物业使用人配合乙方的管理服务行为；

3. 向业主和物业使用人收取物业服务费；

4. 对业主和物业使用人违反《业主公约》和物业管理制度的行为，有权根据情节轻重，采取劝阻、制止、＿＿＿＿＿＿等措施；

5. 选聘专营公司承担本物业的专项管理业务，但不得将物业的整体管理委托给第三方；

6. 每年度向甲方报告物业管理服务实施情况；

7.（适用于酬金制）向甲方或全体业主公布物业服务资金年度预决算，并每年不少于一次公布物业服务资金的收支情况；当甲方或业主对公布的物业服务资金年度预决算和物业服务资金的收支情况提出质询时，应及时答复。

8. 本合同终止时，应移交物业管理权，撤出本物业，协助甲方做好物业服务的交接和善后工作，移交或配合甲方移交管理用房和物业管理的全部档案资料、专项维修资金及账目、＿＿＿＿＿＿。

9. 其他：＿＿＿＿＿＿＿＿＿＿＿。

第六章　合同期限

第二十四条　委托管理期限为＿＿＿＿＿＿年；自＿＿＿＿＿＿年＿＿＿＿＿＿月＿＿＿＿＿＿日起至＿＿＿＿＿＿年＿＿＿＿＿＿月＿＿＿＿＿＿日止。

第七章　合同解除和终止的约定

第二十五条　本合同期满，甲方决定不委托乙方的，应提前三个月书面通知乙方；乙方决定不再接受委托的，应提前三个月书面通知甲方。

第二十六条　本合同期满，甲方没有将续聘或解聘乙方的意见通知乙方，且没有选聘新的物业服务企业，乙方继续管理的，视为此合同自动延续。

第二十七条　本合同终止后，在新的物业服务企业接管本物业项目之前，乙方应当应甲方的要求暂时（一般不超过三个月）继续为甲方提供物业管理服务，甲方业主（或交费义务人）也应继续交纳相应的物业服务费用。

第二十八条　其他条款：＿＿＿＿＿＿＿＿＿＿＿。

第八章　违约责任

第二十九条　因甲方违约导致乙方不能提供约定服务的，乙方有权要求甲方在一定期限内解决，逾期未解决且严重违约的，乙方有权解除合同。造成乙方经济损失的，甲方应给予乙方经济赔偿。

第三十条　乙方未能按照约定提供服务，甲方有权要求乙方限期整改，逾期未整改且严重违约的，甲方经业主大会持三分之二以上投票权的业主通过后有权解除合同。造成甲方经济损失的，乙方应给予甲方经济赔偿。

第三十一条　乙方违反本合同约定，擅自提高收费标准的，甲方有权要求乙方清退；造成甲方经济损失的，乙方应给予甲方经济赔偿。

第三十二条　业主逾期交纳物业服务费的，乙方可以从逾期之日起每日按应交费用万分之_____加收违约金。

第三十三条　任何一方无正当理由提前解除合同的，应向对方支付违约金_____；由于解除合同造成的经济损失超过违约金的，还应给予赔偿。

第三十四条　乙方在合同终止后，不移交物业管理权，不撤出本物业和移交管理用房及有关档案资料等，每逾期一日应向甲方支付委托期限内平均物业管理年度费用_____‰的违约金，由此造成的经济损失超过违约金的，还应给予赔偿。

第三十五条　为维护公众、业主、物业使用人的切身利益，在不可预见情况下，如发生煤气泄漏、漏电、火灾、水管破裂、救助人命、协助公安机关执行任务等情况，乙方因采取紧急避险措施造成财产损失的，当事双方按有关法律规定处理。

第三十六条　其他条款：_____。

第九章　附则

第三十七条　双方约定自本合同生效之日起_____日内，根据甲方委托管理事项，办理承接查验手续。

第三十八条　本合同正本连同附件_____页，一式两份，甲乙双方各执一份，具同等法律效力。

第三十九条　本合同在履行中如发生争议，双方应协商解决，协商不成时，甲、乙双方同意按下列第_____方式解决。

1. 提交_____仲裁委员会仲裁；

2. 依法向人民法院起诉。

但业主拖欠物业服务费用的，乙方可以直接按照有关规定向有管辖权的基层人民法院申请支付令。

第四十条　本合同自_____起生效。

甲方签章：　　　　　　　　　　　　乙方签章：

代表人：（业主委员会）　　　　　　代表人：

　　年　　月　　日　　　　　　　　　年　　月　　日

附件：（略）

单元二　物业服务合同的订立、效力与履行

一、物业服务合同的订立

物业服务合同的订立就是指房地产开发企业、业主或业主委员会与物业服务企业之间就物业管理合同的主要条款达成意思一致的过程。

（一）要约与承诺

物业服务合同条款达成一致的过程要经过要约和承诺两个阶段。

1. 要约

所谓要约，是指一方当事人向另一方当事人作出的以一定条件订立合同的意思表示。前者称为要约人，后者称为受要约人。

（1）要约的有效要件：

1）要约必须是特定人作出的意思表示。如果要约人不特定，则受要约人无法对之作出承诺，也就无法与其签订合同，这样的意思表示就不能称为"要约"。

2）要约必须要约人向希望与之订立合同的受要约人发出。要约只有发出了才能唤起受要约人的承诺。如果没有发出要约，受要约人就无法知道要约的内容，自然也就无法承诺。受要约人必须是要约人希望与之订立合同的人，可以为特定的人，在特殊情况下也可以为不特定的人。

3）要约是能够反映所要订立合同主要内容的意思表示。由于要约一经受要约人承诺，要约人即受该意思表示的约束，因此，没有订立合同意思的意思表示不能是要约。

（2）要约的形式和法律效力。要约的形式包括书面形式和对话形式两种。其中书面形式包括信函、电报、电传、传真、电子邮件等形式。

要约到达受要约人时生效。对话形式的要约，自受要约人了解时发生效力；书面形式的要约在到达受要约人时发生效力；采用数据电子形式的要约，收件人指定特定系统接收数据电文的，该数据电文进入该特定系统的时间视为要约生效时间，未指定特定系统的，该数据电文进入收件人的任何系统的首次时间视为要约生效时间。

要约的法律效力主要是指在要约有效期限内，要约人不得随意改变要约的内容，不得撤回要约。

（3）要约邀请。要约邀请是指行为人邀请他人向其提出要约的意思表示。要约邀请是一种事实行为，不具有法律意义，仅是当事人订立合同的预备行为，对行为人不具有约束力。现实生活中的价目表的寄送、拍卖广告、招标公告、招股说明书、商品广告（符合要约规定的除外）都属于要约邀请。

要约邀请的目的在于诱使他人向自己发出要约，不能因相对人的承诺而成立合同，也不能因为自己作出了某种承诺而约束要约人，因此，要约邀请也称为"要约引诱"。行为人撤回其要约邀请的，只要没有给善意相对人造成依赖利益损失的，不承担法律责任。

（4）要约的撤回与撤销。要约的撤回是指在要约发生法律效力前，要约人使其不发生法律效力而取消要约的行为。《民法典》规定："要约可以撤回。行为人可以撤回意思表示。撤回意思表示的通知应当在意思表示到达相对人前或者与意思表示同时到达相对人。"如果要约已到达受要约人，该要约便不可撤回。

要约的撤销是指要约发生法律效力之后，要约人使其丧失法律效力而取消要约的行为。《民法典》规定：要约可以撤销，但是有下列情形之一的除外：①要约人以确定承诺期限或者其他形式明示要约不可撤销；②受要约人有理由认为要约是不可撤销的，并已经为履行合同做了合理准备工作。撤销要约的意思表示以对话方式作出的，该意思表示的内容应当在受要约人作出承诺之前为受要约人所知道；撤销要约的意思表示以非对话方式作出的，应当在受要约人作出承诺之前到达受要约人。

要约的撤回和要约的撤销都是否定了已经发出去的要约，其区别在于：要约的撤回发生在要约生效之前，而要约的撤销发生在要约生效之后。

（5）要约的失效。《民法典》规定：有下列情形之一的，要约失效：①要约被拒绝；②要约被依法撤销；③承诺期限届满，受要约人未作出承诺；④受要约人对要约的内容作出实质性变更。

2. 承诺

承诺指受要约人同意要约内容并缔结合同的意思表示。承诺应当以通知的方式作出，但根据交易习惯或者要约表明可以通过作为作出承诺的除外，缄默或不作为不能作为承诺的表示方式。

(1)承诺的有效要件。

1)承诺须由受要约人或其授权的代理人作出。作出承诺的可以是受要约人本人，也可以是其授权的代理人。受要约人以外的任何第三人，即使知道要约的内容并就此作出同意的意思表示，也不能认为是承诺。

2)承诺须在有效期内作出。如果要约指定了有效期，则应该在有效期内作出承诺；如果要约没有指定有效期，则承诺应该在合理的有效期内作出。要约以信件或者电报作出的，承诺期限自信件载明的日期或者电报交发之日开始计算。信件未载明日期的，自投寄该信件的邮戳日期开始计算。要约以电话、传真等快速通信方式作出的，承诺期限自要约达到受要约人开始计算。

3)承诺须与要约的内容一致。受要约人对要约的内容作出实质性变更的，为新要约。有关合同标的、数量、质量、价款或报酬、履行期限、履行地点和方式、违约责任和解除争议方法等的变更，是对要约内容的实质性变更。承诺对要约的内容作出非实质性变更的，除要约人及时表示反对或要约表明承诺不能对要约的内容作出任何变更的以外，该承诺有效，合同的内容以承诺的内容为准。

4)承诺须向要约人作出。承诺是对要约内容的同意，必须要有要约人为合同的一方当事人。因此，承诺只能向要约人或其委托的代理人作出，具有绝对的特定性，否则就不为承诺。

(2)承诺的生效。承诺在承诺期限内到达要约人时生效。具体而言，要约以对话方式作出的，承诺人即时作出承诺的意思表示，承诺生效；要约人约定承诺期限，承诺在承诺期限内到达要约人时，承诺生效；要约以非对话方式作出的，承诺在合理期限内到达要约人时生效；约定以数据电文形式承诺的，在承诺期限内，收件人(要约人)指定特定系统接收数据电文的，该数据电文进入该特定系统时，承诺生效；未指定特定计算机系统的，该数据电文进入要约人的任何系统的首次时间，即为承诺生效时间；承诺需要通知的，承诺通知到达要约人时生效；承诺不需要通知的，根据交易惯例或要约的要求作出承诺行为时生效。

(3)承诺的撤回。承诺的撤回是指承诺发出后、生效之前，承诺人阻止承诺发生法律效力的行为。《民法典》规定："承诺可以撤回。"撤回承诺的通知应先于承诺到达要约人或与承诺同时到达要约人才能发生效力。

需要注意的是：要约可以撤回，也可以撤销。但是承诺只可以撤回，而不可以撤销，因为承诺到达对方后，合同法律关系就成立了。

(二)物业服务合同订立的基本原则

1. 平等原则

平等是指当事人无论地位的尊卑、经济的优劣、行政职位的高低，在法律地位上一律平等，任何一方不受他方意志的支配，不得无偿剥夺和占有他方财产，不得只享受权利不承担义务。

2. 合同自由原则

合同自由要求在合同订立中减少公权力的干预。但是，现代各国法律也普遍承认，契约自由不可能是绝对的，自由应该符合法律、行政法规的要求，并不得损害国家利益、他人利益，也不能违背社会公共利益。

3. 公平原则

公平原则是指民事主体应当依据社会公认的公平观念从事民事活动，以维持当事人之间的利益均衡。物业服务合同的公平原则主要体现在：

(1)双方当事人在彼此的权利义务安排上要大体一致，一方当事人依物业服务合同享有一定的权利，同时必须履行一定的义务。

(2)任何一方当事人都不得利用自己的优势地位或者利用对方缺乏经验而订立显失公平的物业服务合同。

4. 诚实信用原则

诚实信用原则是指在市场经济活动中，民事主体必须讲信用、守诺言，在不损害他人利益和社会利益的前提下追求自己的利益。物业服务合同的诚实信用原则体现在：业主和物业服务企业在订立、履行物业服务合同时不能有欺诈、胁迫和乘人之危的行为，否则合同可撤销或可变更，以及在物业服务合同中，权利人应当以善意的方式行使权利，义务人应当积极地履行合同义务。

二、物业服务合同的效力

物业服务合同的效力，又称为物业服务合同的法律效力，是指法律赋予依法成立的物业服务合同具有约束当事人双方的强制力。

1. 物业服务合同的生效

物业服务合同生效是指物业服务合同具备法定要件后能产生法律效力。《民法典》第五百零二条规定："依法成立的合同，自成立时生效，但是法律另有规定或者当事人另有约定的除外。依照法律、行政法规的规定，合同应当办理批准等手续的，依照其规定。未办理批准等手续影响合同生效的，不影响合同中履行报批等义务条款以及相关条款的效力。"物业服务合同的生效要件如下：

(1)主体合格。当事人在订立合同时必须具有相应的民事行为能力。这是法律对合同主体资格作出的一种规定。主体不合格，所订立的合同不能发生法律效力。如物业服务企业申请资质评定，未获通过的，就不具备物业服务合同的主体资格。

(2)双方意思表示真实自愿。合同的签订必须是双方的真实意思表示，任何一方都不能将自己的意思强加于另一方，意思表示的不真实、不自由都有可能导致合同的无效或被撤销。物业服务合同中，对于意思表示是否真实自愿主要存在以下两个问题：

1)建设单位与物业服务企业签订的前期物业服务合同对业主仍有约束力。如果建设单位与业主在签订的购房合同中有欺诈、胁迫或其他侵犯业主合法权益的行为，业主可根据此主张前期物业服务合同无效或撤销。

2)物业服务合同是业主委员会代表业主与物业服务企业签订的。业主委员会代表的应该而且只能是大多数业主的意思，要使合同的每一项内容都得到全体业主的同意是十分困难的，因而经过业主大会讨论通过的决定，对全体业主具有法律约束力。

(3)内容合法。合同不违反法律和社会公共利益，即合同的目的和内容都不违反法律或社会公共利益。在我国，合同不得违反法律，既包括不得违反现行法律、法规和规章中的强制性规范，也包括不得违反国家政策的禁止性规定和命令性规范。同时，合同不危害社会公共利益。

2. 无效的物业服务合同

无效物业服务合同是指严重欠缺合同的生效要件，不发生合同当事人追求的法律后果，不受国家法律保护的合同。

《民法典》规定："无效的或者被撤销的民事法律行为自始没有法律约束力。"

(1)无效的民事法律行为包括：

1)无民事行为能力人实施的民事法律行为无效。

2)行为人与相对人以虚假的意思表示实施的民事法律行为无效。以虚假的意思表示隐藏的民事法律行为的效力，依照有关法律规定处理。

3)违反法律、行政法规的强制性规定的民事法律行为无效。但是，该强制性规定不导致该民事法律行为无效的除外。违背公序良俗的民事法律行为无效。

4)行为人与相对人恶意串通，损害他人合法权益的民事法律行为无效。

(2)有权请求撤销的民事法律行为包括：

1)基于重大误解实施的民事法律行为，行为人有权请求人民法院或者仲裁机构予以撤销。

2)一方以欺诈手段，使对方在违背真实意思的情况下实施的民事法律行为，受欺诈方有权请求人民法院或者仲裁机构予以撤销。

3)第三人实施欺诈行为，使一方在违背真实意思的情况下实施的民事法律行为，对方知道或者应当知道该欺诈行为的，受欺诈方有权请求人民法院或者仲裁机构予以撤销。

4)一方或者第三人以胁迫手段，使对方在违背真实意思的情况下实施的民事法律行为，受胁迫方有权请求人民法院或者仲裁机构予以撤销。

5)一方利用对方处于危困状态、缺乏判断能力等情形，致使民事法律行为成立时显失公平的，受损害方有权请求人民法院或者仲裁机构予以撤销。

3. 效力待定合同

效力待定合同是指合同虽然已经成立，但因其不完全符合法律有关生效要件的规定，因此其发生效力与否尚未确定，一般需要相关权利人表示承认或追认才能生效。主要包括以下情况：

(1)无行为能力人订立的和限制行为能力人依法不能独立订立的合同，必须经其法定代理人的承认才能生效。

(2)无权代理人以本人名义订立的合同，必须经过本人追认才能对本人产生法律约束力。

(3)无处分权人处分他人财产权利而订立的合同，未经权利人追认，合同无效。

三、物业服务合同的履行

合同的履行是指当事人全面地履行合同所规定的义务。物业服务合同属于双方合同，其能否得到顺利的履行，取决于合同双方能否正确地行使权利和积极地履行义务，以及双方能否依据合同给予对方积极的配合。《物业管理条例》第三十五条规定："物业服务企业应当按照物业服务合同的约定，提供相应的服务。"

(一)物业服务企业的合同履行

1. 物业的验收工作

《物业管理条例》第三十六条规定："物业服务企业承接物业时，应当与业主委员会办理物业验收手续。业主委员会应当向物业服务企业移交本条例第二十九条第一款规定的资料。"物业服务企业应当与业主委员会共同办理该项手续，仔细检查接受管理的公共场所、共用设施设备等是否存在质量问题，对存在质量问题的部位应当向业主委员会提出，双方协商解决办法，使接收的物业质量良好，以免日后发生纠纷，无法确定责任。在承接物业的同时，物业服务企业应当向业主委员会索取资料，包括竣工总平面图，单体建筑、结构、设备竣工图，配套设施、地下管网工程竣工图等竣工验收资料；设施设备的安装、使用和维护保养等技术资料；物业质量保修文件和物业使用说明文件及物业管理所必需的其他资料。业主委员会也应向物业服务企业移交上述资料。应当注意的是，存在前期物业服务合同时，业主委员会应当积极向提供前期物业管理的物业服务企业索要这些资料，并保证其完整性，从而使物业服务合同能够得到顺利的履行，为业主享受符合约定或法定的物业管理提供保障。

2. 物业管理用房的使用

《物业管理条例》第三十七条规定：“物业管理用房的所有权依法属于业主。未经业主大会同意，物业服务企业不得改变物业管理用房的用途。”物业服务企业应当依照合同约定或法律的规定使用物业管理用房，未经业主委员会同意不得用作其他用途，更不得转让给他人使用，否则便视为侵权（或违约）行为，并承担相应的民事责任。物业服务企业应当合理地使用和管理物业管理用房，由于自己的责任造成物业管理用房损坏的，应当承担赔偿责任。在物业服务合同终止时，物业服务企业应当将物业管理用房完好地交还给业主委员会。

3. 行使权利的同时承担义务

物业服务企业在管理物业的过程中应当积极履行各项合同或法律规定的职责，尽到善意的义务，同时也应当积极行使自己的权利，保证符合标准要求地履行合同。

物业服务企业在履行合同的过程中应当正确地使用和管理物业、资金和资料，及时地予以维修和养护，保持物业管理区域内环境的清洁、秩序的安定，保证相关资料的完整，同时也应当依照合同的约定做好对单个业主的个别服务工作。当遇到违反法律和管理规约规定或者合同约定的行为时，应当及时予以制止，并说明理由，给予正确的指导和必要的技术帮助，同时上报有关部门由其依法进行处理。

物业服务企业应接受业主和业主团体的监督，尊重业主的知情权和监督、建议权，及时公布有关的信息、资料和账目，编制年度管理计划、资金使用计划和决算计划并在提交业主大会审议后方可实施。

在物业服务费用问题上，物业服务企业应当依照合同的约定和法律的规定收取，未经双方协商同意，不得擅自涨价；向单位业主提供个别服务的收费，合同没有约定的，应由双方协商一致。

另外，由于物业管理专业性很强，物业服务企业并不一定具备所有的专业能力，无法完成所有的项目，对于某些具体的、专业性强的项目，可以委托给具有相应专业能力的企业完成，但应注意，不能将所有的项目都委托给他人完成。

（二）业主、业主大会及业主委员会的合同履行

1. 业主的合同履行

对于投入使用的物业而言，物业的维修与养护，既是物业服务企业的一项重要工作，也与业主的利益息息相关，物业服务合同的履行也需要他们的积极配合。业主的配合体现在以下几个方面：

（1）业主通过合同将物业管理工作交由物业服务企业进行，业主应当尊重物业管理人员的尊严和权利，遵守管理规约及有关的管理规定，配合企业的管理工作，而不是制造冲突与矛盾，扰乱管理秩序。

（2）业主应注重强调和保护自己的权利，参与和监督物业管理，积极地收集资料和信息，提出自己的意见和建议，推动物业管理质量的提高。而不能将物业服务企业看作是物业的全能大管家，从此可以不管不问。

（3）业主应按时、足额地交纳物业服务费用，接受物业服务企业的监督和指导，正确合理地使用物业，不破坏物业的完整、功能和物业管理区域内的清洁、安全和正常秩序。

2. 业主大会及业主委员会的合同履行

业主大会和业主委员会应当代表业主的利益，维护业主的权利。一方面，在物业管理过程中，应当积极完成自己的职责，如业主大会应当决定专项维修资金的使用、统筹方案，并监督实施；业主委员会代表业主监督物业服务企业履行物业服务合同，保证物业服务企业的服务对业主的私人利益及公共利益不受侵害。另一方面，业主大会和业主委员会也是业主与物业服务企业沟通的桥梁和合作顺利进行的推进者，应当及时将一方的信息和意见传递给另一方，而且应当积极创造双方对话的机会和平台。如业主委员会与物业服务企业在对物业管理上的协调是物业管理区域内的业主享有良好物业管理的关键，它应当及时地了解业主、物业使用人的意见和建议，并向物业服务企业提出协商解决的办法，协助物业服务企业履行物业服务合同。此外，业主委员会也应当从协助物业管理的角度出发，推动业主履行合同义务，遵守管理规约和物业管理的规定，帮助物业服务企业催缴业主应当交纳的各种费用等。

📠 案例分析1

案情介绍：张某在与某建设单位签订房屋买卖协议时，建设单位要求其签订前期物业服务合同。张某认为合同条款中列明的物业管理服务费太高，同时认为自己只买房屋，并没有委托建设单位选定物业服务企业，建设单位无权要求自己签订前期物业服务合同。于是张某向房地产行政主管部门投诉，要求认定物业服务企业的选聘行为无效。

案情分析：《物业管理条例》第二十一条规定，在业主、业主大会选聘物业服务企业之前，建设单位选聘物业服务企业的，应当签订书面的前期物业服务合同。为了防止小区出现无人管理现象，使住宅小区的居民生活、环境卫生等秩序得到有效维护，法律规定建设单位有选聘前期物业服务企业的权利。

买受人虽然在选聘前期物业服务企业时不享有表达自己意志的权利，但买受人可以就合同的条款提出自己的意见，如果协商不成，而且合同条款确有损害业主利益的内容，买受人可以向房地产主管部门和物价主管部门投诉，要求变更合同中的不合理条款。

单元三　物业服务合同的变更、解除与终止

🏠 一、物业服务合同的变更

物业服务合同的变更是指合法有效的物业服务合同尚未履行或者尚未完全履行之前，因为出现了一定的法律事实导致合同主体、合同内容等发生变更。通常主要是物业服务合同的主体变更和物业服务合同的内容变更。

1. 物业服务合同的主体变更

物业服务合同的主体变更是指不改变合同的内容而只改变合同的当事人。合同主体变更的原因可以分为合同权利转让、合同义务转让、合同权利和义务共同转让三种情况。

（1）合同权利转让是指不改变合同内容，权利人通过与第三人订立合同的方式将合同的权利

转让给第三人。权利人转让权利的，应当通知义务人。未经通知，该转让对义务人不发生效力。

（2）合同义务转让是指在不改变合同内容的情况下，合同义务人将义务全部或者部分转让给第三人，但是必须经过合同权利人的同意。

（3）合同权利和义务共同转让是指合同一方当事人将自己的权利和义务全部或者部分转移给第三人，但是必须征得另一方的同意。物业服务合同的权利和义务共同转让，可以表现为物业服务企业把同业主委员会签订的物业服务合同，全部转让给另一个物业服务企业。当然，这样的变更必须经过业主委员会的同意。

2. 物业服务合同的内容变更

物业服务合同的内容变更是指在不改变合同当事人的前提下，对合同内容所作出的变更。具体可以分为：合同履行标的的数量变更、合同履行标的的质量变更、合同履行的期限变更、合同履行的地点变更、合同履行的方式变更等。

物业服务合同内容变更的法定依据是《民法典》。《民法典》规定："当事人协商一致，可以变更合同。"其还规定："当事人对合同变更的内容约定不明确的，推定为未变更。"由此可见，法律确定的是"当事人协商一致"可以变更合同，排斥了协商未果而变更合同的情形，也排斥了合同当事人单方变更合同内容的权利。

另外，依据人民法院的判决或者仲裁机关的裁定也可以变更物业服务合同的内容。根据我国法律规定，当事人一方可以向人民法院提出延期履行或者部分履行合同的变更，经人民法院的判决也可以变更物业服务合同的内容。当事人双方也可以就合同内容的争议向仲裁机关申请仲裁，仲裁机关可以就合同内容的变更作出裁决。

二、物业服务合同的终止

《民法典》第五百五十七条规定：有下列情形之一的，债权债务终止：①债务已经履行；②债务相互抵销；③债务人依法将标的物提存；④债权人免除债务；⑤债权债务同归于一人；⑥法律规定或者当事人约定终止的其他情形。合同解除的，该合同的权利义务关系终止。

1. 物业服务合同终止的原因

物业服务合同终止的原因包括：

（1）约定解除合同的条件已经成熟。

（2）双方协议解除合同。

（3）因物业服务企业被撤销、解散、破产而终止。

（4）合同期限届满。

2. 物业服务企业在合同终止后的义务

《民法典》第五百五十八条规定："债权债务终止后，当事人应当遵循诚信等原则，根据交易习惯履行通知、协助、保密、旧物回收等义务。"依据《民法典》的规定，物业服务合同终止后，物业服务企业最重要的义务是要履行"协助"义务。协助义务主要表现为两个方面：

（1）移交物业相关资料。物业服务企业在合同终止后，应当履行物业相关资料移交的义务，以保证后续的物业管理能够正常地进行。物业相关资料是指物业的技术资料，包括物业图纸、技术数据、文字说明等。具体包括竣工总平面图，单体建筑、结构、设备竣工图，配套设施、地下管网工程竣工图等竣工验收资料；设施设备的安装、使用和维护保养等技术资料；物业质量保修文件和物业使用说明；物业管理所需要的其他资料。

（2）物业服务企业间的工作交接。物业服务合同终止后，如业主大会或业主委员会选聘了新的物业服务企业，则被终止合同的原物业服务企业应当向新选聘的物业服务企业做好交接工作，以保证物业管理的连续性。

三、物业服务合同违约责任

物业服务合同履行过程中经常会发生合同一方没有履行合同义务的情况，这就需要约定违约责任。当事人在物业服务合同中应当根据物业服务的具体情况，有针对性地作出相应的约定，以利于将来纠纷的解决。

(一)物业服务合同违约行为的特点

(1)违约主体的特定性。物业服务合同违约行为的主体具有特应性，是物业服务合同中的业主、业主委员会和物业服务企业，第三人的行为不构成违约行为。

(2)违约行为具有前提性。违约行为是以有效的物业服务合同存在为前提的，也就是说，在违约行为发生时，业主、业主委员会和物业服务企业已经受到有效物业服务合同的约束。

(3)违约行为的违约性。违约行为在性质上是违反了合同义务。合同义务是由业主、业主委员会和物业服务企业通过协商而确定的。在特殊情况下，业主、业主委员会和物业服务企业还负有注意、忠实、协作、保密等附随义务。

(4)违约后果的侵害性。违约行为在后果上都导致对物业服务合同中某一方权利的侵害。权利的实施有赖于义务人切实履行其合同义务，因此，义务人违反物业服务合同必然会使权利人依据合同所享有的权利不能实现。

(二)物业服务合同违约责任的承担方式

当事人一方不履行合同义务或者履行合同义务不符合约定的，应当承担继续履行、采取补救措施、赔偿损失和支付违约金等违约责任。

1. 继续履行

继续履行是指违约方不履行物业服务合同义务时，另一方当事人有权要求违约方按照合同约定履行义务，违约方应该继续履行。如业主委员会在未到期的情况下非法解除物业服务合同，物业服务企业有权要求对方继续履行合同。

2. 采取补救措施

采取补救措施适用于违约方履行义务存在瑕疵时的违约责任承担方式。如业主要求物业服务企业对其有瑕疵的服务采取修理、更换、重做、退货、减价等补救措施。

3. 赔偿损失

物业服务合同一方当事人不履行合同义务或履行合同义务不符合约定，在继续履行或采取补救措施后，仍造成对方损失的，违约方应赔偿损失。

4. 支付违约金

违约金是债权人或债务人完全不履行或不适当履行债务时，必须按约定给付对方的一定数额的金钱。违约金的标准依法定或双方在合同中书面约定。《民法典》第五百八十五条规定，当事人可以约定一方违约时应当根据违约情况向对方支付一定数额的违约金，也可以约定因违约产生的损失赔偿额的计算方法。

由于违约金的约定先于合同违约行为的发生，因此，违约金金额可能大于或者小于违约造成的损失。根据意思自治原则，《民法典》第五百八十五条规定，由当事人自主决定是否需要调整：约定的违约金低于造成的损失的，人民法院或者仲裁机构可以根据当事人的请求予以增加；约定的违约金过分高于造成的损失的，人民法院或者仲裁机构可以根据当事人的请求予以适当减少。由于违约金的设定和操作比较便捷，因此，支付违约金便成为比较常用的承担违约责任的方式。

模块小结

　　物业服务合同是指物业服务企业与业主委员会在平等、自愿基础上依法签订的以物业服务企业提供物业管理服务、业主支付物业服务费用为内容的，规范业主与物业服务企业权利义务的协议。物业服务合同的主体即是物业服务合同的当事人或参加者，包括房地产开发商或建设单位、业主、业主委员会及物业服务企业。一般而言，根据不同物业管理阶段和签约主体，现实存在两种物业服务合同：一种是在前期物业管理阶段，由建设单位选聘物业服务企业所签订的物业服务合同；另一种是业主或业主大会选聘物业服务企业所签订的物业服务合同。物业服务合同的订立就是指房地产开发企业、业主或业主委员会与物业服务企业之间就物业服务合同的主要条款达成意思一致的过程。物业服务合同的效力，又称为物业服务合同的法律效力，是指法律赋予依法成立的物业服务合同具有约束当事人双方的强制力。合同的履行是指当事人全面地履行合同所规定的义务。物业服务合同的变更是指合法有效的物业服务合同尚未履行或者尚未完全履行之前，因为出现了一定的法律事实导致合同主体、合同内容等发生变更。物业服务合同履行过程中经常会发生合同一方没有履行合同义务的情况，这就需要约定违约责任。

思考与练习

一、填空题

　　1.在物业服务合同中，当事人一方为业主及业主委员会，即_____；另一方为物业服务企业，即_____。

　　2.在业主、业主大会选聘物业服务企业之前，建设单位选聘物业服务企业的，应当签订书面的_____。

　　3.物业服务合同条款达成一致的过程要经过_____和_____两个阶段。

　　4.物业服务合同的变更是指合法有效的物业服务合同尚未履行或者尚未完全履行之前，因为出现了一定的法律事实导致_____、_____等发生变更。

　　5.当事人一方不履行合同义务或者履行合同义务不符合约定的，应当承担_____、_____、_____和_____等违约责任。

二、简答题

　　1.简述物业服务合同的特点。

　　2.物业服务合同的主要内容有哪些?

　　3.简述承诺的有效要件。

　　4.简述物业服务合同的生效要件。

　　5.什么是效力待定合同?

　　6.简述物业服务企业在合同终止后的义务。

模块七

物业服务收费法律制度

学习目标

通过本模块的学习，了解物业服务收费的概念、原则、定价，住宅专项维修资金的定义；掌握物业服务收费标准与收取对象，物业服务收费监督与欠费处理，住宅专项维修资金的缴存对象、交存、使用、监督管理、法律责任。

能力目标

能够按照法律制度完成物业收费工作，能够依法解决物业服务欠费问题。

引入案例

赵某购买某小区毛坯房一套，开发商向赵某交房后，赵某因工作原因一直未装修和入住，小区物业服务企业催促赵某交纳物业服务费后，赵某以其一直没有装修入住小区，并未完全享受物业服务，要求物业服务费按五折计算，双方遂起纠纷至人民法院。人民法院对双方进行调解，双方未达成一致意见。

法院最终判决：赵某全额向小区物业服务企业交纳物业服务费及支付相应违约金。

《民法典》第二百七十三条规定：业主对建筑物专有部分以外的共有部分，享有权利，承担义务；不得以放弃权利为由不履行义务。赵某要求按五折支付物业服务费没有法律依据，不予支持。

单元一　物业服务收费法律规定

一、物业服务收费的概念及重要性

1. 物业服务收费的概念

物业服务收费是指物业服务企业接受业主、使用人委托对物业管理区域内有关房屋建筑及其设备、公共设施、绿化、卫生、交通、治安和环境容貌等项目开展日常维护、修缮、整治服务及提供其他相关的服务依法收取相关费用。

2. 物业服务收费的重要性

物业服务收费，既是物业服务企业的重要权利之一，也是业主的主要义务之一，是容易引发纠纷的热点问题，因此，做好物业服务收费无论对业主还是物业服务企业都是十分重要的。

（1）物业服务收费是购房的重要考虑因素之一。居民决定购房，一般从自身收入水平、现有存款额、可获得的贷款额及向亲友的贷款额等资金来源正确估算自己的实际购买能力，以便最终确定所要购买的房屋类型、面积和价位。在诸多考虑因素中，物业服务收费是制定购房预算时应考虑的内容。由于物业服务收费攸关百姓生活，我国城镇居民的工资中拟增加新的补贴，即研究中的物业管理补贴，在工资改革中，将物业管理费作为一种新型补贴列入职工工资，随工资发放到职工个人手中。

（2）物业服务收费是维持和保证房屋商品实现其使用功能的必要费用。房屋建筑物商品和其他商品相比，其突出的特点是使用周期长，一般是 50～100 年。在使用过程中，由于自然原因和人为因素的损坏，要保证其使用功能的正常发挥以及房屋使用质量不降低，那就必须对其不断地投入运行、维护和管理的费用。

（3）物业服务收费是物业服务企业收入的主要来源。物业服务收费作为物业服务企业因提供管理服务向业主收取的报酬，是物业服务企业开展正常业务、提供物业服务的保障。

二、物业服务收费的原则

《物业管理条例》第四十条规定："物业服务收费应当遵循合理、公开以及费用与服务水平相适应的原则，区别不同物业的性质和特点，由业主和物业服务企业按照国务院价格主管部门会同国务院建设行政部门制定的物业服务收费办法，在物业服务合同中约定。"

1. 合理原则

物业服务收费应当制定合理的标准，实行合理收费，优质优价，以物业服务企业服务质量的高低，确定不同的收费标准。物业服务企业要根据物业服务费用的构成，认真核定物业服务成本，再加上物业服务企业的合同利润，综合确定收费标准。政府物业管理部门和物价管理部门，既要扶持并支持物业服务企业的正当收费，又要坚决制止乱收费、重复收费、变相收费的不合理行为。

2. 公开原则

物业服务企业与业主之间的关系是一种平等的民事法律关系，确定物业服务收费时，业主委员会要公开征询业主的意见。物业服务企业要公开收费项目，将收费的详细情况向业主进行说明和解释；业主有权对收费情况进行询问、了解、检查和监督。

3. 相适应原则

由于全国各地或者同一地区的不同家庭收入水平差距较大，使得业主对物业服务企业提供的服务要求不同，对收费的承受能力也不尽相同。高收入者，往往希望得到较好的服务，并不在意费用支出多少；低收入者，则不敢奢求过多的服务，也承受不起较高的服务费用。因此，应当根据业主的经济承受能力，确定不同的服务方式和收费标准，坚持服务费用和服务水平相适应的原则。

三、物业服务收费定价

《物业服务收费管理办法》第六条规定："物业服务收费应当区别不同物业的性质和特点分别

实行政府指导价和市场调节价。具体定价形式由省、自治区、直辖市人民政府价格主管部门会同房地产行政主管部门确定。"

《物业服务收费管理办法》第七条规定:"物业服务收费实行政府指导价的,有定价权限的人民政府价格主管部门应当会同房地产行政主管部门根据物业管理服务等级标准等因素,制定相应的基准价及其浮动幅度,并定期公布。具体收费标准由业主与物业管理企业根据规定的基准价和浮动幅度在物业服务合同中约定。实行市场调节价的物业服务收费,由业主与物业管理企业在物业服务合同中约定。"

《物业服务收费管理办法》第九条规定:"业主与物业管理企业可以采取包干制或者酬金制等形式约定物业服务费用。"

(一)物业服务价格的确定方法

物业服务价格分为政府指导价和市场调节价两种。

1. 政府指导价

本来专业化的物业服务是一种市场行为,是物业服务企业受业主聘请提供的一种服务性商品,按照市场经济的要求,商品的价格应主要受供求关系的影响,由供求双方协商确定。但是《中华人民共和国价格法》(以下简称《价格法》)第十八条规定:下列商品和服务价格,政府在必要时可以实行政府指导价或者政府定价:

(1)与国民经济发展和人民生活关系重大的极少数商品价格。

(2)资源稀缺的少数商品价格。

(3)自然垄断经营的商品价格。

(4)重要的公用事业价格。

(5)重要的公益性服务价格。

物业服务具有一定的公益性,特别是在我国物业服务市场发展还不完善的情况下,政府应当对其进行适当的价格指导,即有定价权限的人民政府价格主管部门应当会同房地产行政主管部门根据物业服务等级标准等因素,制定相应的基准价格及其浮动幅度,并定期公布。具体收费标准由业主与物业服务企业根据规定的基准价和浮动幅度在物业服务合同中约定。

总的来说,政府指导价这种定价方法主要适用于普通住宅物业服务收费。所谓的普通住宅,是相对于高档住宅而言的。而对高档住宅,各地的判断标准不一。高档住宅一般是指别墅、度假村以及其他单位售价超过当地上年度平均商品房价格 2 倍以上的住宅;高档住宅以外的其他住宅,均属于普通住宅的范畴。

物价部门和房地产主管部门在确定指导价格时,应当充分听取物业服务企业、业主委员会以及业主、使用人的意见,既要有利于物业服务的价值补偿,也要考虑业主的经济承受能力,以物业服务发生的费用为基础,结合物业服务内容、服务质量、服务深度确定。物价部门对确定的指导价格,应当根据物价等因素的变化适时进行调整,并及时公布。

2. 市场调节价

随着人们生活水平的提高以及物业服务市场的完善,物业服务的价格由供求双方,即业主和物业服务企业进行协商确定将成为主要定价方法。

(二)物业服务费用的收取方式

物业服务费用的收取方式分为包干制和酬金制两种。

1. 包干制

包干制是指由业主向物业服务企业支付固定物业服务费用,盈余或者亏损均由物业服务企业享有或者承担的物业服务计费方式。目前我国物业服务收费普遍采取此种收费方式。

2. 酬金制

酬金制是指在预收的物业服务资金中按约定比例或者约定数额提取酬金支付给物业服务企业，其余全部用于物业服务合同约定的支出，结余或者不足均由业主享有或者承担的物业服务计费方式。在这种方式下，物业服务企业只拿应该获得的酬金，其他物业服务支出费用的所有权属于业主，而不属于物业服务企业，这有利于保障物业管理费能够全部用于物业管理，让业主明明白白地消费。

四、物业服务收费标准和收取对象

1. 物业服务收费标准

（1）物业的办公费、保安费、保洁费，住宅房屋由物业服务企业按建筑面积以每月每平方米或每套为单位向业主或物业使用人收取；非住宅房屋由物业服务企业按建筑面积以每月每平方米为单位向业主或物业使用人收取。对服务费标准的调整，双方可以规定一个幅度。

（2）空置房屋的收费，由物业服务企业按建筑面积以每月每平方米为单位收取。

（3）业主和物业使用人拒不交纳物业服务费用的，合同双方可以约定选择按以下方式处理：其一，从逾期之日起按每天交纳合同约定数额滞纳金；其二，从逾期之日起按每天应交服务费的万分之几交纳滞纳金；其三，其他方式。

（4）车位和使用服务费由物业服务企业区分露天车位和车库，按合同约定标准向车位使用人收取。

（5）物业服务企业对业主和物业使用人的房屋自用部位、自用设备、毗连部位的维修、养护及其他特约服务，由当事人按当时发生的费用计付，收费标准可以与业主委员会在合同中约定，也可以由物业服务企业制定标准经业主委员会同意后实施。

（6）双方还可以约定其他物业服务企业向业主和物业使用人提供的服务项目和收费标准：其一，高层楼房电梯运行费按实结算，由物业服务企业向业主或物业使用人收取；其二，房屋的共用部位，共用设施设备和附属建筑物、构筑物，共用绿地的小修、养护费用，大中修费用，更新费用。

2. 物业服务收费的对象

《物业管理条例》第四十一条规定："业主应当根据物业服务合同的约定交纳物业服务费用。业主与物业使用人约定由物业使用人交纳物业服务费用的，从其约定，业主负连带交纳责任。已竣工但尚未出售或者尚未交给物业买受人的物业，物业服务费用由建设单位交纳。"

业主作为物业服务合同的当事人，享受了物业服务企业提供的管理服务，就应当根据物业服务合同向物业服务企业交纳物业服务费用。有时业主与物业使用人并不一致，此时向谁收费往往会形成纠纷。一般应以向业主收取为原则，在业主与物业使用人约定由物业使用人交纳时，从其约定，但业主应负连带责任。

《物业管理条例》第四十四条规定："物业管理区域内，供水、供电、供气、供热、通信、有线电视等单位应当向最终用户收取有关费用。物业服务企业接受委托代收前款费用的，不得向业主收取手续费等额外费用。"物业管理区域内，供水、供电、供气、供热、通信、有线电视等服务，一般都是由业主与服务单位单独签订合同的，物业服务企业不是合同的当事人，而是由这些服务单位向最终用户收取费用。只有在它接受这些单位的委托后才可以收取服务费用，但这时它不是向业主提供服务，而是接受服务单位的委托，应由服务单位支付费用，不应当向业主收取手续费。

五、物业服务收费监督与欠费处理

(一)物业服务收费监督

1. 相关法律规定

(1)《物业管理条例》第四十二条规定："县级以上人民政府价格主管部门会同同级房地产行政主管部门，应当加强对物业服务收费的监督。"

(2)《物业服务收费管理办法》第四条规定："国务院价格主管部门会同国务院建设行政主管部门负责全国物业服务收费的监督管理工作。县级以上人民政府价格主管部门会同同级房地产行政主管部门负责本行政区域内物业服务收费的监督管理工作。"

第八条规定："物业管理企业应当按照政府价格主管部门的规定实行明码标价，在物业管理区域内的显著位置，将服务内容、服务标准以及收费项目、收费标准等有关情况进行公示。"

第十二条规定："实行物业服务费用酬金制的，预收的物业服务支出属于代管性质，为所交纳的业主所有，物业管理企业不得将其用于物业服务合同约定以外的支出。物业管理企业应当向业主大会或者全体业主公布物业服务资金年度预决算并每年不少于一次公布物业服务资金的收支情况。业主或者业主大会对公布的物业服务资金年度预决算和物业服务资金的收支情况提出质询时，物业管理企业应当及时答复。"

第十九条规定："物业管理企业已接受委托实施物业服务并相应收取服务费用的，其他部门和单位不得重复收取性质和内容相同的费用。"

第二十一条规定："政府价格主管部门会同房地产行政主管部门，应当加强对物业管理企业的服务内容、标准和收费项目、标准的监督。物业管理企业违反价格法律、法规和规定，由政府价格主管部门依据《价格法》和《价格违法行为行政处罚规定》予以处罚。"

物业服务收费问题与人民群众的切身利益相关，是物业管理中的核心问题，也是业主投诉的热点问题。越权定价，擅自提高收费标准，擅自设立收费项目乱收费，不按规定实行明码标价，提供服务质价不符，只收费不服务或多收费少服务等是业主反映最多的物业服务企业的价格违法行为。为了促进物业服务的健康发展，必须加强对物业服务收费的监督和管理。对物业服务收费的监督按照监督主体的不同分为业主监督和政府监督。

2. 业主监督

业主对物业服务企业收费的监督主要是通过其业主大会及业主委员会实现的。作为业主大会及业主委员会，可以从以下方面对物业服务收费进行监督：

(1)监督物业服务企业是否按照政府价格主管部门的规定实行明码标价，是否在物业管理区域内的显著位置，将服务内容、服务标准以及收费项目、收费标准等有关情况进行公示。

(2)若实行酬金制，应当在物业服务合同中约定业主大会或者业主委员会有定期检查物业服务企业物业服务费用收支表的权利，以监督物业服务企业的各项费用支出是否合理。还可以与物业服务企业约定"例外大额费用支出报告制度"，即发生约定以外的大额费用，支出前须报业主大会或者业主委员会同意。

(3)监督物业服务企业向业主大会或者全体业主公布物业服务资金年度预决算，对存在疑问的地方向物业服务企业提出质询。还可以在物业服务合同中约定，业主大会或者业主委员会对物业服务资金年度预决算有委托会计师事务所进行审计的权利。

3. 政府监督

物业服务收费属于物业服务活动的一部分，对物业服务当事人的利益有着重大影响，因此，

《物业管理条例》规定县级以上人民政府价格主管部门会同同级房地产行政主管部门进行物业服务收费的监督检查。政府对物业服务收费的监督手段如下：

（1）审批制度。在物业交付使用但尚未召开业主大会，成立业主委员会之前，物业服务收费一般由物业服务企业在政府指导价范围内指出，报县级以上物价部门审批。按照《价格违法行为行政处罚规定》规定，应执行政府指导价，但超出政府指导价浮动幅度制定价格的，责令改正，没收违法所得，可以并处违法所得5倍以下的罚款；没有违法所得的，可以处5万元以上50万元以下的罚款，情节较重的处50万元以上200万元以下的罚款；情节严重的，责令停业整顿。

（2）备案制度。在召开业主大会、成立业主委员会之后，物业服务收费标准由业主委员会与物业服务企业在物业服务合同中按照政府指导价的范围约定或由双方协商确定，并报物价部门备案。

（3）明码标价制度。国家发改委、建设部根据《价格法》《物业管理条例》和《关于商品和服务实行明码标价的规定》，制定了《物业服务收费明码标价规定》，要求物业服务企业向业主提供服务（包括按照物业服务合同约定提供物业服务以及根据业主委托提供物业服务合同约定以外的服务），应当按照该规定实行明码标价，标明服务项目、收费标准等有关情况。政府价格主管部门对物业服务企业执行明码标价规定的情况实施监督检查。按照《价格违法行为行政处罚规定》的规定，经营者违反明码标价规定，不标明价格的、不按照规定的内容和方式明码标价的、在标价之外加价出售商品或者收取未标明的费用的、违反明码标价规定的其他行为，责令改正，没收违法所得，可以并处5 000元以下的罚款。

（4）检查价格违法行为。《价格法》第三十四条规定：政府价格主管部门进行价格监督检查时，可以行使下列职权：

1）询问当事人或者有关人员，并要求其提供证明材料和与价格违法行为有关的其他资料；

2）查询、复制与价格违法行为有关的账簿、单据、凭证、文件及其他资料，核对与价格违法行为有关的银行资料；

3）检查与价格违法行为有关的财物，必要时可以责令当事人暂停相关营业；

4）在证据可能灭失或者以后难以取得的情况下，可以依法先行登记保存，当事人或者有关人员不得转移、隐匿或者销毁。

（5）处罚制度。物业服务企业违反价格法律、法规和规定，由政府价格部门依据《价格法》和《价格违法行为行政处罚规定》予以处罚。

（二）物业服务欠费处理

《物业管理条例》第六十四条规定："违反物业服务合同约定，业主逾期不交纳物业服务费用的，业主委员会应当督促其限期交纳；逾期仍不交纳的，物业服务企业可以向人民法院起诉。"

对于业主逾期不交纳物业服务费的处理方法有两种：

（1）业主委员会应当督促其在规定的期限内交纳。由于物业服务合同是由全体业主与物业服务企业签订的，个别业主逾期不交纳物业服务费用已构成违约行为。对此，全体业主都是有责任的，因而，作为全体业主执行机构的业主委员会，就应当担负起督促其限期交纳的责任。

（2）物业服务企业可以向人民法院起诉。对于逾期仍不交纳的业主，物业服务企业可以依据有关法律、法规和物业服务合同，依法向人民法院起诉，要求逾期不交纳物业服务费用的业主给付物业服务费用，并支付相应的违约金，这是物业服务企业最基本的权利。

案例分析1

案情介绍：某物业服务企业在与某住宅小区业主委员会签订物业服务委托合同之后，向该小区住户发布收取物业服务费的通知，收取标准为每户每月×元，严格按物价局核定收取，但该小区住户张某一直拖欠不交，物业服务企业向张某发布三次催缴通知，但张某认为，自己并未与物业服务企业签订合同，而且也并未接受物业服务企业的服务，自然不会交物业服务费。由此，物业服务企业将张某诉至法庭。

请分析：张某是否应交纳物业服务费？

案情分析：本案例中，业主委员会是全体业主选举产生的，物业服务企业是与业主委员会签订的物业服务委托合同，由此合同是有效的，张某作为小区业主有义务遵守合同，如果对物业服务企业收费标准有疑惑，提供的服务不满意，张某可向有关部门投诉或通过业主委员会协商解决。为此，张某应交纳物业服务费。

单元二　住宅专项维修资金制度

为了加强对住宅专项维修资金的管理，保障住宅共用部位、共用设施设备的维修和正常使用，维护住宅专项维修资金所有者的合法权益，根据《民法典》《物业管理条例》等法律、行政法规，原建设部、财政部制定了《住宅专项维修资金管理办法》，并于2008年2月1日起施行。

一、住宅专项维修资金的定义

住宅专项维修资金，是指专项用于住宅共用部位、共用设施设备保修期满后的维修和更新、改造的资金。

住宅共用部位，是指根据法律、法规和房屋买卖合同，由单幢住宅内业主或者单幢住宅内业主及与之结构相连的非住宅业主共有的部位，一般包括住宅的基础、承重墙体、柱、梁、楼板、屋顶以及户外的墙面、门厅、楼梯间、走廊通道等。

共用设施设备，是指根据法律、法规和房屋买卖合同，由住宅业主或者住宅业主及有关非住宅业主共有的附属设施设备，一般包括电梯、天线、照明、消防设施、绿地、道路、路灯、沟渠、池、井、非经营性车场车库、公益性文体设施和共用设施设备使用的房屋等。

二、住宅专项维修资金的缴存对象

住宅专项维修资金的缴存对象分为两类：一类是住宅的业主，但一个业主所有且与其他物业不具有共用部位、共用设施设备的除外；另一类是住宅小区内的非住宅或者住宅小区外与单幢住宅结构相连的非住宅的业主。前款所列物业属于出售公有住房的，售房单位应当按照规定交存住宅专项维修资金。

三、住宅专项维修资金的交存

1. 商品住宅维修资金

(1)商品住宅(含经济适用住房、集资合作建设的住房以及单位利用自用土地建设的职工住房)的专项维修资金由业主交存，属于业主所有。

(2)业主应当在办理住宅权属登记手续前，将首次住宅专项维修资金交至代收代管单位。

(3)业主首次交存住宅专项维修资金的标准为当地住宅建筑安装工程造价的5%~8%，具体标准由省、自治区、直辖市人民政府建设(房地产)主管部门制定。住宅建筑安装工程造价由直辖市、市、县人民政府建设主管部门每年发布一次。

(4)业主首次交存的住宅专项维修资金，由直辖市、市、县人民政府建设(房地产)主管部门或其委托的单位代收代管。

(5)成立业主大会的，业主大会可以依法变更业主交存住宅专项维修资金的代收代管单位；业主大会决定变更代收代管单位的，原代收代管单位应当在业主大会作出决定之日起30日内，将住宅专项维修资金账面余额全部返还业主大会，并将有关账目等一并移交。

(6)业主交存的住宅专项维修资金，应当存储于当地的一家商业银行，按小区设总账，按幢设明细账，核算到户。

(7)业主分户账面住宅专项维修资金余额不足首次交存额30%的，业主应当及时续交。

(8)房屋所有权转让时，业主应当向受让人说明住宅专项维修资金交存和结余的情况，该房屋分户账中结余的住宅专项维修资金随房屋所有权同时过户。

2. 出售公有住宅维修资金

(1)出售公有住宅的维修资金，由业主和售房单位共同交存。其中，业主交存的部分属于业主所有，公有住房售房单位从售房款中提取的住宅专项维修资金属于售房单位所有。

(2)业主首次交存住宅专项维修资金的标准为当地房改成本价的2%；售房单位交付的住宅专项维修资金，按照多层住宅不低于售房款的20%，高层住宅不低于售房款的30%，从售房款中一次性提取。

(3)公有住房售房单位应当在收到售房款之日起30日内，将应提取的住宅专项维修资金交予代收代管单位。

(4)公有住房售房单位交存的住宅专项维修资金，按照售房单位的财务隶属关系，由同级财政部门或其委托的单位代收代管。

(5)公有住房售房单位交存的住宅专项维修资金，应当存储于当地的一家商业银行，按售房单位设账，按幢设分账。其中，业主交存的住宅专项维修资金，按房屋户门号设分户账。

四、住宅专项维修资金的使用

住宅专项维修资金应当专项用于住宅共用部位、共用设施设备保修期满后的维修和更新、改造，不得挪作他用。住宅专项维修资金的使用，应当遵循方便快捷、公开透明、受益人和负担人相一致的原则。

1. 住宅专项维修资金的分摊规则

(1)住宅共用部位、共用设施设备的维修和更新、改造费用，按照下列规定分摊：

1)商品住宅之间或者商品住宅与非住宅之间共用部位、共用设施设备的维修和更新、改造费用，由相关业主按照各自拥有物业建筑面积的比例分摊。

2)售后公有住房之间共用部位、共用设施设备的维修和更新、改造费用，由相关业主和公有住房售房单位按照所交存住宅专项维修资金的比例分摊。其中，应由业主承担的，再由相关业主按照各自拥有物业建筑面积的比例分摊。

3)售后公有住房与商品住宅或者非住宅之间共用部位、共用设施设备的维修和更新、改造费用，先按照建筑面积比例分摊到各相关物业。其中，售后公有住房应分摊的费用，再由相关业主和公有住房售房单位按照所交存住宅专项维修资金的比例分摊。

(2)住宅共用部位、共用设施设备维修和更新、改造，涉及尚未售出的商品住宅、非住宅或者公有住房的，开发建设单位或者公有住房单位应当按照尚未售出商品住宅或者公有住房的建筑面积，分摊维修和更新、改造费用。

2. 住宅专项维修资金的使用程序

(1)住宅专项维修资金划转业主大会管理前，需要使用住宅专项维修资金的，按照以下程序办理：

1)物业服务企业根据维修和更新、改造项目提出使用建议。没有物业服务企业的，由相关业主提出使用建议。

2)住宅专项维修资金列支范围内专有部分占建筑物总面积 2/3 以上的业主且占总人数 2/3 以上的业主讨论通过使用建议。

3)物业服务企业或者相关业主组织实施使用方案。

4)物业服务企业或者相关业主持有关材料，向所在地直辖市、市、县人民政府建设(房地产)主管部门申请列支；其中，动用公有住房住宅专项维修资金的，向负责管理公有住房住宅专项维修资金的部门申请列支。

5)直辖市、市、县人民政府建设(房地产)主管部门或者负责管理公有住房住宅专项维修资金的部门审核同意后，向专户管理银行发出划转住宅专项维修资金的通知。

6)专户管理银行将所需住宅专项维修资金划转至维修单位。

(2)住宅专项维修资金划转业主大会管理后，需要使用住宅专项维修资金的，按照以下程序办理：

1)物业服务企业提出使用方案，使用方案应当包括拟维修和更新、改造的项目、费用预算、列支范围、发生危及房屋安全等紧急情况以及其他需临时使用住宅专项维修资金的情况的处置办法等。

2)业主大会依法通过使用方案。

3)物业服务企业组织实施使用方案。

4)物业服务企业持有关材料向业主委员会提出列支住宅专项维修资金；物业服务企业或者相关业主持有关材料，向所在地直辖市、市、县人民政府建设(房地产)主管部门申请列支；其中，动用公有住房住宅专项维修资金的，向负责管理公有住房住宅专项维修资金的部门申请列支。

5)业主委员会依据使用方案审核同意，并报直辖市、市、县人民政府建设(房地产)主管部门备案；动用公有住房住宅专项维修资金的，经负责管理公有住房住宅专项维修资金的部门审核同意；直辖市、市、县人民政府建设(房地产)主管部门或者负责管理公有住房住宅专项维修资金的部门发现不符合有关法律、法规、规章和使用方案的，应当责令改正。

6)业主委员会、负责管理公有住房住宅专项维修资金的部门向专户管理银行发出划转住宅专项维修资金的通知。

7)专户管理银行将所需的住宅专项维修资金划转至维修单位。

(3)发生危及房屋安全等紧急情况，需要立即对住宅共用部位、共用设施设备进行维修和更新、改造的，按照以下规定列支住宅专项维修资金：

1)住宅专项维修资金划转业主大会管理前。

①物业服务企业或者相关业主持有关材料，向所在地直辖市、市、县人民政府建设(房地

产)主管部门申请列支。其中，动用公有住房住宅专项维修资金的，向负责管理公有住房住宅专项维修资金的部门申请列支。

②直辖市、市、县人民政府建设(房地产)主管部门或者负责管理公有住房住宅专项维修资金的部门审核同意后，向专户管理银行发出划转住宅专项维修资金的通知。

③专户管理银行将所需的住宅专项维修资金划转至维修单位。

2)住宅专项维修资金划转业主大会管理后。

①物业服务企业持有关材料向业主委员会提出列支住宅专项维修资金；物业服务企业或者相关业主持有关材料，向所在地直辖市、市、县人民政府建设(房地产)主管部门申请列支。其中，动用公有住房住宅专项维修资金的，向负责管理公有住房住宅专项维修资金的部门申请列支。

②业主委员会依据使用方案审核同意，并报直辖市、市、县人民政府建设(房地产)主管部门备案；动用公有住房住宅专项维修资金的，经负责管理公有住房住宅专项维修资金的部门审核同意；直辖市、市、县人民政府建设(房地产)主管部门或者负责管理公有住房住宅专项维修资金的部门发现不符合有关法律、法规、规章和使用方案的，应当责令改正。

③业主委员会、负责管理公有住房住宅专项维修资金的部门向专户管理银行发出划转住宅专项维修资金的通知。

④专户管理银行将所需住宅专项维修资金划转至维修单位。

3)发生上述情况后，未按规定实施维修和更新、改造的，直辖市、市、县人民政府建设(房地产)主管部门可以组织代修，维修费用从相关业主住宅专项维修资金分户账中列支。其中，涉及已售公有住房的，还应当从公有住房住宅专项维修资金中列支。

(4)住宅专项维修资金的禁止使用。下列费用不得从住宅专项维修资金中列支。

1)依法应当由建设单位或者施工单位承担的住宅共用部位、共用设施设备维修、更新和改造费用。

2)依法应当由相关单位承担的供水、供电、供气、供热、通信、有线电视等管线和设施设备的维修、养护费用。

3)应当由当事人承担的因人为损坏住宅共用部位、共用设施设备所需的修复费用。

4)根据物业服务合同约定，应当由物业服务企业承担的住宅共用部位、共用设施设备的维修和养护费用。

(5)住宅专项维修资金使用的其他规定。

1)利用住宅专项维修资金购买国债的相关规定。

①在保证住宅专项维修资金正常使用的前提下，可以按照国家有关规定将住宅专项维修资金用于购买国债。

②利用住宅专项维修资金购买国债，应当在银行间债券市场或者商业银行柜台市场购买一级市场新发行的国债，并持有到期。

③利用业主交存的住宅专项维修资金购买国债的，应当经业主大会同意；未成立业主大会的，应当经专有部分占建筑物总面积2/3以上的业主且占总人数2/3以上的业主同意。

④利用从公有住房售房款中提取的住宅专项维修资金购买国债的，应当根据售房单位的财政隶属关系，报经同级财政部门同意。

⑤禁止利用住宅专项维修资金从事国债回购、委托理财业务或者将购买的国债用于质押、抵押等担保行为。

2)住宅专项维修资金滚存使用的相关规定。下列资金应当转入住宅专项维修资金滚存使用：

①住宅专项维修资金的存储利息。

②利用住宅专项维修资金购买国债的增值收益。

③利用住宅共用部位、共用设施设备进行经营的，业主所得收益，但业主大会另有决定的除外。

④住宅共用设施设备报废后回收的残值。

五、相关主体对住宅专项维修资金的监督管理

房屋所有权转让时，业主应当向受让人说明住宅专项维修资金交存和结余情况并出具有效证明，该房屋分户账中结余的住宅专项维修资金随房屋所有权同时过户。受让人应当持住宅专项维修资金过户的协议、房屋权属证书、身份证等到专户管理银行办理分户账更名手续。

房屋灭失的，房屋分户账中结余的住宅专项维修资金返还业主；售房单位交存的住宅专项维修资金账面余额返还售房单位；售房单位不存在的，按照售房单位财务隶属关系，收缴同级国库。

直辖市、市、县人民政府建设（房地产）主管部门，负责管理公有住房住宅专项维修资金的部门及业主委员会，应当每年至少一次与专户管理银行核对住宅专项维修资金账目，并向业主、公有住房售房单位公布下列情况：住宅专项维修资金交存、使用、增值收益和结存的总额；发生列支的项目、费用和分摊情况；业主、公有住房售房单位分户账中住宅专项维修资金交存、使用、增值收益和结存的金额；其他有关住宅专项维修资金使用和管理的情况。业主、公有住房售房单位对公布的情况有异议的，可以要求复核。

专户管理银行应当每年至少一次向直辖市、市、县人民政府建设（房地产）主管部门，负责管理公有住房住宅专项维修资金的部门及业主委员会发送住宅专项维修资金对账单。直辖市、市、县建设（房地产）主管部门，负责管理公有住房住宅专项维修资金的部门及业主委员会对资金账户变化情况有异议的，可以要求专户管理银行进行复核。专户管理银行应当建立住宅专项维修资金查询制度，接受业主、公有住房售房单位对其分户账中住宅专项维修资金使用、增值收益和账面余额的查询。住宅专项维修资金的管理和使用，应当依法接受审计部门的审计监督。

住宅专项维修资金的财务管理和会计核算应当执行财政部有关规定。财政部门应当加强对住宅专项维修资金收支财务管理和会计核算制度执行情况的监督。住宅专项维修资金专用票据的购领、使用、保存、核销管理，应当按照财政部以及省、自治区、直辖市人民政府财政部门的有关规定执行，并接受财政部门的监督检查。

六、住宅专项维修资金相关主体的法律责任

公有住房售房单位未按规定交存住宅维修资金的，或将房屋交付未按规定交存首期住宅专项维修资金的买受人的，以及未按规定分摊维修、更新和改造费用的，由县级以上地方人民政府财政部门会同同级建设（房地产）主管部门责令限期改正。

开发建设单位在业主按照规定交存首期住宅专项维修资金前，将房屋交付买受人的，由县级以上地方人民政府建设（房地产）主管部门责令限期改正；逾期不改正的，处以3万元以下的罚款；开发建设单位未按规定分摊维修、更新和改造费用的，由县级以上地方人民政府建设（房地产）主管部门责令限期改正；逾期不改正的，处以1万元以下的罚款。

挪用住宅专项维修资金的，由县级以上地方人民政府建设（房地产）主管部门追回挪用的住宅专项维修资金，没收违法所得，可以并处挪用金额2倍以下的罚款；构成犯罪的，依法追究直接负责的主管人员和其他直接责任人员的刑事责任。

案例分析2

案情介绍：某小区高层的干挂石材外墙脱落，砸坏楼下一户业主的空调外机和热水器。物业服务企业联系开发商维修，开发商以过了保修期为由，不负责维修，如需开发商上门维修需要业主承担维修费用。物业服务企业经过估价，维修大概需要花费 8 000 元。此维修费用到底应该由谁来承担？

案情分析：根据《物业管理条例》和《住宅专项维修资金管理办法》的相关规定，外墙工程在保修期内，由开发商负责维修，超出保修期，则需要动用小区物业专项维修资金。

小区外墙过了保修期，如果经由专业人士鉴定，确定是因施工质量缺陷造成的石材掉落，则施工单位为主要责任方，应当担负维修、赔偿事宜；如果与施工质量无关，就需要查清具体掉落原因再做判断。

模块小结

物业服务费用是指物业服务企业接受业主、使用人委托对物业管理区域内有关房屋建筑及其设备、公共设施、绿化、卫生、交通、治安和环境容貌等项目开展日常维护、修缮、整治服务及提供其他相关的服务所收取的费用。物业服务收费应当遵循合理、公开以及费用与服务水平相适应的原则，区别不同物业的性质和特点，由业主和物业服务企业按照国务院价格主管部门会同国务院建设行政部门制定的物业服务收费办法，在物业服务合同中约定。物业服务价格分为政府指导价和市场调节价两种。业主对物业服务企业收费的监督主要是通过其业主大会及业主委员会实现的。住宅专项维修资金，是指专项用于住宅共用部位、共用设施设备保修期满后的维修和更新、改造的资金。住宅专项维修资金的缴存对象分为两类：一类是住宅的业主，但一个业主所有且与其他物业不具有共用部位、共用设施设备的除外；另一类是住宅小区内的非住宅或者住宅小区外与单幢住宅结构相连的非住宅的业主。住宅专项维修资金应当专项用于住宅共用部位、共用设施设备保修期满后的维修和更新、改造，不得挪作他用。

思考与练习

一、填空题

1. 物业服务价格分为_____和_____两种。

2. 物业服务费用的收取方式分为_____和_____两种。

3. 按照《价格违法行为行政处罚规定》规定，应执行政府指导价，但超出政府指导价浮动幅度制定价格的，责令改正，没收违法所得，可以并处违法所得_____倍以下的罚款；没有违法所得的，可以处_____万元以上_____万元以下的罚款，情节较重的处_____万元以上_____万元以下的罚款；情节严重的，责令停业整顿。

4. 住宅专项维修资金，是指专项用于住宅共用部位、共用设施设备保修期满后的_____

和_____、_____的资金。

5. 开发建设单位在业主按照规定交存首期住宅专项维修资金前，将房屋交付买受人的，由_____以上地方人民政府建设(房地产)主管部门责令限期改正；逾期不改正的，处以_____万元以下的罚款。

6. 挪用住宅专项维修资金的，由_____以上地方人民政府建设(房地产)主管部门追回挪用的住宅专项维修资金，没收违法所得，可以并处挪用金额_____倍以下的罚款。

二、简答题

1. 简述物业服务收费的重要性。

2. 简述物业服务收费的原则。

3. 简述物业服务收费的对象。

4. 对于业主逾期不交纳物业服务费应如何处理？

5. 简述住宅专项维修资金的缴存对象。

6. 简述住宅专项维修资金的分摊规则。

7. 某住宅小区业主赵某在物业服务企业收缴物业服务费时，拒绝交纳电梯运行维护管理费，理由是：我住在一楼，又不需要乘坐电梯，我这不是在花冤枉钱吗？

请分析：赵某是否应该交纳电梯运行维护管理费？为什么？

模块八

物业管理实务法律制度

学习目标

通过本模块的学习，了解前期物业管理、物业承接查验、物业装饰装修管理、物业设施设备管理、房屋修缮管理、物业环境管理、物业安全管理基础知识；掌握前期物业管理法律规定，物业承接查验的程序与内容，物业装饰装修法律责任与费用法律规定，物业设施设备管理法律规定，房屋修缮法律责任、范围与标准，城市市容管理法律规定，城市绿化管理法律规定，物业治安、消防、车辆管理法律规定。

能力目标

能够依法进行前期物业管理、物业承接查验、物业装饰装修管理、物业设施设备管理、房屋修缮管理、物业环境管理、物业安全管理，能够正确处理物业管理中的相关纠纷。

引入案例

某住宅小区住户刘某在住宅小区楼下行走时，不幸被 5 层楼顶挑檐上脱落的水泥块砸伤头部，造成重型颅脑损伤，经医院抢救无效死亡。事故发生后，刘某妻子将小区物业服务企业告到法院，要求赔偿。

物业管理包括房屋安全管理。房屋安全管理是指物业服务企业对受托进行管理的辖区内的房屋进行日常的安全检查和防范，使其保持国家规定和业主要求的安全标准。本案例水泥块的脱落，显然是物业服务企业疏于房屋安全管理造成的，因为屋顶挑檐水泥块脱落非一日所成。而住户的死亡直接原因就是脱落水泥块所致，因此物业服务企业应承担其法律责任。

单元一　前期物业管理法律制度

一、前期物业管理基础

(一)前期物业管理的概念与特点

1. 前期物业管理的概念

前期物业管理，是指在业主大会成立前，房地产开发建设单位委托物业服务企业进行管理的活动。

2. 前期物业管理的特点

与一般意义上的物业管理相比较，前期物业管理具有临时性和主体的特殊性两个特点。

(1)前期物业管理临时性。前期物业管理仅存在于业主委员会成立之前。物业建成销售之后，业主开始入住。由于业主委员会尚未成立，又不能没有物业管理和服务，因此只能实施前期物业管理。而一般意义上的物业管理是业主委员会成立之后，由选聘物业服务企业实施的物业管理。

(2)前期物业管理主体的特殊性。前期物业管理有两种物业服务企业，一种是与建设单位没有隶属关系的物业服务企业，另一种是建设单位下属的物业服务企业。一般意义上的物业管理是业主委员会选聘的物业服务企业，不存在什么隶属关系。

前期物业管理选聘物业服务企业的主体是建设单位。一般意义上的物业管理，选聘物业服务企业的主体是业主委员会。

(二)前期物业管理的作用

在业主大会成立前实施前期物业管理是十分必要的，一方面有利于实现物业开发建设与使用维护的"全程物业管理服务"，另一方面有利于在物业建设期间实现建房、用房、管房的有机结合。

1. 有利于实现物业开发建设与使用维护的"全程物业管理服务"

如果在物业交付使用，业主入伙之后才开始进行物业管理，遇到功能问题与质量问题，只能在已有的基础上做修修补补，很难从根本上解决问题。而前期物业管理，物业服务企业可以在物业设计与建造阶段就及时发现物业使用功能与质量上的问题，及时进行调整，使产品设计、生产与使用全过程都有更多的保障。

2. 有利于在物业建设期间实现建房、用房、管房的有机结合

没有前期物业管理，开发建设单位建房时就不会充分顾及业主或使用人的利益，结果物业出售后，往往因物业使用功能与质量问题造成业主与物业服务企业的纠纷。有了前期物业管理，物业服务企业凭借对物业的专业知识，从建设单位、业主或使用人和物业服务企业的角度，认真审视物业建设的功能与质量问题，实现建房、用房、管房的有机结合。

(三)前期物业管理的内容

1. 管理机构的设立与管理人员的配备

物业管理机构的设置应根据委托物业的用途、面积、管理深度、管理方式等确定。管理人员的配备除考虑管理人员的选派外，还要考虑维修养护、保安、清洁、绿化等操作层人员的招聘。依据职责分别对各岗位人员进行培训。

2. 物业管理规章制度的制定

制定必要的物业管理规章制度，包括各个管理机构的职责范围，各类人员的岗位责任制，物业各区域内管理规定，用户(住户)手册，维修养护、保安、清洁、绿化工作标准等规章制度，便民服务、特约服务的规定。

3. 物业的承接查验

物业承接查验是房地产开发企业向接受委托的物业服务企业移交物业的过程。移交除应办理书面移交手续外，开发企业还应向管理单位移交整套图纸资料，以方便售后的物业管理和维修养护。在物业保修期间，物业服务企业还应与房地产开发企业明确保险的项目、内容、进度、

原则、责任与方式。物业服务企业要充分重视物业承接查验工作，组织经验丰富的工程技术人员和管理人员认真做好物业的承接查验，为日后物业管理的顺利进行打好基础。

4. 业主进户管理

业主进户是指业主、使用人正式进住使用物业，俗称"入伙"。

(1)业主或承租使用人入伙资料的准备。业主在入伙时需签署的法律文书：《住宅使用公约》《住宅使用说明书》《住户交纳管理费承诺书》《业主资料登记表》《装修承诺书》《楼宇接收手续》。

入伙时需向业主递交的文件：《入伙手续说明书》《入伙手续流转单》《住户手册》或《服务指南》《装修守则》《入伙首期交费说明》《有偿服务项目及收费标准》《小区各项公共规定》。

入伙后需要时应使用的文件：《装修协议》《电话开通通知书》《有线、卫视收视申请书》《停车证》《会所会员申请表》《装修人员临时出入证》。

(2)业主或承租使用人入伙服务。物业服务企业在向业主或使用人发出入住书面通知书后，带业主或使用人实地验收物业，着重勘验房屋建筑质量、设备质量和运转情况、房型及装修是否与合同相符、设施配备等是否与合同相符、外部环境状况及其影响。还可根据业主要求，约定代为装修、添置或更换自用设备或设施等事宜；向业主、使用人全面介绍物业管理区域和社区相关部门的办事指南，使他们能及时办理相关手续；同时向他们收取物业管理费。

(3)签订《物业使用公约》和发放《住户手册》。《物业使用公约》内容包括在分清自用与公用部位、设施设备的前提下，确定双方享有的权利和应尽的义务，物业正常使用的行为规范及相应的违约责任。

《住户手册》介绍物业概况，包括车辆停放管理、装修搬迁管理、物业保修的责任范围及标准与期限等各项管理制度，以及楼层权利归属、公用设施设备的合理使用等。

(4)汇总业主或使用人的相关信息。要求业主或使用人如实填写登记卡内容，包括：业主或使用人的名称，通信联络方式，所占用物业的编号、设施设备及泊车位分配等内容。属于非居住性质的物业还需登记营业执照、经营范围、职工人数、出行、用餐等相关情况，便于物业管理与服务。

5. 装修管理

为了搞好装修搬迁管理，必须进行装修规定的宣传和装修管理的监督。

(1)大力宣传装修规定。向业主或物业使用人宣传的主要内容为：①装修不得损坏房屋承重结构，破坏建筑物外墙面貌；②装修不得擅自占用公用部位、移动或损坏公用设施和设备；③装修不得排放有毒、有害物质和噪声超标；④装修不得随地乱扔建筑垃圾；⑤装修应遵守用火用电规定，履行防火职责；⑥因装修而造成他人或公用部位、设备或设施损坏的，责任人负责修复或赔偿。

(2)加强装修监督管理。委派专业人员审核装修设计图纸，特别要审查房屋的结构是否被变动，电线布置、燃气管道走向是否留下安全隐患等。施工阶段，还应经常派员巡视施工现场，发现违规违约行为及时劝阻并督促改正。

6. 档案资料的建立

档案资料包括两部分内容：一部分是业主或使用人的资料，指业主或使用人姓名、进户人员情况、联系电话或地址、各项费用的缴交情况、房屋的装修等情况；另一部分是物业资料，主要包括物业的各种设计和竣工图纸，位置、编号等。

档案资料的建立主要应抓收集、整理、归档、利用四个环节：收集的关键在于资料尽可能完整；整理的重点是去伪存真，留下物业管理有用的资料；归档就是按照资料本身的内在规律、联系进行科学的分类与保存；利用即是在今后的管理过程中使用并加以充实。

二、前期物业管理法律规定

(一)前期物业管理时间的界定

从前期物业管理的概念上来看,前期物业管理在业主入住前开始,在业主委员会与物业服务企业签订物业服务合同生效时结束。

《物业管理条例》对于前期物业服务合同没有规定具体期限。根据《物业管理条例》第二十六条的规定,前期物业服务合同可以约定期限;但是,期限未满、业主委员会与物业服务企业签订的物业服务合同生效的,前期物业服务合同终止。也就是说前期物业管理阶段可以签订有限期或无限期的前期物业服务合同,只是规定在业主大会决定与物业服务企业签订物业服务合同,或业主大会的执行机构业委会通知物业服务企业撤离进行自治管理后,前期物业服务合同失效。前期物业服务合同的期限不是合同的重要指标,如果业主大会在合同到期后仍没有成立,前期物业服务合同继续有效。

一般来说,前期物业管理应终止于业主委员会与物业服务企业签订物业服务合同生效时。在实践中,前期物业管理的截止时间有以下三种情形:

(1)前期物业管理终止时间为前期物业服务合同规定的合同终止时间。前期物业服务合同规定的合同终止时间届满,业主委员会再选聘原物业服务企业,或者选聘新的物业服务企业并签订物业服务合同与之衔接,则前期物业管理终止时间为前期物业服务合同规定的合同终止时间。

(2)前期物业管理终止时间为另订物业服务合同生效的时间。前期物业服务合同规定的合同终止时间尚未届满,业主委员会再另外选聘物业服务企业并签订物业服务合同,则前期物业管理的终止时间为另行选聘物业服务企业的物业服务合同的生效时间。

(3)前期物业管理终止时间为未来物业服务合同生效的时间。前期物业服务合同规定的合同终止时间届满,业主委员会尚未成立或尚未与任何物业服务企业签订物业服务合同,原物业服务企业可以不再进行管理,也可以继续对物业进行管理。在继续进行管理的情况下,前期物业管理的终止时间为新的物业服务合同生效时间。

(二)建设单位在前期物业管理中的法定义务及法律责任

1. 选聘物业服务企业,签订前期物业服务合同

建设单位在前期物业管理中应选聘物业服务企业,签订前期物业服务合同,并在商品房买卖合同中与物业买受人约定。《物业管理条例》规定:"在业主、业主大会选聘物业服务企业之前,建设单位选聘物业服务企业的,应当签订书面的前期物业服务合同。"

"国家提倡建设单位按照房地产开发与物业管理相分离的原则,通过招投标的方式选聘物业服务企业。住宅物业的建设单位,应当通过招投标的方式选聘物业服务企业;投标人少于3个或者住宅规模较小的,经物业所在地的区、县人民政府房地产行政主管部门批准,可以采用协议方式选聘物业服务企业。"

"建设单位与物业买受人签订的买卖合同应当包含前期物业服务合同约定的内容。"

"前期物业服务合同可以约定期限;但是,期限未满、业主委员会与物业服务企业签订的物业服务合同生效的,前期物业服务合同终止。"

"违反本条例的规定,住宅物业的建设单位未通过招投标的方式选聘物业服务企业或者未经批准,擅自采用协议方式选聘物业服务企业的,由县级以上地方人民政府房地产行政主管部门责令限期改正,给予警告,可以并处10万元以下的罚款。"

2. 制定临时管理规约

建设单位在前期物业管理活动中应当制定临时管理规约，并要求物业买受人书面承诺。《物业管理条例》规定："建设单位应当在销售物业之前，制定临时管理规约，对有关物业的使用、维护、管理，业主的共同利益，业主应当履行的义务，违反临时管理规约应当承担的责任等事项依法作出约定。建设单位制定的临时管理规约，不得侵害物业买受人的合法权益。"

"建设单位应当在物业销售前将临时管理规约向物业买受人明示，并予以说明。物业买受人在与建设单位签订物业买卖合同时，应当对遵守临时管理规约予以书面承诺。"

3. 不得擅自处分物业的共用部位、共用设施设备

《物业管理条例》规定："业主依法享有的物业共用部位、共用设施设备的所有权或者使用权，建设单位不得擅自处分。"

"违反本条例的规定，建设单位擅自处分属于业主的物业共用部位、共用设施设备的所有权或者使用权的，由县级以上地方人民政府房地产行政主管部门处5万元以上20万元以下的罚款；给业主造成损失的，依法承担赔偿责任。"物业的共用部位、共用设施设备的所有权或者使用权根据《民法典》《物业管理条例》的规定，由建设单位和物业买受人在商品房买卖合同中约定，《物业服务合同》和《管理规约》中也有相应的内容，建设单位不得擅自处分，否则将承担相应的法律责任。

4. 向物业服务企业移交资料

物业资料是物业维修养护的重要依据，直接关系到物业管理的质量，建设单位应当按照法律规定全面移交物业资料，否则将承担相应的法律责任。《物业管理条例》第二十九条规定："在办理物业承接验收手续时，建设单位应当向物业服务企业移交下列资料：

（1）竣工总平面图，单体建筑、结构、设备竣工图，配套设施、地下管网工程竣工图等竣工验收资料。

（2）设施设备的安装、使用和维护保养等技术资料。

（3）物业质量保修文件和物业使用说明文件。

（4）物业管理所必需的其他资料。

物业服务企业应当在前期物业服务合同终止时将上述资料移交给业主委员会。"

第五十八条规定："违反本条例的规定，不移交有关资料的，由县级以上地方人民政府房地产行政主管部门责令限期改正；逾期仍不移交有关资料的，对建设单位、物业服务企业予以通报，处1万元以上10万元以下的罚款。"

5. 配备物业管理用房

《物业管理条例》规定："建设单位应当按照规定在物业管理区域内配置必要的物业管理用房。"

"物业管理用房的所有权依法属于业主。未经业主大会同意，物业服务企业不得改变物业管理用房的用途。"

"违反本条例的规定，未经业主大会同意，物业服务企业擅自改变物业管理用房的用途的，由县级以上地方人民政府房地产行政主管部门责令限期改正，给予警告，并处1万元以上10万元以下的罚款；有收益的，所得收益用于物业管理区域内物业共用部位、共用设施设备的维修、养护，剩余部分按照业主大会的决定使用。"

6. 承担保修义务

《物业管理条例》规定："建设单位应当按照国家规定的保修期限和保修范围，承担物业的保

修责任。"

《城市房地产开发经营管理条例》规定："房地产开发企业应当在商品房交付使用时，向购买人提供住宅质量保证书和住宅使用说明书。住宅保证书应当列明工程质量监督单位核验的质量等级、保修范围、保修期和保修单位等内容。房地产开发企业应当按照住宅质量保证书的约定，承担商品房保修责任。"

(三)物业服务企业在前期物业管理中的法定义务及法律责任

1. 签订前期物业服务合同

物业服务企业应该积极通过市场争取业务，中标后根据招标投标文件和法律规定洽谈前期物业服务合同，主要内容包括：①管理服务内容、管理服务标准、管理服务期限、前期物业管理过程中有关保修责任的委托与实施；②空置房屋出租或看管等代为办理的事项；③管理服务费用的构成及筹集；④管理用房、经营用房的提供使用及收益分配；⑤物业及相关资料的承接验收。

2. 做好物业管理准备工作

(1)组建机构、人员招聘及培训。

(2)主动深入物业，了解物业工程情况，为物业承接验收、维修养护打下基础。

(3)建立与社会上有关单位、部门的联络，营建综合服务网络。

3. 制定制度，协助建设单位拟定各种文件

为了提高工作效率、保证工作质量，物业服务企业根据项目的需要制定内部管理制度，如部门职责、岗位职责、考勤制度、财务制度、招聘制度、培训制度等。

4. 参与楼盘营销

物业服务企业可以在物业出售时，接受开发建设单位委托一起参与楼盘营销。物业服务企业可以就营销方案、策略提出建议，促使物业销售顺利进行，视情况还可大力宣传该物业的管理水准和合理的收费以提升物业的附加值，吸引更多的业主前来购买。

5. 承接验收物业，并负责组织业主入伙

物业服务企业要十分重视物业承接验收工作，组织经验丰富的工程技术人员和管理人员认真做好物业的承接验收，为日后物业管理的顺利进行打好基础，另外，物业服务企业应该做好各项准备，按照《商品房买卖合同》约定的交房时间组织业主入伙，给业主留下良好的第一印象。

6. 提供《前期物业服务合同》中的各项服务

物业服务企业应该根据合同约定的服务内容、质量标准，向业主提供各项服务。这是物业服务企业最经常、最持久、最基本的工作内容，也是物业服务企业管理水平和服务质量的集中体现。

案例分析1

案情介绍：2019年，开发商在某市开发一个新楼盘，因小区没有成立业主委员会，开发商与某物业服务企业签订了合同，委托某物业服务企业在2019年9月到2020年9月对小区物业进行前期管理。某物业服务企业分两次向业主收取了公共维修资金、水电周转费等。2020年5月某物业服务企业退出小区管理时，将剩余的物业管理费退还给了开发商。

请分析：某物业服务企业的行为是否违法？为什么？

案情分析：该物业服务企业明显有违约行为，因为合同规定截止时间是 2020 年 9 月，而该物业服务企业在 2020 年 5 月就撤出，这是一种违约行为，应对开发商和业主负责，并承担违约责任。

（四）前期物业管理费用的承担

前期物业管理费用的承担问题相对来说较为复杂，各地方的物业管理法律规定也不尽相同。《物业管理条例》对此明确规定："业主应当根据物业服务合同的约定交纳物业服务费用。业主与物业使用人约定由物业使用人交纳物业服务费用的，从其约定，业主负连带交纳责任。已竣工但尚未出售或者尚未交给物业买受人的物业，物业服务费用由建设单位交纳。"

根据物业管理条例的规定并结合地方的有关规定，前期物业管理费用应根据实际情况而定：在物业交付使用前，前期物业管理费用全部由建设单位承担；对部分已交付使用的物业，根据"谁享有、谁承担"的原则，其业主应承担前期物业管理费用的交纳；对已竣工但尚未出售或者尚未交给物业买受人的物业，物业服务费用由建设单位交纳。

案例分析2

案情介绍：赵某在 2009 年购买了一套住房，在 2009 年底，开发商通知赵某收房，在手续办理成功后，赵某领到了新房钥匙。在对新房验收后，赵某发现了好几处质量问题，陪同的物业服务企业人员记录在册，于是赵某便退回了钥匙，直至问题解决再入住。

半年后，物业服务企业通知赵某，问题已处理好，可以入住，赵某验房满意后便收回了新房钥匙。同时，物业服务企业要求赵某交纳从 2009 年起到入住时这半年的物业管理费。赵某则认为物业管理费应该自验房合格时起。

请分析：物业管理费由谁承担？从何时计算？

案情分析：根据《物业管理条例》第四十一条规定，已竣工尚未出售或者尚未交给物业买受人的物业，物业服务费用由建设单位交纳。

本案例中的赵某在第一次收房时，因房屋存在质量问题而退回了钥匙，应视房屋不符合交付条件，开发商未向其交房。在验房满意后，赵某才收了新房钥匙，此时才视为开发商正式向赵某交房，因此，在整改期间的物业管理费应由开发商承担，而非业主赵某。

单元二　物业承接查验法律制度

一、物业承接查验的概念

物业的承接查验是指物业服务企业对新接管项目的物业共用部位、共用设施设备进行的再检验。根据《物业管理条例》的规定，物业服务企业承接物业时，应当对物业共用部位、共用设施设备进行查验。

物业承接查验分为新建物业的承接查验和物业管理机构更迭时的承接查验两种类型。前者发生在建设单位向物业服务企业移交物业的过程中；后者发生在业主大会或产权单位向新的物业服务企业移交物业的过程中。物业的承接查验是物业服务企业承接物业前必不可少的环节，其工作质量对以后的物业管理服务至关重要。

二、物业承接查验的意义

目前，我国的物业管理制度还不够完善，有些企业法制意识较差，认识不到物业承接查验的重要性、复杂性，在签订合同时，忽视物业承接验收，而房屋的管网设施、隐蔽工程中存在的问题，往往在业主入住后才会暴露出来。如果不进行严格的承接查验，后果必然是产品质量责任、施工安装质量责任、管理维护责任不清，纠纷多、投诉多，业主和物业服务企业的合法利益得不到有效保护。因此，重视和加强物业承接查验具有以下几个方面的意义：

(1)通过承接查验和接管合同的签订，实现权利和义务的转移，在法律上界定清楚各自的义务和权利。

(2)促使建设单位提高建设质量，加强物业建设与管理的衔接，提供开展物业管理的必备条件，确保物业的使用安全和功能，保障物业买受人享受物业管理消费的权益。

(3)着力解决日趋增多的物业管理矛盾和纠纷，规范物业管理行业的有序发展，提高人民群众的居住水平和生活质量，维护社会安定。

三、新建物业承接查验

为了规范物业承接查验行为，加强前期物业管理活动的指导和监督，维护业主的合法权益，2010年1月14日住房和城乡建设部制定了《物业承接查验办法》，并于2011年1月1日起正式施行。该办法主要针对新建物业的承接查验。

1. 实施承接查验的新建物业应当具备的条件

实施承接查验的新建物业应当具备以下条件：

(1)建设工程竣工验收合格，取得规划、消防、环保等主管部门出具的认可或者准许使用文件，并经建设行政主管部门备案。

(2)供水、排水、供电、供气、供热、通信、公共照明、有线电视等市政公用设施设备按规划设计要求建成，供水、供电、供气、供热已安装独立计量表具。

(3)教育、邮政、医疗卫生、文化体育、环卫、社区服务等公共服务设施已按规划设计要求建成。

(4)道路、绿地和物业服务用房等公共配套设施按规划设计要求建成，并满足使用功能要求。

(5)电梯、二次供水、高压供电、消防设施、压力容器、电子监控系统等共用设施设备取得使用合格证书。

(6)物业使用、维护和管理的相关技术资料完整齐全。

(7)法律、法规规定的其他条件。

2. 实施新建物业承接查验的主要依据

实施新建物业承接查验主要依据下列文件：

(1)物业买卖合同。

(2)临时管理规约。

(3)前期物业服务合同。

(4)物业规划设计方案。

(5)建设单位移交的图纸资料。

(6)建设工程质量法规、政策、标准和规范。

3. 新建物业承接查验的程序

新建物业承接查验按照下列程序进行：

(1)确定物业承接查验方案。

(2)移交有关图纸资料。

(3)查验共用部位、共用设施设备。

(4)解决查验发现的问题。

(5)确认现场查验结果。

(6)签订物业承接查验协议。

(7)办理物业交接手续。

4. 新建物业承接查验的内容

新建物业服务企业应当对下列物业共用部位、共用设施设备进行现场检查和验收：

(1)共用部位。一般包括建筑物的基础、承重墙体、柱、梁、楼板、屋顶以及外墙、门厅、楼梯间、走廊、楼道、扶手、护栏、电梯井道、架空层及设备间等。

(2)共用设备。一般包括电梯、水泵、水箱、避雷设施、消防设备、楼道灯、电视天线、发电机、变配电设备、给水排水管线、电线、供暖及空调设备等。

(3)共用设施。一般包括道路、绿地、人造景观、围墙、大门、信报箱、宣传栏、路灯、排水沟、渠、池、污水井、化粪池、垃圾容器、污水处理设施、机动车(非机动车)停车设施、休闲娱乐设施、消防设施、安防监控设施、人防设施、垃圾转运设施以及物业服务用房等。

5. 新建物业承接查验的实施

新建物业承接查验应由物业服务企业和建设单位共同完成，并遵循诚实信用、客观公正、权责分明以及保护业主共有财产的原则。

物业承接查验可以邀请业主代表以及物业所在地房地产行政主管部门参加，可以聘请相关专业机构协助进行，物业承接查验的过程和结果可以公证。物业承接查验活动，业主享有知情权和监督权。物业所在地房地产行政主管部门应当及时处理业主对建设单位和物业服务企业承接查验行为的投诉。

建设单位与物业买受人签订的物业买卖合同，应当约定其所交付物业的共用部位、共用设施设备的配置和建设标准。建设单位制定的临时管理规约，应当对全体业主同意授权物业服务企业代为查验物业共用部位、共用设施设备的事项作出约定。建设单位与物业服务企业签订的前期物业服务合同，应当包含物业承接查验的内容。前期物业服务合同就物业承接查验的内容没有约定或者约定不明确的，建设单位与物业服务企业可以协议补充。不能达成补充协议的，按照国家标准、行业标准履行；没有国家标准、行业标准的，按照通常标准或者符合合同目的的特定标准履行。建设单位应当按照国家有关规定和物业买卖合同的约定，移交权属明确、资料完整、质量合格、功能完备、配套齐全的物业。建设单位应当在物业交付使用15日前，与选聘的物业服务企业完成物业共用部位、共用设施设备的承接查验工作。

建设单位应当依法移交有关单位的供水、供电、供气、供热、通信和有线电视等共用设施设备，不作为物业服务企业现场检查和验收的内容。

现场查验应当综合运用核对、观察、使用、检测和试验等方法，重点查验物业共用部位、共用设施设备的配置标准、外观质量和使用功能。现场查验应当形成书面记录。查验记录应当包括查验时间、项目名称、查验范围、查验方法、存在问题、修复情况以及查验结论等内容，查验记录应当由建设单位和物业服务企业参加查验的人员签字确认。现场查验中，物业服务企业应当将物业共用部位、共用设施设备的数量和质量不符合约定或者规定的情形，书面通知建设单位，建设单位应当及时解决并组织物业服务企业复验。

建设单位应当委派专业人员参与现场查验，与物业服务企业共同确认现场查验的结果，签订物业承接查验协议。物业承接查验协议应当对物业承接查验基本情况、存在问题、解决方法及其时限、双方权利义务、违约责任等事项作出明确约定。物业承接查验协议作为前期物业服务合同的补充协议，与前期物业服务合同具有同等法律效力。建设单位应当在物业承接查验协议签订后 10 日内办理物业交接手续，向物业服务企业移交物业服务用房以及其他物业共用部位、共用设施设备。

物业承接查验协议生效后，当事人一方不履行协议约定的交接义务，导致前期物业服务合同无法履行的，应当承担违约责任。

交接工作应当形成书面记录。交接记录应当包括移交资料明细、物业共用部位、共用设施设备明细、交接时间、交接方式等内容。交接记录应当由建设单位和物业服务企业共同签章确认。

分期开发建设的物业项目，可以根据开发进度，对符合交付使用条件的物业分期承接查验。建设单位与物业服务企业应当在承接最后一期物业时，办理物业项目整体交接手续。

物业承接查验费用的承担，由建设单位和物业服务企业在前期物业服务合同中约定。没有约定或者约定不明确的，由建设单位承担。

案例分析3

案情介绍：王某入住刚购买的房子后，发现房子存在卫生间渗水、墙面有裂缝、门窗歪斜等质量问题。王某找到开发商和物业服务企业反映问题后，他们只是将墙裂缝进行了修补，渗水及门窗歪斜问题依然存在，严重影响了王某的使用。王某认为物业服务企业没有认真履行承接查验的职责，决定不再交付物业费。王某这种做法是否合理合法？

案情分析：王某的做法既不合理也不合法。

物业承接查验是物业所有人将物业管理权委托给物业服务企业，共同对物业共用部位、共用设施设备进行检查和验收的活动。业主的专有部分不是物业承接查验的范围。购房人一般不应该因为开发商的问题而拒绝向物业服务企业交付物业费。

购房人只要实际接收了物业，在占用、使用该物业的过程中已经享受了服务，就应该按合同约定向物业服务企业交付物业管理费，否则就违反了物业管理合同。

四、物业管理机构更迭时的承接查验

物业管理机构更迭时的承接查验不同于新建物业的承接查验，物业管理机构更迭时的承接查验一般出现在常规物业管理阶段，即已建成并投入使用一段时间的物业，由于业主委员会解聘原来的物业服务企业或原来的物业服务企业弃管，由新的物业服务企业对物业接管时所做的承接查验。

(一)物业管理机构更迭时的承接查验的条件

在物业管理机构发生更迭时，新任物业服务企业必须在具备下列条件的情况下实施承接查验。

(1)物业产权单位或业主大会与原有物业服务企业签订的物业服务合同完全解除。

(2)物业产权单位或业主大会同新的物业服务企业签订了物业服务合同。

(二)物业管理机构更迭时的承接查验的步骤

1. 成立物业承接查验小组

在签订了物业服务合同之后，新的物业服务企业即应组织力量成立物业承接查验小组并着手制定承接查验方案。承接查验验收小组应提前与业主委员会及原物业服务企业接触，洽谈移交的有关事项，商定移交的程序和步骤，明确移交单位应准备的各类表格、工具和物品等。

2. 物业管理机构更迭时物业查验的内容

为了使物业的移交能够顺利进行，接管单位必须对原物业的状况及存在问题进行查验和分析，为物业移交和日后管理提供依据，对发现需要整改的内容需及时与移交单位协商处理。物业管理机构更迭时的物业查验的基本内容有以下几个方面：

(1)文件资料的查验。在对文件资料进行查验过程中，除检查承接查验新建物业的相关资料外，还要对原物业服务企业在管理过程中产生的重要质量记录进行检查。

(2)物业共用部位、共用设施设备及管理现状。查验物业共用部位、共用设施设备及管理现状的主要项目内容有：

1)建筑结构及装饰装修工程的状况。

2)供配电、给水排水、消防、电梯、空调等机电设施设备。

3)保安监控、对讲门禁设施。

4)清洁卫生设施。

5)绿化及设施。

6)停车场、门岗、道闸设施。

7)室外道路、雨污水井等排水设施。

8)公共活动场所及娱乐设施。

9)其他需了解查验的设施设备。

(3)各项费用与收支情况。包括物业服务费、停车费、水电费、其他有偿服务费的收取和支出情况，维修资金的收取、使用和结存情况，各类押金、应收账款、应付账款等账务收支情况。

(4)其他内容。包括物业管理用房，专业设备、工具和材料，与水、电、通信等市政管理单位签订的供水、供电的合同、协议等。

3. 物业管理机构更迭时管理工作的移交

(1)移交双方。物业管理机构更迭时管理工作的移交包括：原有物业管理机构向业主大会或物业产权单位移交；业主大会或物业产权单位向新的物业服务企业移交。前者的移交方为该物业的原物业管理机构，承接方为业主大会或物业产权单位；后者的移交方为业主大会或物业产权单位，承接方为新的物业服务企业。

(2)移交内容。

1)物业资料的移交。包括以下资料：

①物业产权资料、综合竣工验收资料、施工设计资料、机电设备资料等。

②业主资料，包括：

a. 业主入住资料，包括入住通知书、入住登记表、身份证复印件、相片。

b. 房屋装修资料，包括装修申请表、装修验收表、装修图纸、消防审批、验收报告、违章记录等。

c. 管理资料，包括各类值班记录、设备维修记录、水质化验报告等各类服务质量的原始记录。

d. 财务资料，包括固定资产清单、收支账目表、债权债务移交清单、水电抄表记录及费用代收代缴明细表、物业服务费收缴明细表、维修资金使用审批资料及记录、其他需移交的各类凭证表格清单。

e. 合同协议书，指对内对外签订的合同、协议原件。

f. 人事档案资料，指双方同意移交留用的在职人员的人事档案、培训、考试记录等。

g. 其他需要移交的资料。

资料移交应按资料分类列出目录，根据目录名称、数量逐一清点是否相符完好，移交后双方在目录清单上盖章、签名。

2)物业共用部位及共用设施设备管理工作的交接。

①房屋建筑工程共用部位及共用设施设备，包括消防、电梯、空调、给水排水、供配电等机电设备及附属配件，共用部位的门窗，各类设备房、管道井、公共门窗的钥匙等。

②共用配套设施，包括环境卫生设施(垃圾桶、箱、车等)、绿化设施、公共秩序与消防安全的管理设施(值班室、岗亭、监控设施、车辆道闸、消防配件等)、文娱活动设施(会所、游泳池、各类球场等)。

③物业管理用房，包括办公用房、活动室、员工宿舍、食堂(包括设施)、仓库等。

停车场、会所等需要经营许可证和资质的，移交单位应协助办理变更手续。

3)人、财、物的移交或交接。

①人员。在进行物业管理移交时，有可能会有原物业管理机构在本项目任职人员的移交或交接，承接物业的管理企业应与移交方进行友好协商，双方达成共识。

②财务。移交双方应做好财务清结、资产盘点等相关移交准备工作。移交的主要内容包括物业服务费、维修资金、业主各类押金、停车费、欠收款项、代收代缴的水电费、应付款项、债务等。

③物资财产。物资财产包括建设单位提供和以物业服务费购置的物资财产等，主要有办公设备、交通工具、通信器材、维修设备工具、备品备件、卫生及绿化养护工具、物业管理软件、财务软件等。

(3)办理交接手续。交接手续涉及建设单位、原物业服务企业、业主委员会、行业主管部门、新进入的物业服务企业等。在办理交接手续时应注意以下几个主要方面：

1)对物业及共用配套设施设备的使用现状作出评价，真实客观地反映房屋的完好程度。

2)各类管理资产和各项费用应办理移交，对未结清的费用(如业主拖欠的物业服务费)应明确收取、支付方式。

3)确认原有物业服务企业退出或留下人员名单。

4)提出遗留问题的处理方案。

(4)质量问题的处理。影响房屋结构安全和设备使用安全的质量问题，必须约定期限由物业建设单位负责进行加固、返修，直至合格；影响相邻房屋的安全问题，由物业建设单位负责处理。对于不影响房屋结构安全和设备使用安全的质量问题，可约定期限由物业建设单位负责维修，也可采取费用补偿的办法，由承接单位处理。

五、物业竣工验收与承接查验的区别

1. 性质不同

物业竣工验收是政府行为，房地产开发项目和任何建设工程的竣工验收由政府建设行政主管部门负责，组成综合验收小组，对施工质量和设计质量进行全面检验和质量评定。物业承接查验是企业行为，是物业服务企业代表全体业主（包括现有业主和未来业主）根据物业管理委托合同，从确保物业日后的正常使用与维修的角度出发，对物业委托方委托的物业进行质量验收。

2. 阶段不同

物业竣工验收合格后，由施工单位向开发商办理物业的交付手续，标志着物业可以交付使用；物业承接查验是在竣工验收之后进行的再验收，由开发商向物业服务企业办理物业的交付手续，标志着物业正式进入使用阶段。

3. 主体不同

物业竣工验收的主体原来规定是建设行政主管部门（质监站、城建部门等），同时包括相关企业（建设单位、施工单位、设计单位、监理单位等），以及物业服务企业。目前实施的是竣工验收备案制度，除特殊规定外，由建设单位（开发商）组织竣工验收，政府有关部门则只负监督以及抽查的责任。需要特别指出的是，此时物业服务企业只是竣工验收的参与方之一，而物业承接查验的主体则是物业服务企业和委托方，其中物业服务企业是主持者之一。一般情况下，政府行政主管部门不参与物业承接查验。物业承接查验是由物业服务企业接管开发商或者业主移交的物业；物业竣工验收是由开发商验收建筑商移交的物业。

4. 条件不同

物业承接查验的首要条件是竣工验收合格，并且供电、采暖、给水排水、卫生、道路等设备和设施能正常使用，房屋幢、户编号已经过有关部门确认；物业竣工验收的首要条件是工程按设计要求全部施工完毕，达到规定的质量标准，能满足使用等。

5. 职责不同

物业竣工验收时，物业服务企业只是参加者。物业服务企业在参与竣工验收时，应注意充分发挥自己的作用，严格把好质量关。而在承接查验中，物业服务企业与开发企业或建设单位是直接的责任关系。新建物业的验收，常常将竣工验收和承接查验一并进行。此时，物业服务企业更要注意确保自己在验收过程中的地位。

单元三　物业装饰装修管理法律制度

一、物业装饰装修管理基础

（一）物业装饰装修的概念与分类

1. 物业装饰装修的概念

物业装饰装修，是指物业竣工验收合格后，业主或者使用人（以下简称"装修人"）对物业进行装饰装修的建筑活动，既可以是物业使用前的第一次装饰装修，也可以是物业使用后的再装饰装修。

2. 物业装饰装修的分类

（1）按房屋是否取得所有权证书并已投入使用分类。根据房屋是否取得所有权证书并已投入使用进行分类，物业装饰装修可分为新建房屋装饰装修和原有房屋装饰装修两类。其中"新建房屋"（含扩建、改建工程的房屋），是指向当地建设行政主管部门或其授权机构进行报建后，正在建设过程中尚未通过竣工验收投入使用的房屋；而"原有房屋"，是指已取得房屋所有权证书并已投入使用的各类房屋。

（2）按物业装饰装修的不同对象分类。根据物业装饰装修的不同对象进行分类，可分为住宅物业装饰装修、写字楼物业装饰装修、商贸物业装饰装修、酒店物业装饰装修及工业物业装饰装修等类型。

（3）按物业装饰装修的内外空间分类。根据物业装饰装修的内外空间进行分类，可分为室内装饰装修和室外装饰装修两种类型。

（4）按物业室内装修施工先后顺序分类。根据物业装饰装修施工过程的先后顺序进行分类，可分为初装饰和二次装饰。其中，初装饰是指对新建住宅工程户门以内的部分项目，在施工阶段只完成初步装饰；而二次装饰是指初装饰房屋竣工验收交付使用后，对房屋进行的再装饰。初装饰是二次装饰的基础，其质量标准不能降低，须按《建筑工程施工质量验收统一标准》（GB 50300—2013）及有关规定执行。

（二）物业装饰装修管理

物业装饰装修管理，是指在物业竣工验收合格后，就装修人对物业进行二次装饰装修所进行的管理。装修人可以是业主，也可以是取得业主书面同意的非业主。

1. 物业装饰装修管理的内容

物业装饰装修管理主要包括装修人装饰装修报建（申报）程序管理、装饰装修管理服务协议、质量与安全管理、环境维护等内容。

（1）装饰装修报建程序管理。在物业装饰装修前，应根据法律规定的程序向建设行政主管部门或者其他法律规定的单位办理报建或登记手续。

（2）装饰装修管理服务协议。为加强对装饰装修工程的管理，装修人在物业装饰装修前应当与物业服务企业签订装饰装修管理服务协议，就双方在装饰装修活动中的权利义务进行约定。如果装修中出现违约行为，违约方将承担违约责任。

（3）质量与安全管理。装修人进行物业装饰装修的范围应符合法律法规的强制性规定，同时装饰装修应当保证工程质量和安全，符合工程建设强制性标准。装修人和装饰装修企业都应该做好物业装饰装修的质量管理，物业服务企业根据《住宅室内装饰装修管理办法》的规定和《装饰装修管理服务协议》也要对物业的装饰装修质量和安全实施管理和监督。另外其他单位和个人也有权对住宅室内装饰装修中出现的影响公众利益的质量事故、质量缺陷以及其他影响周围住户正常生活的行为进行检举、控告和投诉。

（4）环境维护。物业装饰装修过程中，可能会出现各种粉尘、废气、固体废弃物以及噪声、振动等，会对环境造成污染和危害，也可能会影响人们的正常生活。为了防治环境污染和维护人们的正常生活、工作及保障其人身安全，装饰装修企业在装饰装修过程中必须根据法律规定的要求以及《装饰装修管理服务协议》的约定，做好环境的维护工作。物业服务企业依法进行监督管理。

2. 物业装饰装修管理措施

（1）制定物业装饰装修管理规定。物业服务企业应该根据法律法规、《物业服务合同》或《前期物业服务合同》、《管理规约》等文件，制定物业装饰装修管理规定。

（2）业主装饰装修开工申报管理。物业装饰装修开工前，业主应携带房屋所有权证（或者证明其合法权益的有效凭证）、申请人身份证、装饰装修方案、审批批复（涉及法定必须审批的内容必须事先做好审批）、装饰装修企业资质证书复印件（委托装饰装修企业进行施工的）等，到物业管理处办理开工申报。

(3)签订装饰装修管理服务协议。业主(或者业主和装饰装修企业)应当与物业服务企业签订住宅室内装饰装修管理服务协议。该协议应当包括装饰装修工程的实施内容、实施期限、施工时间、废弃物的清运和处理、外立面设施及防盗窗的安全要求、性质行为和注意事项、管理服务费用、违约责任等。

(4)监督检查。物业服务企业应依据装饰装修管理服务协议的约定,对装饰装修活动进行监督检查。物业服务企业发现业主或者装饰装修企业的违规装饰装修行为,应当立即制止。对于已造成事实后果或者拒不改正的,应当及时报告有关部门依法处理。

对于量大面广的房屋装饰装修工程,为了更有效地监督、预防和及时制止违法装饰装修行为,国家和地方有关法规、规章授予物业服务企业监督和指导权。为了预防房屋装饰装修中易发的纠纷,物业服务企业依据装饰装修管理服务协议的约定,在对装饰装修活动进行监督检查的同时,应提醒业主和装饰装修企业自觉限定每天施工的时间,以防止环境侵害行为和保护众业主的环境权、安宁权、休息权,自觉维护异产毗连房屋权益。房屋所有权人或使用人因装饰装修损坏毗连房屋的,应负责修复或赔偿。

(5)竣工验收。装饰装修工程竣工后,由物业服务企业协同业主按照工程设计合同的约定和相应的质量标准进行验收。物业服务企业应当按照装饰装修管理服务协议进行现场检查,对违反法律法规和装饰装修管理服务协议的,应当要求装修人和装饰装修企业纠正,并将检查记录存档。对装修人或者装饰装修企业违反装饰装修管理服务协议的,追究违约责任。

二、物业装修人和装饰装修企业法定义务

1. 装修人和装饰装修企业的禁止性义务

《住宅室内装饰装修管理办法》规定,住宅室内装饰装修活动中禁止下列行为:

(1)未经原设计单位或者具有相应资质等级的设计单位提出设计方案,变动建筑主体和承重结构。其中建筑主体是指建筑实体的结构构造,包括屋盖、楼盖、梁、柱、支撑、墙体、连接节点和基础等;承重结构是指直接将本身自重与各种外加作用力系统地传递给基础地基的主要结构构件和其连接节点,包括承重墙体、立杆、柱、框架柱、支墩、楼板、梁、屋架、悬索等。

(2)将没有防水要求的房间或者阳台改为卫生间、厨房间。

(3)扩大承重墙上原有的门窗尺寸,拆除连接阳台的砖、混凝土墙体。

(4)损坏房屋原有节能设施,降低节能效果。

(5)其他影响建筑结构和使用安全的行为。

2. 装修人和装饰装修企业的限制性义务

《住宅室内装饰装修管理办法》对装修人可能涉及相邻各方的公共利益和公共安全,可能涉及能源的消耗行为作出了限制性的规定。

下列行为须经过有关管理单位批准后方可进行:

(1)搭建建筑物、构筑物,应当经城市规划行政主管部门批准。

(2)改变住宅外立面,在非承重外墙上开门、窗,应当经城市规划行政主管部门批准。

(3)拆改供暖管道和设施,应当经供暖管理单位批准。

(4)拆改燃气管道和设施,应当经燃气管理单位批准。

3. 装修人和装饰装修企业的强制性义务

住宅室内装饰装修是按照装修人的个性化要求进行设计的,可能要对原来的室内布局做一

些局部的调整，对室内的原有使用设备会做一些更换，因此，会使房屋的质量、社会公共利益受到一定的影响，故法律对此作了强制性义务规定：

（1）住宅室内装饰装修超过设计标准或者规范，增加楼面荷载的，应当经原设计单位或者具有相应资质等级的设计单位提出设计方案。

（2）需要对卫生间、厨房间防水层进行改动的，应当按照防水标准制定施工方案，并做闭水试验。

（3）装修人经原设计单位或者具有相应资质等级的设计单位提出设计方案变动建筑主体和承重结构的，或者装修活动涉及公共安全的，必须委托具有相应资质的装饰装修企业承担。

（4）装饰装修企业必须按照工程建设强制性标准和其他技术标准施工，不得偷工减料，确保装饰装修工程质量。

（5）装饰装修企业从事住宅室内装饰装修活动，应当遵守施工安全操作规程，按照规定采取必要的安全防护和消防措施，不得擅自动用明火和进行焊接作业，保证作业人员和周围住房及财产的安全。

（6）装修人和装饰装修企业从事住宅室内装饰装修活动，不得侵占公共空间，不得损害公共部位和设施。

案例分析4

案情介绍：某小区业主刘某搬进新房后不久，发现其主卧室卫生间漏水严重，导致卧室木地板、木门大部分被污水浸泡，屋内臭味弥散。刘某在调查后发现，是因为楼上住户私自改装了排水管道从而造成了管道阻塞。

刘某找楼上业主理论，该业主声称并不知道该行为不妥。刘某认为是由于物业服务企业未履行职责而造成了很大损失，于是将物业服务企业和楼上业主告上了法庭，要求进行赔偿。

案情分析：根据《物业管理条例》的规定，业主需要装饰装修房屋的，应当事先告知物业服务企业。物业服务企业应当将房屋装饰装修中的禁止行为和注意事项告知业主。对物业服务区域内违反有关物业装饰装修相关法律、法规规定的行为，物业服务企业应当制止，并及时向有关行政管理部门报告。在本案例中，物业服务企业既没有告知业主装修时的禁止行为和注意事项，也没有在业主装修的过程中履行监督检查的职责，未对违规行为进行制止和上报，应该承担一定的赔偿责任。

三、物业装饰装修法律责任

（1）因住宅室内装饰装修活动造成相邻住宅的管道堵塞、渗漏水、停水停电、物品毁坏等，装修人应当负责修复和赔偿；如果是因装饰装修企业的责任造成的，装修人可以向装饰装修企业追偿。

（2）装修人擅自拆改供暖、燃气管道和设施造成损失的，由装修人负责赔偿。

（3）装修人因住宅室内装饰装修活动侵占公共空间，对公共部位和设施造成损害的，城市房地产行政主管部门应责令其改正，造成损失的，装修人应依法承担赔偿责任。

（4）装修人未申报登记进行住宅室内装饰装修活动的，由城市房地产行政主管部门责令改正，处 500 元以上 1 000 元以下的罚款。

（5）装修人违反《住宅室内装饰装修管理办法》规定，将住宅室内装饰装修工程委托给不具有相应资质等级企业的，由城市房地产行政主管部门责令改正，处 500 元以上 1 000 元以下的罚款。

（6）装饰装修企业自行采购或者向装修人推荐使用不符合国家标准的装饰装修材料，造成空气污染超标的，城市房地产行政主管部门应责令其改正，造成损失的，装饰装修企业应依法承担赔偿责任。

（7）住宅室内装饰装修活动有下列行为之一的，城市房地产行政主管部门应责令其改正，并处罚款：

1）将没有防水要求的房间或者阳台改为卫生间、厨房间的，或者拆除连接阳台的砖、混凝土墙体的，对装修人处 500 元以上 1 000 元以下的罚款，对装饰装修企业处 1 000 元以上 10 000 元以下的罚款；

2）损坏房屋原有节能设施或者降低节能效果的，对装饰装修企业处 1 000 元以上 5 000 元以下的罚款；

3）擅自拆改供暖、燃气管道和设施的，对装修人处 500 元以上 1 000 元以下的罚款；

4）未经原设计单位或者具有相应资质等级的设计单位提出设计方案，擅自超过设计标准或者规范增加楼面荷载的，对装修人处 500 元以上 1 000 元以下的罚款，对装饰装修企业处 1 000 元以上 10 000 元以下的罚款。

（8）装修人或者装饰装修企业违反《建设工程质量管理条例》的，建设行政主管部门应按照有关规定予以处罚。

（9）装饰装修企业违反国家有关安全生产规定和安全生产技术规程，不按照规定采取必要的安全防护和消防措施，擅自动用明火作业和进行焊接作业的，或者对建筑安全事故隐患不采取措施予以消除的，建设行政主管部门应责令其改正，并处 1 000 元以上 10 000 元以下的罚款；情节严重的，责令其停业整顿，并处 10 000 元以上 30 000 元以下的罚款；造成重大安全事故的，降低其资质等级或者吊销其资质证书。

（10）物业管理单位发现装修人或者装饰装修企业有违反《住宅室内装饰装修管理办法》规定的行为不及时向有关部门报告的，房地产行政主管部门应给予警告，可处装饰装修管理服务协议约定的装饰装修管理服务费 2～3 倍的罚款。

（11）有关部门的工作人员接到物业管理单位对装修人或者装饰装修企业违法行为的报告后，未及时处理，玩忽职守的，依法给予行政处分。

四、物业装饰装修费用法律规定

1. 装修押金

对于装修押金的收取问题国家没有明确规定，但由于装饰装修过程中装修人擅自改变结构、损坏节能设施、乱搭乱建、装修企业野蛮施工等安全隐患。除了法律手段以外，用经济手段可以起到较好的预警作用，因此，物业服务企业可以通过签订装饰装修管理服务协议向装修人或者装修企业收取一定的装修押金，具体金额双方协商。

2. 装修管理费

装饰装修过程中，由于物业区域内装饰装修施工人员构成复杂、物资进入频繁、矛盾比较集中，物业服务企业要投入人力物力进行管理和约束。因此，物业服务企业可以通过签订装饰装修管理服务协议向装饰装修企业收取一定的装修管理费用，具体金额应按照地方规定执行，地方没有具体规定的，应双方协商确定。

3. 装修垃圾清运费

装修人或者装饰装修企业可以自行清运装修垃圾，也可以委托物业服务企业清运装修垃圾。委托物业服务企业清运垃圾的，物业服务企业可以通过签订装饰装修管理服务协议向装修人或装饰装修企业收取一定的装修垃圾清运费，具体金额双方可以协商，地方有规定的，按照地方规定执行。

知识链接

房屋装饰装修合同

合同编号：＿＿＿＿＿＿＿＿

发包人(简称甲方)：＿＿＿＿＿＿＿＿＿＿＿＿＿＿＿＿

承包人(简称乙方)：＿＿＿＿＿＿＿＿＿＿＿＿＿＿＿＿

依据《中华人民共和国民法典》和《＿＿＿＿省合同监督条例》以及其他有关法律法规的规定，结合家庭居室装饰装修工程施工的特点，甲乙双方在遵循自愿、平等、公平、诚信原则的基础上，经双方协商一致，签订本合同。

第一条 工程概况和造价

1. 甲方装饰装修(以下简称装饰)的住房系合法拥有。

甲方的有效证明(产权证书登记号)：＿＿＿＿＿＿＿＿＿＿＿＿＿＿。

乙方为经工商行政管理部门注册登记的企业，企业资质情况(证书登记号)：＿＿＿＿。

2. 装饰施工地址：＿＿＿＿区(县)＿＿＿＿路(街)＿＿＿＿号＿＿＿＿楼＿＿＿＿室。

3. 住房结构：＿＿＿＿房型＿＿＿＿房＿＿＿＿厅＿＿＿＿厨＿＿＿＿卫＿＿＿＿阳台，套内施工面积＿＿＿＿平方米。

4. 装饰施工内容(见附件一)。

5. 承包方式：＿＿＿＿＿＿＿＿＿＿(包工包料、清包工、部分包工包料)。

6. 工期：自＿＿＿＿年＿＿＿＿月＿＿＿＿日开工，至＿＿＿＿年＿＿＿＿月＿＿＿＿日竣工，工期＿＿＿＿天。

7. 总价款：＿＿＿＿元人民币(大写)＿＿＿＿＿＿＿＿元。

其中：

材料费：＿＿＿＿元；人工费：＿＿＿＿元；

拆除费：＿＿＿＿元；清洁、搬运、运输费：＿＿＿＿元；

管理费：＿＿＿＿元；税金：＿＿＿＿元；

其他费用(注明内容)：＿＿＿＿元。

双方约定，合同签订生效后，如变更施工内容、材料，该部分的工程款应当按实计算。

第二条 材料供应

1. 甲方提供的材料、设备(见附件二)。

甲方负责供应的材料、设备应是符合设计要求的合格产品，并应按时送到施工现场，甲乙双方应办理验收交接手续。甲方提供的材料按时送到现场后，由乙方负责保管。由于保管不当造成的损失，由乙方负责赔偿。

施工中如乙方发现甲方提供的材料、设备有质量问题或规格、色调差异，应及时向甲方提出；甲方仍表示使用的，由此造成工程质量问题或影响装饰设计效果，责任由甲方承担。

2. 乙方提供的材料、设备及报价(见附件三)。

乙方提供的材料、设备应当符合本合同主材料、设备报价单的规定。乙方供应的材料、设备，甲方有权到现场验收，如不符合设计、施工要求或规格、色调、品质有差异，应停止使用。如已使用，对工程造成的损失由乙方负责。

3. 甲方或乙方提供的材料，应当符合国家有关室内装饰装修材料有害物质限量十项强制性国家标准。

第三条　工程质量及验收

1. 本工程以施工图纸、做法说明、设计变更和国家现行的《住宅装饰装修工程施工规范》(GB 50327—2001)及本省现行的《住宅装饰装修验收标准》进行验收。

2. 本工程由_____方设计，提供施工图纸一式_____份。设计图纸费用_____元，由_____方承担。

3. 甲方提供的材料、设备质量不合格而影响工程质量，其返工费用由甲方承担，工期顺延。

4. 由于乙方原因造成质量事故，其返工费用由乙方承担，工期不变。

5. 甲乙双方应及时办理隐蔽工程的检查与验收手续。验收合格，甲乙双方共同确认后，乙方才能继续施工。

6. 全部工程竣工后，乙方应及时通知甲方组织验收。验收合格的，办理验收移交手续，签署工程质量验收单(见附件五)，并由甲方按照约定付清全部工程价款。装饰工程未经验收或验收不合格的，甲方有权拒付尾款。

7. 工程竣工验收合格，甲方付清工程尾款后，甲乙双方签署工程保修单(见附件七)，乙方同时提供管线竣工图等资料。凭保修单实行保修，保修期从竣工验收合格签字或盖章之日算起。

第四条　安全施工和防火

1. 乙方在施工中应采取必要的安全防护和消防措施，保障作业人员及相邻居民的安全，防止相邻居民住房的管道堵塞、渗漏水、停水停电、物品毁坏等事故发生。如遇上述情况，属甲方责任的，甲方负责修复或赔偿；属乙方责任的，乙方负责修复或赔偿。

2. 甲乙双方共同遵守装饰装修和物业管理的有关规定，施工中不得噪声扰民或擅自改变房屋承重结构，拆、改承重墙。

第五条　工程价款及结算

1. 甲乙双方可以选择下列付款方式支付工程款。

(1)工程款付款可以按表 8-1 支付。

表 8-1　工程款付款时间表

付款阶段及项目	付款时间	付款比例	付款金额
对预算、设计方案认可	合同签订当日		
施工过程中	水、电、热等管线隐蔽工程通过验收		
工期过半	油漆工进场前		
竣工验收	验收合格当日		
增加工程项目	签订工程项目变更单时		

(2)工程款付款双方协商约定：_____

_____

_____

2. 甲乙双方款项往来，乙方均应出具收据，甲方应予以保存。竣工结算后，乙方收回收据，必须开具税务统一发票交甲方。

3. 工程结算(见附件六)。

第六条 施工配合

1. 甲方工作：

(1)在装饰施工前，向施工地的物业服务企业申报登记。

(2)应在开工前三日内全部或部分腾空房屋。对只能部分腾空的房屋中所滞留的家具、陈设等应当采取保护措施。向乙方提供施工所需的水、电等必备条件，并说明使用注意事项。

(3)做好施工中因临时使用公用部位操作影响邻里关系等协调工作。

(4)甲方或其所属物业部门应书面告之乙方施工人员有关物业管理的规定，以便乙方施工人员遵守执行。

2. 乙方工作：

(1)在开工前检查水、电、燃气管道，楼(地)面、墙面，发现问题应及时通知甲方，由甲方负责解决和协调。

(2)指派_____为乙方驻工地代表，全权负责合同履行，按要求组织施工，保质、保量、按期完成施工任务。如更换人员，乙方应及时通知甲方。

第七条 合同的变更和解除

1. 本合同经甲乙双方签字生效后，双方必须严格遵守。工程项目如需变更，需提前与对方联系。经双方协商一致后，签署工程项目变更单，同时调整相关工程费用及工期(见附件四)。甲方提出变更设计、材料，造成乙方材料积压，应由甲方负责处理，并承担全部处理费用。

2. 合同签订后施工前，任何一方提出终止合同，须向对方以书面形式提出，并按合同总价款_____％支付违约金，办理终止合同手续。

3. 施工过程中，任何一方提出终止合同，须向对方以书面形式提出，经双方同意办理清算手续，订立终止合同协议，并由过错方按合同总价款_____％支付违约金，解除本合同。

第八条 违约责任

1. 由于乙方原因致使工程质量不符合约定的，甲方有权要求乙方在合理期限内无偿修理或返工，经过修理或返工后，造成逾期交付的，乙方应当承担违约责任。每逾期一天，乙方应向甲方按合同总价款1％支付违约金。

2. 乙方未按照合同约定提供材料的，甲方有权要求乙方更换材料或按材料品质计价付款。乙方故意提供假冒伪劣的材料或设备，应按材料或设备的价款双倍赔偿给甲方。乙方故意提供不符合国家有关室内装饰装修材料有害物质限量的强制性标准的材料，给对方造成人身健康损害的，乙方承担损害赔偿责任。

3. 乙方擅自拆改房屋承重结构或共用设备管线，由此发生的损失或事故(包括罚款)，由乙方负责并承担责任。

4. 由于甲方原因造成延期开工或中途停工，乙方可以顺延工程竣工日期，并有权要求赔偿停工、窝工等损失。每停工、窝工一天，甲方应向乙方按合同总价款1％支付违约金。

5. 甲方未按合同约定时间付款的，每逾期一天，甲方应向乙方按合同总价款1％支付违约金，工期顺延。

6. 工程未办理验收、结算手续，甲方提前使用或擅自动用该工程成品或自行入住由此造成无法验收和损失的，由甲方负责。

第九条　纠纷处理方式

1. 本合同在履行中或在保修期内发生争议，由当事人双方协商解决；也可以向有关部门申请调解。

2. 当事人不愿通过协商、调解解决，或协商、调解不成的，可以按照下列第_____种方式解决：

(1)提交_____仲裁委员会仲裁。

(2)依法向人民法院起诉。

第十条　其他约定

1. _____；

2. _____；

3. _____；

4. _____；

5. _____。

第十一条　附则

1. 本合同由甲乙双方签字、盖章后生效。

2. 本合同签订后，装饰工程不得转包。

3. 本合同一式_____份，甲乙双方各执一份。

第十二条　合同附件

合同附件为本合同的组成部分，具有同等的法律效力。

合同附件上均应有甲乙双方的签名及具体签署日期。如乙方另有合同附件的，其内容应当包括下列合同附件内容。

附件一：_____省家庭居室装饰装修合同装饰施工内容表。

附件二：_____省家庭居室装饰装修合同甲方提供主材料、设备表。

附件三：_____省家庭居室装饰装修合同乙方提供主材料、设备报价单。

附件四：_____省家庭居室装饰装修合同工程项目变更单。

附件五：_____省家庭居室装饰装修合同工程质量验收单。

附件六：_____省家庭居室装饰装修合同工程结算单。

附件七：_____省家庭居室装饰装修合同工程保修单。

甲方(签字)：　　　　　　　　　　乙方(签字盖章)：

委托代理人：　　　　　　　　　　法定代表人：

地址：　　　　　　　　　　　　　委托代理人：

电话：　　　　　　　　　　　　　地址：

邮编：　　　　　　　　　　　　　电话：

　　　　　　　　　　　　　　　　邮编：

签订日期：　　　　年　　月　　日

签订地点：

附件一

表 8-2　_____省家庭居室装饰装修合同装饰施工内容表

甲方：_____

乙方：_____

序号	分项工程施工说明
一	地面部位：
二	墙面部位：
三	顶棚部位：
四	门窗部位：
五	家具：
六	卫生间：
七	厨房：
八	电气、水管：
九	其他：

甲方代表：_____（签字）　　　　　　　　　　　　　乙方代表：_____（签字盖章）

　　　　　　　　　　　　　　　　　　　　　　　　　　　_____年___月___日

附件二

表 8-3　_____省家庭居室装饰装修合同甲方提供主材料、设备表

甲方：_____

乙方：_____

序号	材料或设备名称、品牌	规格型号	质量等级	单位	数量	供应时间	送达地点	备注

甲方代表：_____（签字）　　　　　　　　　　　　　乙方代表：_____（签字盖章）

　　　　　　　　　　　　　　　　　　　　　　　　　　　_____年___月___日

附件三

表 8-4　_____省家庭居室装饰装修合同乙方提供主材料、设备报价单

甲方：_____

乙方：_____

序号	装饰内容及装饰材料规格、型号、品牌、等级	数量	单位	单价	合价

甲方代表：_____（签字）　　　　　　　　　　　　　乙方代表：_____（签字盖章）

　　　　　　　　　　　　　　　　　　　　　　　　　　　_____年___月___日

附件四

表 8-5　_____省家庭居室装饰装修合同工程项目变更单

甲方：_____

乙方：_____

变更内容	原设计	新设计	增减费用（＋、－）

详细说明：

甲方代表：_____（签字）　　　　　　　　　　　　　　乙方代表：_____（签字盖章）

　　　　　　　　　　　　　　　　　　　　　　　　　　　　_____年___月___日

备注：

(1)若变更内容过多请另附说明；

(2)增加项目金额、减少项目金额后应将实付金额在签署变更单认可时，一次性付清。

附件五

表 8-6　_____省家庭居室装饰装修合同工程质量验收单

甲方：_____

乙方：_____

日期	检验项目名称	检验结果			检验签名
		合格	不合格	补验	
整体工程验收意见	甲方代表：（签字） 乙方代表：（签字盖章）				年　　月　　日

备注：分项检验评定，合格打"√"，不合格打"×"，补验合格打"√"。

附件六

表 8-7　_____省家庭居室装饰装修合同工程结算单

甲方：_____

乙方：_____

序号	项目	金额	备注
1	工程合同总价		
2	变更增加项目		
3	变更减少项目		
4	工程结算总额		

续表

序号	项目	金额	备注
5	甲方已付金额		
6	甲方结算应付金额		

甲方代表：＿＿＿＿＿＿＿（签字）　　　　　　　　　　乙方代表：＿＿＿＿＿＿＿（签字盖章）

　　　　　　　　　　　　　　　　　　　　　　　　　　　＿＿＿＿＿＿年＿＿月＿＿日

附件七

表 8-8　　＿＿＿＿＿＿省家庭居屋装饰装修合同工程保修单

甲方：＿＿＿＿＿＿＿＿＿＿＿

乙方：＿＿＿＿＿＿＿＿＿＿＿

乙方名称		联系电话	
甲方姓名		联系电话	
装修房屋地址		登记编号	
施工单位负责人		施工负责人	
现场施工日期	年　月　日至　　年　月　日	竣工验收日期	
保修期限　　年　月　日至　　年　月　日			

甲方代表：＿＿＿＿＿＿＿（签字）　　　　　　　　　　乙方代表：＿＿＿＿＿＿＿（签字盖章）

　　　　　　　　　　　　　　　　　　　　　　　　　　　＿＿＿＿＿＿年＿＿月＿＿日

备注：

(1)凡包工包料的"双包"工程，从竣工验收之日计算，保修期为二年；

(2)保修期内由于乙方施工不当造成质量问题的，乙方无条件进行维修；

(3)保修期内如属甲方使用不当造成损坏，致使不能正常使用的，乙方酌情收费。

单元四　物业设施设备管理法律制度

一、物业设施设备管理基础

(一)物业设施设备概念与分类

1. 物业设施设备的概念

物业设施设备是房屋主体构造以外的附属于房屋建筑的各类设施设备的总称，是构成房屋建筑实体的有机的重要组成部分。

2. 物业设施设备的分类

物业设施设备是根据业主和使用人的要求、房屋的用途来设置的。通常，我们将房屋设施设备分为供水设备、排水设备、热水供应设备、消防设备、卫生与厨房设备、供暖供冷通风设备、燃气设备和电气工程设备。

(二)物业设施设备管理的概念与特点

1. 物业设施设备管理的概念

物业设施设备管理是物业服务企业的工程管理人员通过熟悉和掌握设施设备的原理和性能，

对其进行保养维修，使之能够保持最佳运行状态，有效地发挥效用，从而为业主和客户提供一个安全、高效、舒适的环境。

2. 物业设施设备管理的特点

由于物业设施设备自身具有价值高、技术含量高、使用频率高等特点，因而房屋设施设备管理具有以下特点：

（1）维修成本高。物业设施设备投资大、成本高，且因使用而发生有形损耗，以及由于技术进步导致更新频繁发生的无形损耗，致使房屋设施设备使用年限较短，导致房屋设备的维修更新间隔期缩短，致使维修更新成本增加。

（2）维修技术要求高。由于物业设施设备专业化程度越来越高，要求灵敏程度和精确程度较高，因此在物业设施设备维修管理中，对维修技术的要求也不断提高。而维修工作的质量会直接影响设施设备在运行中的技术性能的正常发挥，因此，必须配备专业技术人员，才能保证维修质量。

（3）随机性与计划性相结合、集中维修与分散维修相结合。房屋设施设备往往会发生各种故障，这就使房屋设施设备的维修有很强的随机性，事先很难确定故障究竟何时以何种程度发生。但房屋设施设备又都有一定的使用寿命和大修更新周期，因此，设备的维修又有很强的计划性，可以制订房屋设备维修更新计划，有计划地确定维修保养次序、期限和日期。此外，房屋设备日常的维护保养、零星维修和突发性抢修是分散进行的，而大修更新又往往是集中地按计划进行的，因此，房屋设备的维修又具有集中维修与分散维修相结合的特点。

(三)物业设施设备管理内容

1. 物业设施设备使用管理

设施设备使用管理是通过制定、实施一系列规章制度来实现的。设施设备使用管理制度主要有设备运行值班制度、设备保养制度、交接班制度、设备操作使用人员的岗位责任制。

房屋设施设备根据使用时间的不同，可分为日常使用设备、季节性使用设备、紧急情况下使用设备等，各类设备都要制定相应的设备运行使用制度。

2. 物业设施设备维修管理

设施设备维修管理的内容包括设备的定期检查制度、日常保养制度、维修制度、维修质量标准、维修人员管理制度等。

3. 物业设施设备安全管理

设施设备安全管理的内容包括国家对安全性能要求较高的设施设备实行合格证制度，要求维修人员参加学习培训考核后的持证上岗制度，以及消防通道管理、电梯安全使用管理等。同时要制定相应的管理制度，确保使用安全。

4. 物业设施设备技术档案资料管理

设施设备技术档案资料管理是设施设备的基础资料管理，内容包括建立设备的登记卡片、技术档案、工作档案、维修档案等。

二、物业设施设备管理法律规定

(一)用水设施管理法律规定

1. 供水设施管理

《城市供水条例》对"城市供水设施管理"作了明确的规定。

(1)供水企业。城市自来水供水企业和自建设施供水的企业对其管理的城市供水的专用水库、引水渠道、取水口、泵站、井群、输(配)水管网、进户总水表、净(配)水厂、公共水站等设施，应当定期检查维修，确保安全运行。

(2)用水单位。用水单位自行建设的与城市公共供水管道连接的户外管道及其附属设施，必须经城市自来水供水企业验收合格并交其统一管理后，方可使用。

(3)其他单位。在规定的城市公共供水管道及其附属设施的地面和地下的安全保护范围内，禁止挖坑取土或者修建建筑物、构筑物等危害供水设施安全的活动。

因工程建设确需改装、拆除或者迁移城市公共供水设施的，建设单位应当报经县级以上人民政府城市规划行政主管部门和城市供水行政主管部门批准，并采取相应的补救措施。

涉及城市公共供水设施的建设工程开工前，建设单位或者施工单位应当向城市自来水供水企业查明地下供水管网情况。施工影响城市公共供水设施安全的，建设单位或者施工单位应当与城市自来水供水企业商定相应的保护措施，由施工单位负责实施。

(4)禁止性规定。禁止擅自将自建设施供水管网系统与城市公共供水管网系统连接。因特殊情况确需连接的，必须经城市自来水供水企业同意，并在管道连接处采取必要的防护措施。

禁止产生或者使用有毒有害物质的单位将其生产用水管网系统与城市公共供水管网系统直接连接。

2. 房屋便器水箱管理

《城市房屋便器水箱应用监督管理办法》对"房屋便器水箱管理"作了明确规定。

(1)房屋便器水箱和配件安装使用管理。

1)新建房屋建筑必须安装符合国家标准的便器水箱和配件。凡新建房屋继续安装经国家有关行政主管部门已通知淘汰的便器水箱和配件(以下简称淘汰便器水箱和配件)的，不得竣工验收交付使用，供水部门不予供水，由城市建设行政主管部门责令限期更换。

2)原有房屋安装使用淘汰便器水箱和配件的，房屋产权单位应当制订更新改造计划，报城市建设行政主管部门批准，分期分批进行改造。

3)公有房屋淘汰便器水箱和配件所需要的更新改造资金，由房屋产权单位和使用权单位共同负担，并与房屋维修改造相结合，逐步推广使用节水型水箱和配件及克漏阀等节水型产品。

4)建设单位未按照规定仍安装淘汰便器水箱和配件的，应当追究责任者的责任，经主管部门认定属于设计或者施工单位责任的，由责任方赔偿房屋产权单位全部更换费用和相关的经济损失。

5)城市建设行政主管部门对漏水严重的房屋便器水箱和配件，应当责令房屋产权单位限期维修或者更新。

6)房屋产权单位安装使用符合国家标准的便器水箱和配件出现质量问题，在质量保证期限内生产企业应对产品质量负责。由于产品质量原因引起漏水的，生产企业应当包修或者更换，并赔偿由此造成的经济损失。

(2)违章责任。城市建设行政主管部门对下列违法行为可以给予责令限期改正、按测算漏水量月累计征收 3～5 倍的加价水费，并可按每套便器水箱和配件处以 30～100 元的罚款，最高不超过 30 000 元。

1)将安装有淘汰便器水箱和配件的新建房屋验收交付使用的；

2)未按更新改造计划更换淘汰便器水箱和配件的；

3)在限定的期限内未更换淘汰便器水箱和配件的；

4)对漏水严重的房屋便器水箱和配件未按期进行维修或者更新的。

3. 房屋节水洁具管理

《关于推广应用新型房屋卫生洁具和配件的规定》对"房屋节水洁具管理"作了明确规定。

(1)各单位推广应用新型房屋卫生洁具和配件。推广应用相关标准要求的各种节水型卫生洁具与水箱和配件是相关行政部门和企业的责任。

1)企业必须加强产品的质量管理,完善检测手段,严格按国家标准生产和配套,对售出的产品必须实行"三包"。

2)商业部门和有关经营单位不得收购和销售被淘汰的上导向直落式水箱和配件。

3)建筑设计部门在新建、改建房屋的设计中,必须选用经质量检测机构检测符合规定要求的卫生洁具和配件,施工单位必须按设计要求安装符合规定的卫生洁具和配件,不得使用淘汰产品。

4)房管部门或房屋的产权单位要制定改造规划,对在用的上导向直落式排水结构的水箱和配件,有计划地结合房屋维修改造,逐步使用新型水箱和配件更新或利用克漏阀等进行局部改造,根治漏水。

(2)政府监督和行政处理。

1)对生产单位管理。国家技术监督局、各级质量监督管理部门要按有关法规加强对企业产品质量的监督,不定期地组织抽查。对抽查不合格者,由技术监督部门或企业主管部门令其限期整顿,整顿复查后仍不合格的,企业主管部门应取消其生产和配套的资格,直至建议工商行政管理机关按照国家有关规定吊销其营业执照。为保证质量,由国家技术监督局会同有关部门及早组织实施水箱和配件的生产许可证制度。

2)对经营单位管理。如果企业违反规定,生产淘汰产品,或者商业部门和有关经营单位收购和销售被淘汰的上导向直落式水箱和配件,则由工商行政管理机关、技术监督部门按《工业产品质量责任条例》的有关规定予以处罚。企业的主管机关应给予企业负责人以行政处分。

3)对设计单位管理。对建筑设计部门在新建、改建房屋的设计中,没有选用经质量检测机构检测符合规定要求的卫生洁具和配件的,当地节水管理部门要责令其纠正。对已经造成的损失,应由违反规定的单位负责赔偿。对新竣工的房屋,须经该地区的节水管理部门或供水部门验收合格后,供水部门才能供水。

对在用的淘汰上导向直落式排水结构的水箱和配件,未按规定制定改造规划、不进行改造的单位,节水管理部门可根据当地实际情况,对产权单位采取必要的强制性措施。

(二)电力设施管理法律规定

为保障电力设施的良好运作,1992年2月国家经济贸易委员会、公安部颁布《电力设施保护条例实施细则》(2011年进行修订),1995年12月全国人大制定的《中华人民共和国电力法》(后经2009年、2015年、2018年3次修正),1996年4月国务院颁布的《电力供应与使用条例》(后经2016年、2019年2次修订)都规定了对电力设施的保护。

1. 电力设施保护区的保护

(1)电力设施保护区设立标志。电力管理部门应当按照国务院有关电力设施保护的规定,在电力设施保护区设立标志。任何单位和个人不得在依法划定的电力设施保护区内修建可危及电力设施安全的建筑物、构筑物,不得种植可能危及电力设施安全的植物,不得堆放可能危及电力设施安全的物品。已经在依法划定电力设施安全保护区前种植的植物妨碍电力设施安全的,应当修剪或者砍伐。

(2)电力设施保护区作业。任何单位和个人需要在依法划定的电力设施保护区进行可能危及电力设施安全的作业时，应经电力管理部门批准并采取安全措施后，方可作业。

电力设施与公用工程、绿化工程和其他工程在新建改建或者扩建中相互妨碍时，有关单位应当按照国家相关规定进行协商，达成协议后方可施工。

(3)地下电力电缆保护区。地下电力电缆保护区的宽度为地下电力电缆线路地面标桩两侧各0.75 m所形成的两平行线内区域。发电设施附属的输油、输灰、输水管线的保护区依规定确定。

在保护区内禁止使用机械掘土、种植林木；禁止挖坑、取土、兴建建筑物和构筑物；不得堆放杂物或倾倒酸、碱、盐及其他有害化学物品。

(4)架空电力线路杆塔、拉线保护区域。任何单位或个人不得在距架空电力线路杆塔、拉线基础外缘的下列范围内进行取土、打桩、钻探、开挖或倾倒酸、碱、盐及其他有害化学物品的活动：

1)35 kV及以下电力线路杆塔、拉线周围5 m的区域；

2)66 kV及以上电力线路杆塔、拉线周围10 m的区域。

在杆塔、拉线基础的上述距离范围外进行取土、堆物、打桩、钻探、开挖活动时，必须遵守下列规定：

1)预留出通往杆塔、拉线基础供巡视和检修人员、车辆通行的道路；

2)不得影响基础的稳定，如可能引起基础周围土壤、砂石滑坡，进行上述活动的单位或个人应当负责修筑护坡加固；

3)不得损坏电力设施接地装置或改变其埋设深度。

(5)架空电力线路保护区。任何单位或个人不得在架空电力线路保护区内种植可能危及电力设施和供电安全的树木、竹子等高杆植物。

(6)电力设施周围禁止爆破。任何单位和个人不得在距电力设施周围500 m范围内(指水平距离)进行爆破作业。因工作需要必须进行爆破作业时，应当按国家颁发的有关爆破作业的法律法规，采取可靠的安全防范措施，确保电力设施安全，并征得当地电力设施产权单位或管理部门的书面同意，报经政府有关管理部门批准。在规定范围外进行的爆破作业必须确保电力设施的安全。

2. 供电设施管理

(1)供电设施建设。供电企业可以按照国家有关规定在规划的线路走廊、电缆通道、区域变电所、区域配电所和营业网点的用地上，架线、敷设电缆和建设公用供电设施。供电设施、受电设施的设计、施工、试验和运行，应当符合国家标准或者电力行业标准。

(2)供电设施建设的维护。供电企业和用户对供电设施、受电设施进行建设和维护时，作业区域内的有关单位和个人应当给予协助，提供方便；因作业对建筑物或者农作物造成损坏的，应当依照有关法律、行政法规的规定负责修复或者给予合理的补偿。

(3)供电设施维护管理。公用供电设施建成投产后，由供电单位统一维护管理。经电力管理部门批准，供电企业可以使用、改造、扩建该供电设施。公用供电设施的维护管理，由产权单位协商确定，产权单位可自行维护管理，也可以委托供电企业维护管理。用户专用的供电设施建成投产后，由用户维护管理或者委托供电企业维护管理。

(4)供电设施迁移。建设单位因建设需要对已建成的供电设施进行迁移、改造或者采取防护措施时，应当事先与该供电设施管理单位协商，所需工程费用由建设单位负担。

(三)电信设施管理法律规定

2000年9月国务院颁布的《中华人民共和国电信条例》(后经2014年、2016年2次修订)，对电信设施的建设作了明确规定。

1. 电信设施的设置

(1)电信设施的设置是建设项目的组成部分。城市建设和村镇、集镇建设应当配套设置电信设施。建筑物内的电信管线和配线设施以及建设项目用地范围内的电信管道，应当纳入建设项目的设计文件，并随建设项目同时施工与验收。所需经费应当纳入建设项目概算。

(2)电信设施设置的法定性和有偿性。基础电信业务是指提供公共网络基础设施、公共数据传送和基本话音通信服务的业务。基础电信业务经营者可以在民用建筑物上附挂电信线路或者设置小型天线、移动通信基站等公用电信设施，但是应当事先通知建筑物产权人或者使用人，并按照省、自治区、直辖市人民政府规定的标准向该建筑物的产权人或者其他权利人支付使用费。

2. 电信设施的保护

(1)电信设施的移动保护。任何单位或者个人不得擅自改动或者迁移他人的电信线路及其他电信设施；遇有特殊情况必须改动或者迁移的，应当征得该电信设施产权人同意，由提出改动或者迁移要求的单位或者个人承担改动或者迁移所需费用，并赔偿由此造成的经济损失。

(2)电信设施的危及保护。从事施工、生产、种植树木等活动，不得危及电信线路或者其他电信设施的安全或者妨碍线路畅通。可能对电信安全造成危害时，应当事先通知有关电信业务经营者，并由从事该活动的单位或者个人负责采取必要的安全防护措施。

(3)电信设施的相邻保护。从事电信线路建设，应当与已建的电信线路保持必要的安全距离。难以避开或者必须穿越，或者需要使用已建电信管道的，应当与已建电信线路的产权人协商，并签订协议。经协商不能达成协议的，根据不同情况，由国务院信息产业主管部门或者省、自治区、直辖市电信管理机构协调解决。

3. 破坏公用电信设施的刑事处罚

破坏公用电信设施会给正常的社会秩序带来严重的破坏，为了加大打击犯罪的力度，最高人民法院出台了《关于审理破坏公用电信设施刑事案件具体应用法律若干问题的解释》，就审理这类刑事案件具体应用法律解释如下：

(1)采用截断通信线路、损毁通信设备或者删除、修改、增加电信网计算机信息系统中存储、处理或者传输的数据和应用程序等手段，故意破坏正在使用的公用电信设施，属于刑法规定的"危害公共安全"，应依照《刑法》规定，以破坏公用电信设施罪处3年以上7年以下有期徒刑。

(2)故意破坏正在使用的公用电信设施尚未危害公共安全，或者故意毁坏尚未投入使用的公用电信设施，造成财物损失，构成犯罪的，应依照《刑法》规定，以故意毁坏财物罪定罪处罚。

(3)盗窃公用电信设施价值数额不大，但是构成危害公共安全犯罪的，依照《刑法》规定定罪处罚；盗窃公用电信设施同时构成盗窃罪和破坏公用电信设施罪的，依照处罚较重的规定定罪处罚。

(四)电梯设备管理法律规定

为加强电梯设备的运行管理，国家颁布了一系列法律、法规，包括《特种设备安全监察条例》《电梯安装验收规范》(GB/T 10060—2011)。

1. 电梯安装

(1)电梯安装是电梯生产全过程的重要环节。电梯生产企业要保证电梯安装、调试质量。电梯生产企业跨地区安装本企业的电梯时，应到当地建设行政主管部门办理注册手续。如委托其他企业安装，被委托企业应取得电梯生产企业《委托代理书》，方可安装该电梯生产企业的电梯。被委托代理企业无权对电梯安装进行再委托或转包。

（2）在电梯安装过程中，电梯安装企业必须保证电梯安装质量，确保电梯安装设备和人员的安全。

（3）电梯安装后，由负责电梯安装的企业进行质量自检，合格后，出具电梯产品质量检测报告，交电梯使用单位。使用单位向建设行政主管部门提出验收申请。由建设行政主管部门按照国家标准组织验收。验收合格后，发给全国统一的《电梯准用证》，交付使用。其他部门不再重复检验发证。未取得《电梯准用证》的电梯不准使用。

2. 电梯维修

电梯维修是保证电梯长期安全正常运行的重要环节，也是电梯生产企业售后服务的主要内容。电梯维修是一项法定责任。

（1）所有电梯使用单位必须与其电梯生产企业或被委托代理企业签订维修合同。使用单位必须按规定在每年的年检后，凭年检合格书、维修合同书到建设行政主管部门办理下一年度的《电梯准用证》。建设行政主管部门要在一周内派检测人员实地检查，合格后，发放新一年度的《电梯准用证》。

（2）使用单位自行维修保养电梯必须得到电梯生产企业的委托代理。

（3）使用单位发生变化，不再是与电梯生产企业签订合同的单位而移交或转售另一单位时，原使用单位必须负责同电梯生产企业办理维修保养合同转让手续。

（4）电梯生产企业或被委托代理企业必须按照维修合同及时处理电梯故障与事故；每个月对电梯的所有设备至少进行一次检修；一年进行一次电梯的年检。

（5）电梯生产企业或被委托代理企业应根据本企业电梯产品销售情况和本企业在用电梯的情况，建立维修保养网络，负责本企业新装电梯和在用电梯的维修保养工作。维修网络的维修保养人员必须严格按照生产企业的《电梯维修技术规程》《电梯保养技术规程和检验标准》和《维修保养合同》的规定按时维修保养，逐台电梯做好维修保养记录，建档备查。

（6）电梯维修费用原则上由负责电梯维修的企业与电梯使用单位在维修合同中协商确定。

（7）电梯的大修、改造和更新，均按有关电梯安装的条款执行。

单元五　房屋修缮管理法律制度

一、房屋修缮基础

（一）房屋修缮的概念与作用

1. 房屋修缮的概念

房屋修缮是指物业服务企业对所经营管理的房屋进行修复、维护和改建的管理活动。

2. 房屋修缮的作用

（1）延长房屋使用寿命，保障住用安全。搞好房屋修缮，可以维持和恢复房屋原有的质量和使用功能，有利于延长房屋的使用寿命，保障房屋住用安全功能，提高居住质量。并且有利于美化生活环境和城市面貌。

（2）促使物业保值增值，节约建设资金。搞好房屋修缮，有利于控制减缓房屋的损耗程度，

模块八 物业管理实务法律制度

促使房屋保值、增值，从而减少建房的资金。

（3）建立企业信誉，塑造良好形象。搞好房屋修缮，有利于物业服务企业在业主中建立良好的企业形象，以优良的服务开拓业务，推动物业管理向企业化、专业化发展，在竞争中赢得市场。

（4）改善住用条件，完善使用功能。搞好房屋修缮，可对房屋建设中的设计或施工的不足之处，采取补救措施，根据需要与可能适当改善住用条件，完善使用功能。

（二）房屋损耗原因

导致房屋损坏的原因一般有自然损坏和人为损坏两种，见表8-9。

表8-9　房屋损坏原因

项目		原因
自然损坏	气候因素	自然界的风、霜、雪、雨和冰冻的袭击以及空气中的有害物质的侵入与氧化作用，会对房屋的外部构件产生老化和风化的影响，这种影响随着大气干度和湿度的变化会有所不同，但会使构件发生风化剥落，质量发生变化。例如木材的腐烂糟杇、砖瓦的风化、铁件的锈蚀、钢筋混凝土的胀裂、塑料的老化等，尤其是部件的外露部分更易损坏
	生物因素	生物因素主要是虫害（如白蚁等）、菌类（如霉菌）的作用，使建筑物构件的断面减少、强度降低
	地理因素	地理因素主要指地基土质的差异引起的房屋不均沉降以及地基盐碱化作用引起房屋的损坏
人为损坏	使用不当	由于人们在房屋内生产或生活，人们的生产或生活活动及生产设备、生活日用品荷载的大小，摩擦、撞击的频率，使用的合理程度等都会影响房屋的寿命。如不合理的改装、搭建；不合理地改变房屋用途，对房屋的某些结构造成破坏，或者造成超载压损；使用上爱护不够或使用不当而造成的破坏。此外，还有由于周围设施的影响而造成房屋损坏的，例如人防工程、市政管道、安装电缆等，因缺乏相应技术措施而导致塌方或地基沉降，造成房屋墙体的闪动、开裂及其他变形等
	设计和施工质量低劣	这是先天不足。房屋在建筑或修缮时，由于设计不当，施工质量差，或者用料不符合要求等，影响了房屋的正常使用，加速了房屋的损坏。例如房屋坡度不符合要求，下雨时排水造成泄漏；砖墙砌筑质量低劣，影响墙体承重能力而损坏变形；有的木结构的木材质量差，或制作不合格，安装使用后不久就变形、断裂、腐烂；有的水泥晒台、阳台因混凝土振捣质量差，钢筋位置摆错，造成断裂等
	预防保养不善	有的房屋和设备，由于没有适时地采取预防保养措施或者修理不够及时，造成不应产生的损坏，以至发生房屋损坏、倒塌事故。如钢筋混凝土露筋，铁件、镀锌铁漏水设备尚未油漆保养，门窗铰链松动等，所有这些问题若不及时解决，都可能酿成大患

（三）房屋完损等级鉴定标准

根据各类房屋的结构、装修、设备等组成部分的完好、损坏程度，房屋分成完好房、基本完好房、一般损坏房、严重损坏房和危险房五类。

1. 完好房鉴定标准

完好房鉴定的项目及要求见表 8-10。

表 8-10　完好房鉴定的项目及要求

鉴定项目		鉴定要求
结构部分	地基基础	地基基础应有足够承载能力，无超过允许范围的不均匀沉降
	承重构件	梁、柱、墙、板、屋架平直牢固，无倾斜变形、裂缝、松动、腐朽、蛀蚀
	非承重墙	(1)预制墙板节点安装牢固，拼缝处不渗漏； (2)砖墙平直完好，无风化破损； (3)石墙无内化弓凸； (4)木、竹、芦帘、苇箔等墙体完整无破损
	屋面	屋面不渗漏(其他结构房屋以不漏雨为标准)，基层平整完好，积尘甚少，排水畅通。 (1)平屋面防水屋、隔热屋、保温屋完好； (2)平瓦屋面瓦片搭接紧密，无缺角、裂缝瓦(合理安排利用除外)，瓦出线完好； (3)青瓦屋面瓦垄顺直，搭接均匀，瓦头整齐，无碎瓦，节筒俯瓦、灰梗牢固； (4)铁皮屋面安装牢固，铁皮完好，无锈蚀； (5)石灰炉渣、青灰屋面光滑平整，油毡屋面牢固无破洞
	楼地面	(1)整体面层平整完好，无空鼓、裂缝、起砂； (2)木楼地面平整坚固，无腐朽、下沉，无较多磨损和裂缝； (3)砖、混凝土块料面层平整，无碎裂； (4)灰土面平整完好
装修部分	门窗	门窗应完整无损，开关灵活，玻璃、五金齐全，纱窗完整，油漆完好(允许有个别钢门、窗轻度锈蚀，其他结构房屋无油漆要求)
	外抹灰	外抹灰应完整牢固，无空鼓、剥落、破损和裂缝(风裂除外)，勾缝砂浆密实。其他结构房屋以完整无破损为标准
	内抹灰	内抹灰应完整、牢固，无破损、空鼓和裂缝(风裂除外)。其他结构房屋以完整无破损为标准
	顶棚	顶棚应完整牢固，无破损、变形、腐朽和下垂脱落，油漆完好
	细木装修	细木装修应完整牢固，油漆完好
设备部分	水卫	上、下水管道畅通，各种卫生器具完好，零件齐全无损
	电照	电器设备、线路、各种照明装置完好牢固，绝缘良好
	暖气	设备、管道、烟道畅通、完好，无堵、冒、漏，使用正常
	特种设备	现状良好，使用正常

2. 基本完好房鉴定标准

基本完好房鉴定项目及要求见表 8-11。

表 8-11　基本完好房鉴定项目及要求

鉴定项目		鉴定要求
结构部分	地基基础	地基基础应有承载能力，稍有超过允许范围的不均匀沉降，但已稳定
	承重构件	承重构件有少量损坏，基本牢固。 (1)钢筋混凝土个别构件有轻微变形、细小裂缝，混凝土有轻度剥落、露筋； (2)钢筋屋架平直不变形，各节点焊接完好，表面稍有锈蚀，钢筋混凝土屋架无混凝土剥落，节点牢固完好，钢杆件表面稍有锈蚀；木屋架的各部件节点连接基本完好，稍有隙缝，铁件齐全，有少量生锈； (3)承重砖墙(柱)、砌块有少量细裂缝； (4)木构件稍有变形、裂缝、倾斜，个别节点和支撑稍有松动，铁件稍有锈蚀； (5)竹结构节点基本牢固，轻度蛀蚀，铁件稍锈蚀
	非承重墙	非承重墙有少量损坏，但基本牢固。 (1)预制墙板稍有裂缝、渗水，嵌缝不密实，间隔墙面层稍有破损； (2)外砖墙面稍有风化，砖墙体轻度裂缝，勒脚有侵蚀； (3)石墙稍有裂缝、弓凸； (4)木、竹、芦帘、苇箔等墙体基本完整，稍有破损
	屋面	屋面局部渗漏，积尘较多，排水基本畅通。 (1)平屋面隔热层、保温层稍有损坏，卷材防水层稍有空鼓、翘边和封口不严，刚性防水层稍有龟裂，块体防水层稍有脱壳； (2)平瓦屋面少量瓦片裂碎、缺角、风化，瓦出线稍有裂缝； (3)青瓦屋面瓦垄少量不直，少量瓦片破碎，节筒俯瓦有松动，灰梗有裂缝，屋脊抹灰有裂缝； (4)铁皮屋面少量咬口或嵌缝不严实，部分铁皮生锈，油漆脱皮； (5)石灰炉渣、青灰屋面稍有裂缝，油毡屋面少量破洞
	楼地面	(1)整体面层稍有裂缝、空鼓、起砂； (2)木楼地面稍有磨损和稀缝，轻度颤动； (3)砖、混凝土块料面层磨损起砂，稍有裂缝、空鼓； (4)灰土地面有磨损、裂缝
装修部分	门窗	门窗少量变形、开关不灵，玻璃、五金、纱窗少量残缺，油漆失光
	外抹灰	外抹灰稍有空鼓、裂缝、风化、剥落，勾缝砂浆少量酥松脱落
	内抹灰	内抹灰稍有空鼓、裂缝、剥落
	顶棚	顶棚无明显变形、下垂，抹灰层稍有裂缝，面层稍有脱钉、翘角、松动，压条有脱落
	细木装修	细木装修稍有松动、残缺，油漆基本完好
设备部分	水卫	上、下水管道基本畅通，卫生器具基本完好，个别零件残缺损坏
	电照	电器设备、线路、照明装置基本完好，个别零件损坏
	暖气	设备、管道、烟道基本畅通，稍有锈蚀，个别零件损坏，基本能正常使用
	特种设备	现状基本良好，能正常使用

3. 一般损坏房鉴定标准

一般损坏房鉴定项目及要求见表 8-12。

表 8-12　一般损坏房鉴定项目及要求

鉴定项目		鉴定要求
结构部分	地基基础	地基基础局部承载能力不足，有超过允许范围的不均匀沉降，对上部结构稍有影响
	承重构件	承重构件有较多损坏，强度已有所减弱。 (1)钢筋混凝土构件有局部变形、裂缝，混凝土剥落、露筋、锈蚀，变形、裂缝值稍超过设计规范的规定，混凝土剥落面积占全部面积的10%以内，露筋锈蚀； (2)钢屋架有轻微倾斜或变形，少数支撑部件损坏，锈蚀严重，钢筋混凝土屋架有剥落、露筋，钢杆有锈蚀；木屋架有局部腐朽、蛀蚀，个别节点连接松动，木质有裂缝、变形、倾斜等损坏，铁件锈蚀； (3)承重墙体(柱)、砌块有部分裂缝、倾斜、弓凸、风化、腐蚀和灰缝酥松等损坏； (4)木构件局部有倾斜、下垂、侧向变形、腐朽、裂缝，少数节点松动、脱榫，铁件锈蚀； (5)竹构件个别节点松动，竹材有部分开裂、蛀蚀、腐朽、局部构件变形
	非承重墙	非承重墙有较多损坏，强度减弱。 (1)预制墙板的边、角有裂缝，拼缝处嵌缝料部分脱落，有渗水，间隔墙层局部损坏； (2)砖墙有裂缝、弓凸、倾斜、风化、腐蚀，灰缝有酥松，勒脚有部分侵蚀剥落； (3)石墙部分开裂、弓凸、风化，砂浆酥松，个别石块脱落； (4)木、竹、芦帘墙体部分严重破损，土墙稍有倾斜，硝碱
	屋面	屋面局部漏雨，木基层局部腐朽、变形、损坏，钢筋混凝土屋板局部下滑，屋面高低不平，排水设施锈蚀、断裂。 (1)平屋面保温屋、隔热屋较多损坏，卷材防水层部分有空鼓、翘边和封口脱开，刚性防水层部分有裂缝、起壳，块体防水层部分有松动、风化、腐蚀； (2)平瓦屋面部分瓦片有破碎、风化，瓦出线严重裂缝、起壳，脊瓦局部松动、破损； (3)青瓦屋面部分瓦片风化、破碎、翘角，瓦垄不顺直，节筒俯瓦破碎残缺，灰梗部分脱落，屋脊抹灰有脱落，瓦片松动； (4)铁皮屋面部分咬口或嵌缝不严实，铁皮严重锈烂； (5)石灰炉渣、表灰屋面，局部风化脱壳、剥落，油毡屋面有破洞
	楼地面	(1)整体面层部分裂缝、空鼓、剥落，严重起砂； (2)木楼地面部分有磨损、蛀蚀、翘裂、松动、稀缝，局部变形下沉，有颤动； (3)砖、混凝土块料面磨损，部分破损、裂缝、脱落，高低不平； (4)灰土地面坑洼不平
装修部分	门窗	木门窗部分翘裂，榫头松动，木质腐朽，开关不灵；钢门、窗部分铁胀变形、锈蚀，玻璃、五金、纱窗部分残缺；油漆老化翘皮、剥落
	外抹灰	外抹灰部分有空鼓、裂缝、风化、剥落，勾缝砂浆部分松酥脱落
	内抹灰	内抹灰部分空鼓、裂缝、剥落
	顶棚	顶棚有明显变形、下垂，抹灰层局部有裂缝，面层局部有脱钉、翘角、松动，部分压条脱落
	细木装修	细木装修木质部分腐朽、蛀蚀、破裂；油漆老化
设备部分	水卫	上、下水道不够畅通，管道有积垢、锈蚀，个别滴、漏、冒；卫生器具零件部分损坏、残缺
	电照	设备陈旧，电线部分老化，绝缘性能差，少量照明装置有损坏、残缺
	暖气	部分设备、管道锈蚀严重，零件损坏，有滴、冒、跑现象，供气不正常
	特种设备	不能正常使用

4. 严重损坏房鉴定标准

严重损坏房鉴定项目及要求见表 8-13。

表 8-13 严重损坏房鉴定项目及要求

鉴定项目		鉴定要求
结构部分	地基基础	地基基础承载能力不足，有明显不均匀沉降或明显滑动、压碎、折断、冻酥、腐蚀等损坏，并且仍在继续发展，对上部结构有明显影响
	承重构件	承重构件明显损坏，强度不足。 (1)钢筋混凝土构件有明显下垂变形、裂缝，混凝土剥落和露筋锈蚀严重，下垂变形、裂缝值超过设计规范的规定，混凝土剥落面积占全面积的 10％以上； (2)钢屋架明显倾斜或变形，部分支撑弯曲松脱，锈蚀严重，钢筋混凝土屋架有倾斜，混凝土严重腐蚀剥落、露筋锈蚀，部分支撑损坏，连接件不齐全，钢杆锈蚀严重；木屋架端节点腐朽、蛀蚀，节点连接松动，夹板有裂缝，屋架有明显下垂或倾斜，铁件严重锈蚀，支撑松动； (3)承重墙体(柱)、砌块强度和稳定性严重不足，有严重裂缝、倾斜、弓凸、风化、腐蚀和灰缝严重酥松损坏； (4)木构件严重倾斜、下垂、侧向变形、腐朽、蛀蚀、裂缝，木质脆枯，节点松动，榫头折断拔出、榫眼压裂，铁件严重锈蚀和部分残缺； (5)竹构件节点松动、变形，竹材弯曲断裂、腐朽，整个房屋倾斜变形
结构部分	非承重墙	非承重墙有严重损坏，强度不足。 (1)预制墙板严重裂缝、变形，节点锈蚀，拼缝嵌料脱落，严重漏水，间隔墙立筋松动、断裂，面层严重破损； (2)砖墙有严重裂缝、弓凸、倾斜、风化、腐蚀，灰缝酥松； (3)石墙严重开裂、下沉、弓凸、断裂，砂浆酥松，石块脱落； (4)木、竹、芦帘、苇箔等墙体严重破损，土墙倾斜、硝碱
	屋面	屋面严重漏雨，木基层腐烂、蛀蚀、变形损坏，屋面高低不平，排水设施严重锈蚀、断裂，残缺不全。 (1)平屋面保温层、隔热层严重损坏，卷材防水层普遍老化、断裂、翘边和封口脱开，沥青流淌，刚性防水层严重开裂、起壳、脱落，块体防水层严重松动、腐蚀、破损； (2)平瓦屋面瓦片零乱不落槽，严重破碎、风化，瓦出线破损、脱落，脊瓦严重松动破损； (3)青瓦屋面瓦片零乱，风化、碎瓦多、瓦垄不直、脱脚，节筒俯瓦严重脱落残缺，灰梗脱落，屋脊严重损坏； (4)铁皮屋面严重锈烂，变形下垂； (5)石灰炉渣、青灰屋面大部分冻鼓、裂缝、脱壳、剥落，油毡屋面严重老化，大部分损坏
	楼地面	(1)整体面层严重起砂、剥落、裂缝、沉陷、空鼓； (2)木楼地面有严重磨损、蛀蚀、翘裂、松动、稀缝、变形下沉、颤动； (3)砖、混凝土块料面层严重脱落、下沉、高低不平、破碎、残缺不全； (4)灰土地面严重坑洼不平

续表

鉴定项目		鉴定要求
装修部分	门窗	门窗木质腐朽，开关普遍不灵，榫头松动、翘裂，钢门、窗严重变形锈蚀，玻璃、五金、纱窗残缺，油漆剥落见底
	外抹灰	外抹灰严重空鼓、裂缝、剥落，墙面渗水，勾缝砂浆严重酥松脱落
	内抹灰	内抹灰严重空鼓、裂缝、剥落
	顶棚	顶棚严重变形下垂，木筋弯曲翘裂、腐朽、蛀蚀，面层严重破损，压条脱落，油漆见底
	细木装修	细木装修木质腐朽、蛀蚀、破裂，油漆老化见底
设备部分	水卫	下水道严重堵塞、锈蚀、漏水；卫生器具零件严重损坏、残缺
	电照	设备陈旧残缺，电线普遍老化、零乱，照明装置残缺不全，绝缘不符合安全用电要求
	暖气	设备、管道锈蚀严重，零件损坏、残缺不全，跑、冒、滴现象严重，基本上已无法使用
	特种设备	严重损坏，已无法使用

5. 危险房鉴定标准

危险房是指承重的主要结构严重损坏，影响正常使用，不能确保住用安全的房屋。其评定标准另定。

二、房屋修缮责任

(1)房屋所有人应当履行修缮房屋的责任。

(2)租赁房屋的修缮，由租赁双方依法约定修缮责任。

(3)因使用不当或者人为造成房屋损坏的，由其行为人负责修复或者给予赔偿。

(4)在已经批准的建设用地范围内，产权已经转移给建设单位的危险房屋其拆除前的修缮由建设单位负责。

(5)房屋所有人和其他负有房屋修缮责任的人(以下简称修缮责任人)，应当定期查勘房屋，掌握房屋完损情况，发现损坏及时修缮；在暴风、雨、雪等季节，应当做好预防工作，发现房屋险情及时抢险修复。

(6)对于房屋所有人或者修缮责任人不及时修缮房屋，或者因他人阻碍，有可能导致房屋发生危险的，当地人民政府房地产行政主管部门可以采取排险解危的强制措施。排险解危的费用由当事人承担。

三、房屋修缮范围与标准

(一)房屋修缮范围

根据《房屋修缮范围和标准》规定，物业的修缮，均应按照租赁法的规定或租赁合同的约定办理。但因用户使用不当、超载或其他过失引起的损坏，应由用户负责赔修；用户因特殊需要对房屋或其装修、设备进行增、搭、拆、扩、改时，必须报经营管理单位鉴定同意，除有单项协议专门规定者外，其费用由用户自理；因擅自在房基附近挖掘而引起的损坏，用户应负责修复。

市政污水(雨水)管道及处理装置、道路及桥涵、房屋进户水电表之外的管道线路、燃气管道及灶具、城墙、危崖、滑坡、堡坎、人防设施等的修缮，由各专业管理部门负责。

（二）房屋修缮标准

1. 修缮标准的设定

根据不同的结构和设备条件，将房屋分成"一等"和"二等以下"两类。

一等房屋的条件为：

（1）结构：包括砖木（含高级纯木）、混合和混凝土结构，其中，凡承重墙柱不得用空心砖、半砖、乱砖和乱石砌筑。

（2）地面：地面不得用普通水泥或三合土做面层。

（3）门窗：正规门窗，有纱门窗或双层窗。

（4）墙面：中级或中级以上粉饰。

（5）设备：独厨，有水、电、卫生设备，采暖地区有暖气。

凡低于以上所列条件者为二等以下房屋。

修缮标准按将房屋分解为主体工程，木门窗及装修工程，楼地面工程，屋面工程，抹灰工程，油漆粉饰工程，水、电、卫、暖设备工程，金属构件及其他工程来确定。对一、二等房屋有不同修缮要求时，可在有关款项中单独规定。

2. 房屋各项工程修缮标准

（1）房屋主体工程修缮标准。

1）屋架、柱、梁、檩条、楼楞等在修缮时应查清隐患，损坏变形严重的，应加固、补强或拆换。不合理的旧结构、节点，若影响安全使用的，大修时应整修改做。损坏严重的木构件在修缮时要尽可能用砖石砌体或混凝土构件代替。对混凝土构件，如有轻微剥落、破损的，应及时修补。混凝土碳化、产生裂缝、剥落，钢筋锈蚀较严重的，应通过检测计算，鉴定构件承载力，采取加固或替代措施。

2）基础不均匀沉降，影响上部结构的，砌体弓凸、倾斜、开裂、变形，应查清原因，有针对性地予以加固或拆砌。

（2）房屋木门窗及装修工程修缮标准。

1）木门窗开关不灵活、松动、腐烂损坏的，应修理接换，小五金应修换配齐。大修时，内外玻璃应一次配齐。木门窗损坏严重、无法修复的，应更换；一等房屋更换的门窗尽量与原门窗一致。材料有困难的，可用钢门窗或其他较好材料的门窗替代。

2）纱门窗、百叶门窗属一般损坏的，均应修复。属严重损坏的，一等房屋及幼儿园、托儿所、医院等特殊用房可更换；二等以下房屋可拆除。原没有的，一律不新装。

3）木楼梯损坏的，应修复。楼梯基下部腐烂的，可改做砖砌踏步。扶手栏杆、楼梯基、平台搁栅应保证牢固安全。损坏严重、条件允许的，可改为砖混楼梯。

4）条墙、薄板墙及其他轻质隔墙损坏的，应修复；损坏严重、条件允许的，可改砌砖墙。

5）阳台、木晒台一般损坏的，应修复；损坏严重的，可拆除，但应尽量解决晾晒问题。

6）挂镜线、窗帘盒、窗台板、筒子板、壁橱、壁炉等装修，一般损坏的，应原样修复。严重损坏的，一等房屋应原样更新，或在不降低标准、不影响使用的条件下，用其他材料代用更新；二等以下房屋可改换或拆除。

7）踢脚板局部损坏、残缺、脱落的，应修复；大部分损坏的，可改做水泥踢脚线。

（3）房屋楼地面工程修缮标准。

1）普通木地板的损坏占自然间地面面积25%以下的，可修复；超过25%或缺乏木材时，可改做水泥地坪或块料地坪。房屋及幼儿园、托儿所、医院等特殊用房的木地板、高级硬木地板及其他高级地坪损坏时，应尽量修复；实无法修复的，可改做相应标准的高级地坪。

2）木楼板损坏、松动、残缺的，应修复；如磨损严重、影响安全的，可局部拆换；条件允许的，可改做混凝土楼板。一等房屋的高级硬木楼板或其他材料的高级楼板面层损坏时应尽量修复；实无法修复的，可改做相应标准的高级楼面。夹沙楼面（"夹沙楼面"指木基层、混凝土或三合土面层的楼面）损坏的，可夹接加固木基层、修补面层，也可改做混凝土楼面。木楼楞腐烂、扭曲、损坏、刚度不足的，应抽换、增添或采取其他补强措施。

3）普通水泥楼地面起砂、空鼓、开裂的，应修补或重做。一等房屋的水磨石或块料地面损坏时，应尽量修复；实无法修复的，可改做相应标准地面。

4）砖地面损坏、破碎、高低不平的，应拆补或重铺。室内潮湿严重的，可增设防潮层或做水泥及块料地面。

（4）房屋屋面工程修缮标准。

1）屋面结构有损坏的，应修复或拆换；不稳固的，应加固。如原结构过于简陋，或流水过长、坡度小等造成渗水漏雨严重时，按原样修缮仍不能排除屋漏的，应翻修改建。

2）屋面上的压顶、出线、屋脊、泛水、天窗、天沟、檐沟、斜沟、水落管、水管等损坏渗水的，应修复；损坏严重的，应翻做。大修时，原有水落管要修复配齐，二层以上房屋原无水落管、水管，条件允许可增做。

3）女儿墙、烟囱等屋面附属构件损坏严重的，在不影响使用和市容条件下，可改修或拆除。

4）混凝土平屋面渗漏，应找出原因，针对损坏情况采用防水材料嵌补或做防水层；结构损坏的，应加固或重做。

5）玻璃顶棚、老虎窗损坏漏水的，应修复；损坏严重的，可翻做，但一般不新做。

6）屋面上原有隔热保温层损坏的，应修复。

（5）房屋抹灰工程修缮标准。

1）外墙抹灰起壳、剥落的，应修复；损坏面积过大的，可全部铲除重抹，重抹时，如原抹灰材料太差，可提高用料标准。一等房屋和沿主要街道、广场的房屋的外抹灰损坏，应原样修复；复原有困难的，在不降低用料标准、不影响色泽协调的条件下，可用其他材料替代。

2）清水墙损坏，应修补嵌缝；整垛墙风化过多的，可做抹灰。外墙勒脚损坏的，应修复；原无勒脚抹灰的，可新做。

3）内墙抹灰起壳、剥落的，应修复；每面墙损坏超过一半以上的，可铲除重抹。原无踢脚线的，结合内墙面抹灰应加做水泥踢脚线。各种墙裙损坏应根据保护墙身的需要予以修复或抹水泥墙裙。因室内外高差或沟渠等影响，引起墙面长期潮湿，影响居住使用的，可做防水层。

4）顶棚抹灰损坏，要注意检查内部结构，确保安全。抹灰层松动，有下坠危险的，必须铲除重抹。原线脚损坏的，按原样修复。损坏严重的复杂线脚全部铲除后，如系一等房屋应原样修复，或适当简略；二等以下房屋可不修复。

（6）房屋油漆粉饰工程修缮标准。

1）木门窗、纱门窗、百叶门窗、封檐板、裙板、木栏杆等油漆起壳、剥落、失去保护作用的，应周期性地进行保养；上述木构件整件拆换，应刷油漆。

2）钢门窗、铁晒衣架、铁皮落水管、铁皮屋面、钢屋架及支撑、铸铁污水管或其他各类铁构件（铁栅、铁栏杆、铁门等），其油漆起壳、剥落或铁件锈蚀，应除锈，刷防锈涂料或油漆。钢门窗或各类铁件油漆保养周期一般为3～5年。

3）木楼地板原油漆褪落的，一等房屋应重做；二等以下房屋可视具体条件处理。

4）室内墙面、顶棚修缮时刷新。其用料，一等房屋可采取新型涂料、胶白等，二等以下房屋，刷石灰水。高级抹灰损坏，应原样修复。

5)高层建筑或沿主要街道、广场的房屋外墙原油漆损坏的，应修补，其色泽应尽量与原色一致。

(7)房屋水、电、卫、暖设备工程修缮标准。

1)电气线路的修理，应遵守供电部门的操作规程。原无分户电表的，除各地另有规定者外，一般可提供安装服务，但电表及附件应由用户自备；每一房间以一灯一插座为准，平时不予改装。

2)上、下水及卫生设备的损坏、堵塞及零件残缺，应修理配齐或疏通，但人为损坏的，其费用由住户自理。原无卫生设备的，是否新装由各地自定。

3)附属于多层、高层住宅及其群体的压力水箱、污水管道及水泵房、水塔、水箱等损坏，除与供水部门有专门协议者外，均应负责修复；原设计有缺陷或不合理的，应改变设计，改道重装。水箱应定期清洗。

4)电梯、暖气、管道、锅炉、通风等设备损坏时，应及时修理；零配件残缺的，应配齐全；长期不用且今后仍无使用价值的，可拆除。

(8)房屋金属构件修缮标准。

1)金属构件锈烂损坏的，应修换加固。

2)钢门窗损坏、开关不灵、零件残缺的，应修复配齐；损坏严重的，应更换。

3)铁门、铁栅、铁栏杆、铁扶梯、铁晒衣架等锈烂损坏的，应修理或更换；无保留价值的，可拆除。

(9)房屋其他工程修缮标准。

1)水泵、电动机、电梯等房屋正在使用的设备，应修理，保养；避雷设施损坏、失效的，应修复；高层房屋附近无避雷设施或超出防护范围的，应新装。

2)原有院墙、院墙大门、院落内道路、沟渠下水道损坏或堵塞的，应修复或疏通。原无下水系统，院内积水严重，影响居住使用和卫生的，条件允许的，应新做。院落里如有共用厕所，损坏时应修理。

3)暖炕、火墙损坏的，应修理。如需改变位置布局，平时一般不考虑，若房屋大修，可结合处理。

四、房屋修缮时对危害的预防

房屋修缮，是对房屋长久使用的自然损坏所进行的修缮，或者是对灾害造成的损害所进行的修缮。除了自然损坏外，对房屋有重大灾害危险的是地震、白蚁、火灾、洪水、大风和雷击。房屋修缮要结合对房屋危害的预防。

1. 对地震危害的预防

在抗震设防地区，凡房屋进行翻修、大修时，应尽可能按抗震设计规范和抗震鉴定加固标准进行设计、施工，中修工程也要尽可能采取抗震加固构造措施。

2. 对白蚁危害的预防

在白蚁危害地区，各类修缮工程均应贯彻"以防为主，修治结合"的原则，做到看迹象、查蚁情、先防治、后修换。

3. 对火灾危害的预防

在大、中修时，对砖木结构以下的房屋应尽可能提高其关键部位的防火性能，在住户密集的院落，要尽可能留出适当的通道或间距。

4. 对洪水、大风危害的预防

对经常受水淹的房屋，要采取根治措施；对经常发生山洪的地区，要采取防患措施；在易受暴、台风袭击的地区，要提高房屋的抗风能力。

5. 对雷击危害的预防

在易受雷击地区的房屋，要有避雷装置，并定期检查修理。

单元六　物业环境管理法律制度

一、物业环境管理基础

物业环境管理是指物业服务企业通过物业区域环境的管理，宣传教育，执法检查及履约监督，防止和控制已经发生和可能发生的对物业环境的损害，减少已经发生的环境损害对业主或使用人带来的消极影响。

物业环境管理是整个物业管理的一个重要组成部分，物业环境管理水平，直接关系到业主和使用人的生活质量、环境质量。

二、城市市容管理法律规定

城市市容是指城市的整个容貌，包括对建筑景观、公共设施、环境卫生、园林绿化、广告标志、公共场所等方面的容貌要求。

城市市容管理，是城市政府的市容行政主管部门依靠市容监督队伍和社会参与，依法对城市的建筑外貌、景观灯光、户外广告设置和生产运输等的整洁、规范进行的管理活动。

为了加强城市市容和环境卫生管理，创造清洁、优美的城市工作、生活环境，促进城市社会主义物质文明和精神文明建设，1992 年 6 月，国务院颁布了《城市市容和环境卫生管理条例》，并于 2017 年进行了修订。条例对涉及物业管理区域的城市市容规定有以下几条。

（1）城市中的建筑物和设施，应当符合国家规定的城市容貌标准。对外开放城市、风景旅游城市和有条件的其他城市，可以结合本地具体情况，制定严于国家规定的城市容貌标准；建制镇可以参照国家规定的城市容貌标准执行。

（2）一切单位和个人都应当保持建筑物的整洁、美观。在城市人民政府规定的街道的临街建筑物的阳台和窗外，不得堆放、吊挂有碍市容的物品。搭建或者封闭阳台必须符合城市人民政府市容环境卫生行政主管部门的有关规定。

（3）在城市中设置户外广告、标语牌、画廊、橱窗等，应当内容健康、外形美观，并定期维修、油饰或者拆除。大型户外广告的设置必须征得城市人民政府市容环境卫生行政主管部门同意后，按照有关规定办理审批手续。

（4）主要街道两侧的建筑物前，应当根据需要与可能，选用透景、半透景的围墙、栅栏或者绿篱、花坛（池）、草坪等作为分界。临街树木、绿篱、花坛（池）、草坪等，应当保持整洁、美观。栽培、整修或者其他作业留下的渣土、树叶等，管理单位、个人或者作业者应当及时清除。任何单位和个人都不得在街道两侧和公共场地堆放物料，搭建建筑物、构筑物或者其他设施。

因建设等特殊需要，在街道两侧和公共场地临时堆放物料，搭建非永久性建筑物、构筑物或者其他设施的，必须征得城市人民政府市容环境卫生行政主管部门同意后，按照有关规定办理审批手续。

三、城市环境卫生管理法律规定

城市环境泛指影响城市人类活动的各种外部条件，包括自然环境、人工环境等，它是人类创造的高度人工化的生存环境；卫生是指讲究清洁，预防疾病，有益于健康。

城市环境卫生管理，是在城市政府领导下，行政主管部门依靠专职队伍和社会力量，依法对道路、公共场所、垃圾、各单位和家庭等方面的卫生状况进行管理，为城市的生产和生活创造一个整洁、文明的环境。

《城市市容和环境卫生管理条例》涉及物业管理区域环境卫生管理的规定有以下几条。

(1)城市中的环境卫生设施，应当符合国家规定的城市环境卫生标准。城市人民政府在进行城市新区开发或者旧区改造时，应当依照国家有关规定，建设生活废弃物的清扫、收集、运输和处理等环境卫生设施，所需经费应当纳入建设工程概算。一切单位和个人都不得擅自拆除环境卫生设施；因建设需要必须拆除的，建设单位必须事先提出拆迁方案，报城市人民政府市容环境卫生行政主管部门批准。

(2)公共厕所规划和建设规定。

1)城市人民政府市容环境卫生行政主管部门，应当根据城市居住人口密度和流动人口数量以及公共场所等特定地区的需要，制定公共厕所建设规划，并按照规定的标准，建设、改造或者支持有关单位建设、改造公共厕所。

2)城市人民政府市容环境卫生行政主管部门，应当配备专业人员或者委托有关单位和个人负责公共厕所的保洁和管理；有关单位和个人也可以承包公共厕所的保洁和管理。

3)公共厕所的管理者可以适当收费，具体办法由省、自治区、直辖市人民政府制定。

4)对不符合规定标准的公共厕所，城市人民政府应当责令有关单位限期改造。

5)公共厕所的粪便应当排入化粪池或者城市污水系统。

(3)多层和高层建筑应当设置封闭式垃圾通道或者垃圾储存设施，并修建清运车辆通道。城市街道两侧、居住区或者人流密集地区，应当设置封闭式垃圾容器、果皮箱等设施。

(4)不同物业管理区域的保洁责任规定。

1)按国家行政建制设立的市的主要街道、广场和公共水域的环境卫生，由环境卫生专业单位负责。

2)居住区、街巷等地方，由街道办事处负责组织专人清扫保洁。

3)飞机场、火车站、公共汽车始末站、港口、影剧院、博物馆、展览馆、纪念馆、体育馆(场)和公园等公共场所，由本单位负责清扫保洁。

4)机关、团体、部队、企事业单位，应当按照城市人民政府市容环境卫生行政主管部门划分的卫生责任区负责清扫保洁。

5)城市集贸市场，由主管部门负责组织专人清扫保洁。

6)各种摊点，由从业者负责清扫保洁。

(5)城市人民政府市容环境卫生行政主管部门对城市生活废弃物的收集、运输和处理实施监督管理。一切单位和个人，都应当依照城市人民政府市容环境卫生行政主管部门规定的时间、地点、方式，倾倒垃圾、粪便。对垃圾、粪便应当及时清运，并逐步做到垃圾、粪便的无害化处理和综合利用。对城市生活废弃物应当逐步做到分类收集、运输和处理。环境卫生管理应当逐步实行社会化服务。有条件的城市，可以成立环境卫生服务公司。

凡委托环境卫生专业单位清扫、收集、运输和处理废弃物的，应当交纳服务费。具体办法由省、自治区、直辖市人民政府制定。医院、疗养院、屠宰场、生物制品厂产生的废弃物，必须依照有关规定处理。

(6)公民应当爱护公共卫生环境，不随地吐痰、便溺，不乱扔果皮、纸屑和烟头等废弃物。按国家行政建制设立的市的市区内，禁止饲养鸡、鸭、鹅、兔、羊、猪等家畜家禽；因教学、科研以及其他特殊需要饲养的除外。

四、城市绿化管理法律规定

绿化即为栽种植物以改善环境的活动，城市绿化是指在城市中建设绿地，栽种植物以改善城市生态环境的活动。绿化养护与管理工作是治理环境污染和改善生活环境的重要措施，也是提高环境质量和保护生态环境的一个有效途径。

关于城市绿化，国务院颁布了《城市绿化条例》和《关于加强城市绿化建设的通知》，住房城乡建设部颁布了《城市用地分类与规划建设用地标准》等部门规章，对城市绿化的规划、建设、保护和管理作出了明确规定。

(1)城市公共绿地和居住区绿地的建设，应当以植物造景为主，选用适当的树木花草，并适当配置泉、石、雕塑等景物。

(2)城市绿化规划应当因地制宜地规划不同类型的防护绿地。各有关单位应当依照国家有关规定，负责本单位管界内防护绿地的绿化建设。

(3)单位附属绿地的绿化规划和建设，由该单位自行负责，城市人民政府城市绿化行政主管部门应当监督检查，并予以技术指导。

(4)各单位管界内的防护绿地和单位附属绿地的绿化，由该单位按照国家有关规定管理；单位自建的公园和单位附属绿地的绿化，由该单位管理；居住区绿地的绿化，由城市人民政府城市绿化行政主管部门根据实际情况确定的单位管理；城市苗圃、草圃和花圃等，由其经营单位管理。

(5)城市的绿地管理单位，应当建立、健全管理制度，保持树木花草繁茂及绿化设施完好。

(6)为了更好地维护物业区域内的绿化，物业服务企业一般从以下方面制定绿化管理规定：

1)爱护绿地，人人有责。

2)不准损坏和攀折花木。

3)不准在树木上敲钉拉绳晾晒衣物。

4)不准在树木上及绿地内设置广告招牌。

5)不准在绿地内违章搭建。

6)不准在绿地内堆放物品和停放车辆。

7)不准往绿地内倾倒污水或乱扔垃圾。

8)不准行人或各种车辆践踏、跨越和通过绿地。

9)不准损坏绿化的围栏设施和建筑小品。

10)凡人为造成绿化及设施损坏的，根据政府的有关规定和物业服务合同和管理规约的有关条文进行赔偿处理。如属儿童所为，应由家长负责支付款项。

单元七　物业安全管理法律制度

一、物业安全管理基础

物业安全管理是指物业服务企业采取各种措施和手段，保证业主和使用人的人身财产安全，维持正常的生活和工作秩序的一种管理工作，是物业管理的重要内容，包括治安管理、消防管理和车辆道路管理。

物业安全管理是物业专项管理，具有以下特点：

(1)管理对象。安全管理是管人及其行为。

(2)管理目的。安全管理是为了保证人的生活、工作的安全、舒适。

(3)管理方法。安全管理是通过服务来实施管理。

(4)对企业信誉影响力。安全管理的好坏是一个物业服务企业整体水平的标志。一般来讲，安全管理好的企业其基础管理的质量也高。

(5)影响范围。由于整个社会是由许多个物业管辖区域组成，所以，物业安全直接影响到整个城市的治安，关系到整个社会的综合治理。因此，物业安全管理的目的是同维护社会安定团结、保障人民安居乐业的基本目标一致的。

二、物业治安管理法律规定

物业治安管理的目的是保障物业服务企业所管辖的物业区域内的财物不受损失，人身不受伤害，以维持正常的工作、生活秩序。

国家为了加强社会治安管理，颁布了《物业管理条例》《城市居民住宅安全防范设施建设管理规定》《关于加强居民住宅区安全防范工作的协作配合切实保障居民居住安全的通知》《公安部关于保安服务公司规范管理的若干规定》等法律、法规。

依据上述法律法规的规定，物业服务企业在进行物业治安管理时，应采取以下措施：

(1)安全保卫机构设置。安全保卫机构的设置应与所管物业的类型、规模紧密结合，物业面积越大，配套的设施设备越先进、复杂，班组设置也越多、越复杂。

(2)制定各项安全管理制度和工作程序。物业服务企业应根据物业及企业自身的实际情况，制定治安管理方面的制度及相应的工作程序。例如各部门的岗位责任制度、人员进出管理制度、保安员交接班制度、巡逻制度等。

(3)负责维护辖区内的治安秩序，预防和协助处理治安事故。

(4)打击违法犯罪活动。物业服务企业应积极配合公安部门或派出所打击辖区内及周边的违法犯罪活动。

(5)制定巡逻和值班制度。物业服务企业应安排安保 24 小时巡逻值班，具体可分为门卫班组、电视监控班组和巡逻班组 3 个方面来实现。

(6)做好辖区内的车辆管理工作。物业服务企业应做好辖区内车辆的安全管理，做好车辆停放和保管工作，保证辖区内道路畅通、路面平整，保证辖区内无交通事故发生、无车辆乱停乱放等现象。

(7)完善辖区内的安全防范措施。

(8)定期对安保员开展各项培训工作和相应的演习训练工作。

(9)密切联系辖区内的用户，做好群防群治工作。

(10)与物业所在地的相关单位建立良好的关系。

案例分析5

案情分析：某小区业主徐某在小区内丢失一辆摩托车，找到物业服务企业要求赔偿损失。物业服务企业认为不应该由自己承担赔偿损失的责任，拒绝赔偿。随后，物业服务企业在向徐某收取物业管理费时，徐某要求物业服务企业先赔偿摩托车丢失的损失，他才交纳物业管理费。于是物业服务企业向法院起诉，要求徐某交纳物业管理费。物业服务企业是否要承担徐某摩托车被盗的赔偿责任？

案情分析：《物业管理条例》规定，物业服务企业应当按照物业服务合同的约定，提供相应的服务。物业服务企业未能履行物业服务合同的约定，导致业主人身、财产安全受到损害的，应当依法承担相应的法律责任。依据本条规定，如果物业服务企业依法履行了自己的业务，业主的人身、财产遭到损害也不是其承担责任的范围。业主的摩托车被盗造成的损失应当在公安机关侦破案件后由盗窃分子赔偿。同时，业主应当交纳物业管理费。

当然，如果本案中物业服务企业未尽到对可疑人员的盘查义务，或者受业主大会委托看管停车场，或者主动为业主提供有偿车辆保管服务而丢失车辆，那么，物业服务企业应当在一定范围内承担民事赔偿责任。

三、物业消防管理法律规定

物业消防管理是指物业服务企业通过严格的制度等有效措施，预防物业管理辖区发生火灾，或在火灾发生时能采取有效的应对措施最大限度地减少火灾的损失的管理活动。

物业服务企业应严格依据现有法律法规在企业内部做好消防管理工作，对辖区内的居民或住户做好宣传教育工作，有关消防管理的法律法规包括《中华人民共和国消防法》《城市消防规划建设管理规定》《消防监督检查规定》《建筑内部装修设计防火规范》（GB 50222—2017）等。

依据上述法律、法规的规定，物业服务企业在进行物业消防管理时，应采取以下措施。

1. 建立专职消防班组

专职的消防班组管理人员应认真履行以下职责：

(1)对本部门和物业经理负责，负责管理、指导、监督检查、整改辖区内的消防工作。

(2)落实各项防火安全责任制度和措施，严格贯彻执行消防法规。

(3)组织消防宣传教育，加强业主(用户)的消防意识。

(4)负责辖区内动用明火作业的审批和现场监督工作。

(5)熟悉并能正确使用各种消防设施的器材；管理好小区内各种消防设施设备和器材。

(6)定期巡视、试验、检查、大修、更新各种消防设施和器材，指定专人管好设施设备。对于产生的故障和不足，应及时报告给主管领导，并做出维修计划。

(7)定期检查所管小区内的要害部位，及时发现和消除火险隐患。

(8)抓好义务消防队的培训和演习。

(9)负责消防监控报警中心24小时日夜值班，做好值班记录和定期汇报工作，发现火警火灾时，立即投入现场指挥和实施抢救。

2. 制定完善的消防制度和规定

物业服务企业应制定完善的消防制度，包括消防中心值班制度，防火档案制度，防火岗位责任制度及其他消防规定。

(1)消防中心值班制度。消防中心值班室是火警预报、信息通信中心。消防值班人员必须遵守纪律，发现火灾隐患应及时处理。

(2)防火档案制度。防火档案主要包括对火灾隐患、消防设备状况(位置、功能、状态等)、重点消防部位、前期消防工作概况等的记录，以备随时查阅，定期研究。

(3)防火岗位责任制度。上至领导、下至消防班的消防员，建立逐级防火岗位责任制度。

3. 管理好消防设备

现代小区内都设有基本的消防设备，例如灭火器、消火栓、火灾自动报警系统等。物业服务企业应管理好这些消防设备，并定期进行检查，使消防设备随时处于完好状态。

四、物业车辆管理法律规定

物业车辆道路管理是指物业服务企业通过严格的制度和有效的措施，对物业管理辖区内的道路、车辆和交通秩序进行管理，以建立良好的交通秩序、车辆停放秩序，保证车辆和行人的安全。

物业车辆管理法律法规包括地方性法律规定(如《上海市住宅物业管理区域机动车停放管理暂行规定》《成都市住宅物业管理区域车辆停放管理暂行办法》等)、物业服务合同、管理规约、辖区车辆管理规定等。

依据上述管理法律法规，物业服务企业应采取以下措施。

1. 建立门卫管理制度

大门门口要坚持验证制度，对外来车辆要严格检查，验证放入；对从物业区域内外出的车辆也要严格检查，验证放行。对可疑车辆要多观察，对车主询问，一旦发现问题，大门门卫要拒绝车辆外出，并报告有关部门处理。门卫的主要职责是：

(1)严格履行交接班制度。

(2)指挥车辆的进出和停放，对违章车辆及时制止和纠正。

(3)对进出车辆做好登记、收费和车况检查记录。

(4)搞好停车场的清洁卫生，发现停放车辆有漏水、漏油等现象要及时通知车主。

(5)定期检查消防设施，如有损坏，要及时申报维修更换，保证100%完好状态。不准使用消防水源洗车。

(6)不做与值班执勤无关的事。勤巡逻、细观察、随时注意进入车场的车辆及车主情况，发现问题，及时处理或上报。

2. 建立道路交通管理制度

建立机动车通行证制度，禁止过境车辆通行；确定单行道、禁左道；限制车速，确保小区内行人安全；禁止道路两旁乱停放车辆。

3. 建立车辆管理制度

停车区域划分车位；停车区域设置标志；完善车辆进出的手续、制度；车辆防盗和防损坏措施要得力。

模块小结

　　前期物业管理，是指在业主大会成立前，房地产开发建设单位委托物业服务企业进行管理服务的活动。物业的承接查验是指物业服务企业对新接管项目的物业共用部位、共用设施设备进行的再检验。根据《物业管理条例》的规定，物业服务企业承接物业时，应当对物业共用部位、共用设施设备进行查验。物业装饰装修管理，是指在物业竣工验收合格后，就装修人对物业进行二次装饰装修所进行的管理。物业装饰装修管理主要包括装修人装饰装修报建(申报)程序管理、装饰装修管理服务协议、质量与安全管理、环境维护等内容。物业设施设备管理是物业服务企业的工程管理人员通过熟悉和掌握设施设备的原理和性能，对其进行保养维修，使之能够保持最佳运行状态，有效地发挥效用，从而为业主和客户提供一个安全、高效、舒适的环境。房屋修缮是指物业服务企业对所经营管理的房屋进行修复、维护和改建的管理活动。物业的修缮，均应按照租赁法的规定或租赁合同的约定办理。物业环境管理是指物业服务企业通过物业区域环境的管理，宣传教育，执法检查及履约监督，防止和控制已经发生和可能发生的对物业环境的损害，减少已经发生的环境损害对业主或使用人带来的消极影响。物业安全管理是指物业服务企业采取各种措施和手段，保证业主和使用人的人身财产安全，维持正常的生活和工作秩序的一种管理工作，是物业管理的重要内容，包括治安管理、消防管理和车辆道路管理。

思考与练习

一、填空题

　　1. 前期物业管理，是指在_____前，房地产开发建设单位委托物业服务企业进行管理服务的活动。

　　2. 与一般意义上的物业管理相比较，前期物业管理具有_____和_____两个特点。

　　3. 物业承接查验分为_____的承接查验和_____的承接查验两种类型。

　　4. 装修人未申报登记进行住宅室内装饰装修活动的，由城市房地产行政主管部门责令改正，处_____元以上_____元以下的罚款。

　　5. 未经原设计单位或者具有相应资质等级的设计单位提出设计方案，擅自超过设计标准或者规范增加楼面荷载的，对装修人处_____元以上_____元以下的罚款，对装饰装修企业处_____元以上_____元以下的罚款。

　　6. 房屋的完损状况，根据各类房屋的结构、装修、设备等组成部分的完好、损坏程度，分成_____、_____、_____、_____和_____五类。

二、简答题

1. 简述前期物业管理的作用。

2. 实施承接查验的新建物业应当具备的条件有哪些？

3. 简述新建物业承接查验的程序与内容。

4. 物业管理机构更迭时的承接查验的条件有哪些?

5. 简述物业装饰装修管理的内容。

6. 简述装修人和装饰装修企业的禁止性义务。

7. 简述物业设施设备管理内容。

8. 简述房屋修缮责任。

9. 简述物业服务企业在进行物业治安管理时应采取的措施。

10. 某住宅小区居民赵某在搭乘电梯途中，电梯突然失控，急速下坠，直至坠落到电梯井井底，致使赵某当场昏迷，随即被人发现并送往医院急救，经诊断为胃出血，经过治疗，赵某康复出院了，随即要求物业服务企业支付医疗费、营养费、精神损失费，而物业服务企业则认为赵某的胃出血与电梯坠落无直接关系，所以不同意赔偿，于是赵某将物业服务企业告上了法庭。经医院进行伤情鉴定，结论是赵某的伤情与电梯坠落有直接的关系。

请分析：物业服务企业是否应承担赵某的损失? 为什么?

模块九　物业交易管理法律制度

学习目标

通过本模块的学习，了解物业交易的概念、特征、原则，物业转让的概念、形式、分类，物业租赁的概念、特征、原则，物业抵押的概念、特征、原则；掌握物业转让的条件、程序、合同与管理，物业租赁的条件、合同与管理，物业抵押的条件、程序、合同与管理。

能力目标

能够进行物业转让、租赁与抵押，并能依法正确处理物业交易中的纠纷。

引入案例

原告某物业服务企业根据物业服务合同起诉被告王某要求交纳物业服务费并承担违约金，被告王某称自己与承租人陈某签订租赁合同，合同约定物业服务费应由承租人陈某交纳，因此物业服务企业应向承租人陈某催讨物业服务费。

法院认为，业主与承租人签订合同，约定物业服务费由承租人交纳，虽然租赁合同成立有效，但是根据合同相对性原则，业主与承租人之间的租赁合同不得对抗第三人。因此，作为被告的业主王某与第三方陈某关于物业服务费交纳的约定不得作为对抗物业服务企业的依据。在物业服务费未及时交纳时，业主王某仍然承担向物业服务企业交纳物业服务费及违约金的责任。

单元一　物业交易管理概述

一、物业交易的概念与特征

（一）物业交易的概念

物业交易是指以物业为标的而进行的转让、租赁、抵押等各种民事法律行为。由于"物业"有时与"房地产"或"不动产"通用，因此，可以把物业交易等同于房地产交易。物业交易的形式有物业转让、物业租赁、物业抵押、物业信托、物业典当等。

(二)物业交易的特征

与一般的商品交易相比,物业交易具有自身的鲜明特点。

1. 物业标的物的特殊性

物业交易的对象是作为特殊商品的房地产,包括土地使用权、土地上的房屋以及其他建筑物的所有权。其特殊性表现在以下几个方面。

(1)标的物位置的固定性。一般商品交易的标的物是动产,交易的标的物从一方转移到另一方,发生了位置的移动。物业交易的标的物是不动产,其位置是固定的,标的物位置发生移动将导致其性质与用途的改变,甚至是经济价值的减少或丧失。因此,不论是交易中还是交易后,物业均不发生位置的移动,交易双方运用所有权和使用权证书及合同进行交易。

(2)物业市场是供给稀缺的市场。房地产包括房产和土地,由于土地是不可再生的资源,具有稀缺性,受其影响物业的供给是有限的,但是,随着社会经济的发展,人们对物业的需求不断扩大,这是物业市场发展初期供需矛盾的主要原因。

(3)物业交易标的额大、专业性强。与一般商品相比,物业的价格比较高昂、持久耐用。物业交易的价格不仅取决于取得土地使用权和建造房屋的成本,还受区位因素、供求关系、支付能力、社会因素等诸多因素的影响,使物业价格的评估具有极强的专业性。为了避免私下盲目成交造成的交易困难、价格失控、利益损失,《城市房地产管理法》第三十四条规定:"国家实行房地产价格评估制度。房地产价格评估,应当遵循公正、公平、公开的原则,按照国家规定的技术标准和评估程序,以基准地价、标定地价和各类房屋的重置价格为基础,参照当地的市场价格进行评估。"

(4)标的物具有联动性。根据我国现行的土地房屋权利体系,土地使用权和房屋所有权是紧密联系在一起的。如果把房屋的所有权和土地使用权划归不同的主体,必然导致大量无法解决的物业纠纷。因此,我国采用了房屋所有权与其土地使用权的联动做法,即物业转让、物业抵押时房屋所有权及其占用范围内的土地使用权一起转让、抵押,也就是实行"地随房走"的原则。

2. 物业交易的多样性

物业交易是数种典型合同的总称,包括土地使用权转让、出租、抵押,地上建筑物、其他附着物的买卖、出租等。因此,在法律适用上必须确定物业交易的具体类型后再确定可适用的房地产交易规范。

3. 物业交易的确定性

物业交易的形式仅包括物业转让、物业抵押和物业租赁,不包括物业的开发。尽管在房地产开发中开发商与建筑商也会发生一些交易,但这些交易的对象不是物业,而是建筑行为或劳务。物业中介服务是直接为物业交易提供各种条件和方便的,它本身也不属于物业交易的范畴。

4. 物业交易为要式法律行为

物业交易主要表现为债的关系,并通过各种交易合同形式实现。由此引发的物业权属的变动必须办理登记手续,不办理相应的登记手续则不能完成物业权属的转移。

二、物业交易原则

物业交易原则即房地产交易原则,是国家对房地产交易进行规范和管理所遵循的基本原则。它是我国房地产管理立法精神的具体体现,也是我国房地产管理法律制度建立和实施的出发点和归宿点。目前,我国房地产交易管理主要遵循房地产不可分离原则、物业权属依法登记原则、物业交易价格分别管制原则及物业交易中的土地收益合理分配原则。

1. 房地产不可分离原则

由于土地与房屋等地上建筑物在物质形态上具有不可分割性，为了维护交易双方的合法权益，便于土地和房屋的合理利用，《城市房地产管理法》第三十二条明确规定："房地产转让、抵押时，房屋的所有权和该房屋占用范围内的土地使用权同时转让、抵押。"《中华人民共和国城镇国有土地使用权出让和转让暂行条例》第二十三条规定："土地使用权转让时，其地上建筑物、其他附着物所有权随之转让。"亦即房地产转让、抵押时，房屋所有权和土地使用权必须同时转让、抵押。不得将房屋所有权与土地使用权分别转让或抵押。在房地产交易中必须遵守房屋和土地一体化的原则。

2. 物业权属依法登记原则

由于物业本身的特性，物业的权属关系、权利状态及权属关系的变化均难以从其占有状态上反映出来。为了维护权利人的合法权益，防止欺诈行为，保持良好的交易秩序，我国实行物业交易登记制度。《城市房地产管理法》规定："房地产转让或者变更时，应当向县级以上地方人民政府房产管理部门申请房产变更登记，并凭变更后的房屋所有权证书向同级人民政府土地管理部门申请土地使用权变更登记，经同级人民政府土地管理部门核实，由同级人民政府更换或更改土地使用权证书。"不依法办理登记手续的，其物业的转让不具有法律效力，不受国家法律的保护。

3. 物业交易价格分别管制原则

物业的交易价格问题是物业交易和物业市场的核心问题。为了稳定物业价格、维护物业市场秩序、保护物业购买人的合法权益，《城市房地产管理法》规定："基准地价、标定地价和各类房屋的重置价格应当定期确定并公布。"国家实行房地产价格申报制度和价格评估制度。房地产交易价格及经营性服务收费，根据不同情况分别实行政府定价和市场调节价。目前，除经济适用房实行政府指导价，拆迁补偿房屋价格实行政府定价外，其他各类房屋的买卖、租赁价格，房屋的抵押、典当价格，均实行市场调节价。实行政府定价的房地产交易价格要按照政府规定的标准确定。

4. 物业交易中的土地收益合理分配原则

在我国现行土地制度下，同一宗物业通常涉及数个权利主体，包括土地所有者、土地使用者和房屋所有者或使用者等。每一宗物业交易都会引起土地收益在不同权利人之间的重新分配。如果交易行为所产生的经济利益不能得到合理的分配，就会影响交易各方的积极性，进而影响整个物业市场的健康发展。因此，《城市房地产管理法》确定了房地产价格评估制度和房地产成交价申报制度。同时，还对房屋租赁交易对区分住宅用房和生产经营用房适用不同的租赁政策和不同的租金管制方式。《城市房地产管理法》第五十六条规定："以营利为目的，房屋所有权人将以划拨方式取得使用权的国有土地上建成的房屋出租的，应当将租金中所含土地收益上缴国家。具体办法由国务院规定。"

单元二 物业转让制度

一、物业转让的概念与形式

1. 物业转让的概念

物业转让是指物业权利人通过买卖、赠予或者其他合法方式将其物业转移给他人的行为。

这个概念包含了三层含义：

(1)物业转让的主体是房地产权利人，物业转让是对房地产的处分行为，只有所有权人才能行使这项权利。

(2)物业转让的客体是房屋的所有权以及该房屋所占用范围的土地使用权。房屋和土地在物质形态上是不可分割的，房地产的所有权人在转让房屋所有权时，该房屋占用范围内的土地使用权必须同时转让。

(3)物业转让的后果是房地产权属发生转移。房地产转让后，房地产的转让人不再是房地产的权利人，而受让人成为房地产的权利人。

2. 物业转让的形式

物业转让的形式，又称为房地产转让的形式，主要包括房地产买卖、赠予和其他合法方式。

(1)房地产的买卖。房地产买卖是指出让人将房地产转让给受让人所有，受让人支付相应的价款并取得房地产产权的行为。

(2)房地产的赠予。房地产的赠予是指赠予人将房地产无偿地转让给受赠人的行为。房地产赠予人主要是公民。在特殊情况下，国家或集体组织也可以作为赠予人。如发生自然灾害时，国家机关或集体组织可用本组织的房屋及其他财产支援灾区，或者赞助给某种福利机构。另外，房屋受赠人可以是公民，也可以是国家、企事业单位或社会团体。

(3)其他合法方式。根据《城市房地产转让管理规定》，其他合法方式主要包括下列行为：

1)以房地产作价入股、与他人成立企业法人，房地产权属发生变更的；

2)一方提供土地使用权，另一方或者多方提供资金，合资、合作开发经营房地产，而使房地产权属发生变更的；

3)因企业被收购、兼并或合并，房地产权属随之转移的；

4)以房地产抵债的；

5)法律、法规规定的其他情形。

二、物业转让分类

根据转让的对象不同，物业转让可以分为地面上有建筑物的物业转让和地面上无建筑物的物业转让。《城市房地产管理法》将原来的土地使用权转让与房屋所有权转移合并为一个整体，通称为房地产转让，对于规范房地产市场行为，加强市场统一管理，具有积极作用。

1. 根据土地使用权的获得方式不同划分

根据土地使用权的获得方式不同，物业转让可以分为以出让方式取得土地使用权的物业转让和以划拨方式取得土地使用权的物业转让。国有土地使用权出让是指国家将国有土地使用权在一定年限内出让给土地使用者，由土地使用者向国家支付土地使用权出让金的行为。划拨国有土地使用权是指土地使用者经县级以上人民政府依法批准，无偿取得的或者交纳补偿安置等费用后取得的没有使用期限限制的国有土地使用权。

2. 根据转让方式划分

根据转让的方式，物业转让可分为有偿转让和无偿转让两种方式。有偿转让主要包括房地产买卖、房地产作价入股等行为。无偿转让主要包括房地产赠予、继承等行为。

实践中，物业转让的其他合法形式还包括：物业交换、物业继承、以物业抵债、以物业作价入股、与他人成立企业法人，而使物业权属发生变更的；一方提供土地使用权，另一方或者多方提供资金，合资、合作开发经营房地产，而使物业权属发生变更的；因企业被收购、兼并或合并，物业随之转移的；法律、法规规定的其他情形。

三、物业转让条件

物业转让的条件也是房地产转让的条件。根据《城市房地产管理法》规定，物业转让的条件主要有允许条件、禁止条件和限制条件。

（一）物业允许转让的条件

根据《民法典》的规定，物业转让的行为应具备三个条件：一是行为人具有相应民事行为能力；二是意思表示真实；三是不违反法律、行政法规的强制性规定，不违背公序良俗。但除此之外，物业转让的行为还应具备以下条件。

1. 以出让方式取得土地使用权的转让

根据《城市房地产管理法》规定，以出让方式取得土地使用权的，应当符合下列条件方可转让：

（1）按照出让合同约定已经支付全部土地使用权出让金，并取得土地使用权证书。

（2）按照出让合同约定进行投资开发，属于房屋建设工程的，完成开发投资总额的25%以上；属于成片开发土地的，形成工业用地或者其他建设用地条件。

（3）转让房地产时房屋已经建成的，应当持有房屋所有权证书。

2. 以划拨方式取得土地使用权的转让

（1）转让条件。以划拨方式取得土地使用权的物业转让时，应当符合下列条件：

1）土地使用者为企业、公司、其他经济组织和个人。

2）领有《国有土地使用证》。

3）具有地上建筑物、其他附着物合法产权证明。

4）必须经有审批权的人民政府审批。

（2）处理方式。以划拨方式取得土地使用权的物业转让有两种不同的处理方式：一种是办理土地使用权出让手续，变划拨土地使用权为出让土地使用权，由受让方交纳土地使用权出让金；另一种是不改变原划拨土地的性质，不补办土地使用权出让手续，但必须将转让所获收益中的土地收益上缴国家或作其他处理。

依照《城市房地产转让管理规定》，以划拨方式取得土地使用权的，转让房地产时，应当按照国务院规定，报有批准权的人民政府审批。有批准权的人民政府准予转让的，应当由受让方办理土地使用权出让手续，并依照国家有关规定交纳土地使用权出让金。以划拨方式取得土地使用权的，转让房地产报批时，有批准权的人民政府按照国务院规定决定可以不办理土地使用权出让手续的，转让方应当按照国务院规定将转让房地产所获收益中的土地收益上缴国家或者作其他处理。

（3）《城市房地产管理法》明确规定，下列房地产不得转让：

1）以出让方式取得土地使用权的，不符合下列规定的：

①按照出让合同约定已经支付全部土地使用权出让金，并取得土地使用权证书；

②按照出让合同约定进行投资开发，属于房屋建设工程的，完成开发投资总额的百分之二十五以上，属于成片开发土地的，形成工业用地或者其他建设用地条件。

2）司法机关和行政机关依法裁定、决定查封或者以其他形式限制房地产权利的；

3）依法收回土地使用权的；

4）共有房地产，未经其他共有人书面同意的；

5)权属有争议的；

6)未依法登记领取权属证书的；

7)法律、行政法规规定禁止转让的其他情形。

(二)物业限制转让的条件

(1)房地产开发商开发经营的商品房，属于内销商品房的只准卖给法人或个人，属于外销商品房的，持其《外销商品房销售许可证》或外销批文，应当卖给境外的法人或个人。

(2)房屋所有权人出卖已出租的城市私有房屋，须提前3个月通知承租人，在同等条件下，承租人有优先购买权。出租人未按此规定出卖房屋，承租人可以请求人民法院宣告该房屋买卖行为无效。

(3)城市私房共有人出卖共有房屋的，在同等条件下，其共有人有优先购买权。

案例分析1

案情介绍：出卖人赵某与买受人李某通过中介签订了房屋买卖合同，约定赵某将名下一处住宅出售给李某。合同签订后，李某当即支付了定金。之后赵某的妻子王某向李某发送了告知函，告知房屋系夫妻共同财产，因赵某未征得其同意擅自签订房屋买卖合同，所签合同为无效合同，后赵某也以此为由不再履行合同。李某于是将赵某诉至法庭，要求继续履行合同。该房屋买卖合同是否有效？

案情分析：根据《民法典》的规定，夫妻在婚姻关系存续期间所得的下列财产，为夫妻的共同财产，归夫妻共同所有：工资、奖金、劳务报酬；生产、经营、投资的收益；知识产权的收益；继承或者受赠的财产，但是本法第一千零六十三条第三项规定的除外，其他应当归共同所有的财产。夫妻对共同财产，有平等的处理权。一方未经另一方同意，擅自处理共同财产属于无权处分行为。本案中，经过法庭调查，赵某的售房行为确实未经过其妻子王某同意，因此法院最终判决驳回了李某要求继续履行合同的诉讼请求。当然，赵某应当依照合同约定承担相应的违约责任。

四、物业转让程序

根据《城市房地产管理法》和《城市房地产转让管理规定》的规定，物业转让一般要经过以下程序。

1. 洽谈

洽谈是指转让双方就转让标的的转让条件，包括标的的坐落、面积、价款等进行的协商。

2. 签约

签约是指物业转让当事人签订书面转让合同。

3. 审核

物业转让当事人在物业转让合同签订后90日内持房地产权属证书、当事人的合法证明、转让合同等有关文件向房地产所在地的房地产管理部门提出申请，并申报成交价格。

房地产管理部门对提供的有关文件进行审查，并在7日内作出是否受理申请的书面答复，7日内未作书面答复的，视为同意受理。

房地产管理部门核实申报的成交价格，并根据需要对转让的物业进行现场勘察和评估。

4. 缴纳税费

物业转让当事人应按照规定缴纳有关税费。

5. 办理权属登记手续

凡物业转让的，必须先到当地房地产管理部门办理交易手续，申请转移登记，然后凭变更后的房屋所有权证书向同级人民政府土地管理部门申请土地使用权转移登记。

五、物业转让合同

物业转让合同是指物业转让当事人之间签订的用于明确各方权利、义务关系的协议。

1. 物业转让合同的特征

物业转让合同的法律特征包括以下几个方面：

（1）物业转让合同依照平等、自愿、等价有偿的原则，合同双方若违背转让合同规定的权利和义务，就要承担相应的违约责任。

（2）物业转让合同要受到土地使用权出让合同的制约。物业转让合同的内容必须符合土地使用权出让合同规定的期限和开发条件等内容，不得超越土地使用权出让合同的规定。

（3）物业转让合同的标的物是房屋所有权和土地使用权。房屋转让的，房屋所占用范围内的土地使用权同时转让；土地使用权转让的，其地上房屋也随之转让。由于其标的物为特定物，因此它应当在物业所在地交付，并且必须交付合同约定的物业，而不能随意地以其他物业代替。这与一般商品合同的标的要求不同。

（4）物业转让合同应当以书面形式订立。物业转让是要式行为，其合同必须以书面形式订立，并且必须载明合同标的、合同期限、价款、土地使用权、取得方式等内容，明确双方当事人的权利和义务。

（5）物业转让合同的成立和有效，必须以到房产管理部门和土地管理部门办理物业过户手续为准。未经办理转让过户手续，物业转让合同不生效，物业转让无效。这与一般买卖合同相比具有明显的区别。

2. 物业转让合同的主要内容

依照《城市房地产转让管理规定》的规定，物业转让合同应当载明下列主要内容：

（1）双方当事人的姓名或者名称、住所。

（2）房地产权属证书名称和编号。

（3）房地产坐落位置、面积、四至界限。

（4）土地宗地号、土地使用权取得的方式及年限。

（5）房地产的用途或使用性质。

（6）成交价格及支付方式。

（7）房地产交付使用的时间。

（8）违约责任。

（9）双方约定的其他事项。

知识链接

房屋转让合同（示范文本）

本合同双方当事人：

卖方（以下简称甲方）：＿＿＿＿＿＿＿＿

地址：＿＿＿＿＿联系电话：＿＿＿＿＿委托代理人：＿＿＿＿＿

地址：_____联系电话：_____

买方（以下简称乙方）：_____

地址：_____联系电话：_____委托代理人：_____

地址：_____联系电话：_____

委托代理机构：_____

经办人：_____联系电话：_____

根据《中华人民共和国民法典》《中华人民共和国城市房地产管理法》及其他有关法律、法规之规定，甲、乙双方在平等、自愿、诚实信用原则的基础上，同意就乙方向甲方购买房屋项达成如下协议：

第一条　房屋基本情况

1. 甲方房屋（以下简称该房屋，具体以房屋所有权证的记载为准）坐落于_____省_____县_____路_____号，房屋结构为_____，房屋用途为_____，经房地产产权登记机关测定的建筑面积为_____平方米。

2. 该房屋所有权证号为_____（共有权证号为_____）。土地使用权取得方式为_____。土地使用权证号码为_____。

3. 该房屋四至界限：

东至_____，南至_____，西至_____，北至_____。

4. 随该房屋一并转让的附属设施设备：_____。

5. 该房屋租赁情况

该房屋现在系出租的，卖方明确承诺上述承租人已经在本合同签订之前放弃了对该房屋的优先购买权。

第二条　房屋转让价格

按建筑面积计算，该房屋转让价格为［人民币］_____每平方米_____元，总金额_____元，大写_____亿_____千_____百_____拾_____万_____千_____百_____拾_____元整（每平方米价格精确到小数点后两位）。

第三条　付款方式

双方约定按以下第_____项以（现金、支票、其他_____）方式支付房款：

1. 一次性付款：

本合同签订之日起_____天内，乙方一次性将购房款支付给_____。

2. 分期付款：_____。

3. 其他方式：_____。

第四条　交房方式

(1) 自本合同签订之日起_____天内，甲方将房屋交付给乙方。

(2) 自本合同签订之日起_____日内，甲方将_____。

第五条　乙方逾期付款的违约责任

乙方未按本合同第三条约定的时间付款，甲方有权按累计应付款向乙方追究违约利息，月利息按_____计算。逾期付款超过_____天，甲方有权按下述第_____种约定追究乙方的违约责任：

(1) 乙方向甲方支付违约金共计_____元整，合同限期继续履行。若乙方在_____天内仍未继续履行合同，遵照下述第(2)条处理。

(2) 乙方向甲方支付违约金共计_____元整，合同终止，乙方将房屋退还给甲方。甲方实际经济损失超过乙方支付的违约金时，实际经济损失与违约金的差额部分由乙方据实赔偿。

第六条 甲方逾期交房的违约责任

甲方未按本合同第四条约定的时间交房的，乙方有权按累计已付款向甲方追究违约利息，月利息按_____计算。逾期交付超过_____天，乙方有权按下述第_____种约定追究甲方的违约责任：

(1)甲方向乙方支付违约金共计_____元整，合同继续限期履行。若甲方在_____天内仍未继续履行合同，遵照下述第(2)条处理。

(2)甲方向乙方支付违约金共计_____元整，合同终止。乙方实际经济损失超过甲方支付的违约金时，实际经济损失与违约金的差额部分由甲方据实赔偿。

第七条 甲方保证该房屋交接时没有产权纠纷和财务纠纷，保证已清除该房屋原由甲方设定的抵押权。否则视为甲方违约，由甲方承担违约责任，支付给乙方违约金5万元。

第八条 关于产权登记的约定

双方商定，在本合同生效之日起的当日，甲方向房地产产权登记机关申请办理房地产权属转移手续，乙方给予积极协助。如因甲方原因造成乙方不能取得房屋所有权证、土地使用权证的，视为甲方违约，乙方有权退房。甲方必须在乙方提出退房之日起二天内将乙方已付款退还给乙方，并向乙方支付违约金五万元整。

第九条 该房屋转让交易发生的各项税费由甲、乙双方按照有关规定分别承担(或者约定过户费用全部由乙方承担)。

第十条 房屋转让，该房屋所属土地使用权利随之转让。

第十一条 其他约定事项

_____。

第十二条 本合同空格部分填写的文字与印刷文字具有同等效力。本合同中未规定的事项，均遵照中华人民共和国有关法律、法规和政策执行。

第十三条 甲、乙一方或双方为境外组织或个人的，本合同应经该房屋所在地公证机关公证。

第十四条 本合同在履行中发生争议，由甲、乙双方协商解决。协商不成，甲、乙双方同意采用向人民法院起诉的方式解决。

第十五条 本合同自各方签章之日起生效。

第十六条 本合同一式四份，双方各执一份，其余份数用于办理权属转移手续。各方所执合同均具有同等效力。

甲方(签章) 乙方(签章)

承租人放弃优先购买权(签章)：甲方共有权人(或承租人或上级主管部门)意见(签章)：

签订日期：_____年_____月_____日

六、物业转让管理工作

(一)物业转让管理要求

物业转让的管理要求是指房地产转让的管理要求，主要有以下相关制度。

1. 房地产价格评估制度

根据《城市房地产管理法》规定，国家实行房地产价格评估制度，基准地价、标定地价和各类房屋的重置价格应当定期确定并公布。

房地产价格评估，应当遵循公正、公平、公开的原则，按照国家规定的技术标准和评估程序，以基准地价、标定地价和各类房屋的重置价格为基础，参照当地的市场价格进行评估。

2. 房地产成交价格申报制度

根据《城市房地产管理法》第三十五条、《城市房地产转让管理规定》第十四条规定，国家实行房地产成交价格申报制度，房地产权利人转让房地产，应当向县级以上地方人民政府规定的部门如实申报成交价格，不得瞒报或者作不实的申报。

房地产转让应当以申报的房地产成交价格作为缴纳税费的依据。成交价格明显低于正常市场价格的，以评估价格作为缴纳税费的依据。

3. 其他规定

根据《城市房地产管理法》《城市房地产转让管理规定》的规定，房地产转让还应遵守以下要求：

(1)房地产转让、抵押时，房屋的所有权和该房屋占用范围内的土地使用权同时转让、抵押。

(2)以出让方式取得土地使用权的，房地产转让时，土地使用权出让合同载明的权利、义务随之转移。

(3)房地产转让，应当签订书面转让合同，合同中应当载明土地使用权取得的方式。

(4)以出让方式取得土地使用权的，转让房地产后，其土地使用权的使用年限为原土地使用权出让合同约定的使用年限减去原土地使用者已经使用年限后的剩余年限。

(5)以出让方式取得土地使用权的，转让房地产后，受让人改变原土地使用权出让合同约定的土地用途的，必须取得原出让方和市、县人民政府城市规划行政主管部门的同意，签订土地使用权出让合同变更协议或者重新签订土地使用权出让合同，相应调整土地使用权出让金。

(6)房地产转让、抵押，当事人应当依照《城市房地产管理法》第五章的相关规定办理权属登记。《城市房地产管理法》第六十一条规定："房地产转让或者变更时，应当向县级以上地方人民政府房产管理部门申请房产变更登记，并凭变更后的房屋所有权证书向同级人民政府土地管理部门申请土地使用权变更登记，经同级人民政府土地管理部门核实，由同级人民政府更换或者更改土地使用权证书。"第六十二条规定："房地产抵押时，应当向县级以上地方人民政府规定的部门办理抵押登记。"

(二)物业转让与土地使用权出让的关系

1. 物业转让的期限以土地使用权出让的期限为前提

物业转让的期限是该土地使用权出让期限减去已经使用期限的剩余年限。物业转让时，土地出让合同载明的权利、义务一并转移，故物业转让合同要受到土地使用权出让合同的制约，相应的，物业转让中土地使用权年限也必然要受到原土地使用权出让合同约定的使用年限的制约，不得超出原土地使用权的使用年限。因此，以出让方式取得土地使用权的，转让物业后，其土地使用权的使用年限的折算主要取决于原出让合同约定的使用年限长短和原土地使用者已经使用土地使用权的年限的长短，二者相减，就是新土地使用者可实际使用的土地使用年限。在剩余年限届满后，土地使用者可以申请土地使用权续期，与国家重新确定土地使用权出让使用年限并交纳土地使用权续期价款。

2. 受让人是否继续履行土地使用权出让合同

以出让方式取得土地使用权的，转让物业后，受让人必须遵守出让合同和转让合同。如果受让人确实需要改变原土地使用权出让合同约定的土地用途的，应当取得原出让方的同意。单方面变更出让合同是无效的行为；同时必须征得市、县人民政府城市规划行政主管部门的同意，未经市、县人民政府规划行政主管部门的同意，即使合同双方同意变更，也是不产生效力的；最后必须签订土地使用权出让合同变更协议，或者重新签订土地使用权出让合同，并相应调整土地使用权出让金。土地用途变更是合同内容的重大变更，它直接决定着出让土地的使用和地块价款的变化。因此，对用途变更不大的，必须签订变更协议，并调整出让金，以补充原出让合同；对因用途变更影响整个合同性质和基本内容变化时，应当重新签订出让合同，重新确定出让金数额。

(三)物业转让中的商品房销售

1. 商品房销售的概念

商品房销售包括商品房预售和商品房现售。商品房预售，又称"卖楼花"，是指房地产开发经营企业将正在建设中的房屋预先售给承购人，由承购人支付定金或房价款的行为。

2. 商品房销售条件

(1)商品房预售条件。商品房预售实行预售许可证制度。商品房预售，应当符合下列条件：

1)已交付全部土地使用权出让金，取得土地使用权证书。

2)持有建设工程规划许可证和施工许可证。

3)按提供预售的商品房计算，投资人开发建设的资金达到工程建设总投资的25%以上，并已经确定施工进度和竣工交付日期。

4)向县级以上人民政府房地产管理部门办理预售登记，取得商品房预售许可证明。

商品房具备预售条件后，房地产开发经营企业需预售商品房的，应当到县级以上人民政府房地产管理部门办理预售登记，申请《商品房预售许可证》。房地产开发企业办理《商品房预售许可证》，应当向城市房地产管理部门提交下列证件(复印件)及资料：①商品房预售许可申请表；②土地使用权证、建设工程规划许可证和施工许可证；③投入开发建设的资金占工程建设总投资的比例符合规定条件的证明；④开发经营企业的《营业执照》和企业资质等级证书；⑤工程施工合同及关于施工进度的说明；⑥商品房预售方案。预售方案应当说明商品房的位置、面积、竣工交付日期等内容，并应当附预售商品房分层平面图。房地产管理部门在接到开发企业申请后，应当详细查验各项证件和资料，并到现场进行查勘，对符合预售条件的，应在接到申请后的10日内核发《商品房预售许可证》。

房地产开发企业取得《商品房预售许可证》后方可进行商品房预售宣传，预售广告和说明书必须载明《商品房预售许可证》的批准文号。

(2)商品房现售条件。根据《商品房销售管理办法》，商品房现售，应当符合以下条件：

1)现售商品房的房地产开发企业应当具有企业法人营业执照和房地产开发企业资质证书。

2)取得土地使用权证书或者使用土地的批准文件。

3)持有建设工程规划许可证和施工许可证。

4)已通过竣工验收。

5)拆迁安置已经落实。

6)供水、供电、供热、燃气、通信等配套基础设施具备交付使用条件，其他配套基础设施和公共设施具备交付使用条件或者已确定施工进度和交付日期。

7)物业管理方案已经落实。

(3)房地产开发企业销售商品房的禁止事项。为了规范商品房销售行为，保障商品房交易双方当事人的权益，《商品房销售管理办法》规定了房地产开发企业销售商品房的以下禁止性规定：

1)不符合商品房销售条件的，房地产开发企业不得销售商品房，不得向买受人收取任何预订款性质的费用。

2）房地产开发企业不得在未解除商品房买卖合同前，将作为合同标的物的商品房再行销售给他人。

3）房地产开发企业不得采取返本销售或者变相返本销售的方式销售商品房。返本销售是指房地产开发企业以定期向买受人返还购房款的方式销售商品房的行为。

4）房地产开发企业不得采取售后包租或者变相售后包租的方式销售未竣工商品房。售后包租是指房地产开发企业以在一定期限内承租或者代为出租买受人所购该企业商品房的方式销售商品房的行为。

5）商品住宅必须按套销售，不得分割拆零销售。分割拆零销售是指房地产开发企业将成套的商品住宅分割为几个部分分别出售给买受人的方式销售商品住宅的行为。

此外，根据《商品房销售管理办法》规定，房地产开发企业在销售商品房中有下列行为之一的，处以警告，责令限期改正，并可处以1万元以上3万元以下罚款。

（1）未按照规定的现售条件现售商品房的；

（2）未按照规定在商品房现售前将房地产开发项目手册及符合商品房现售条件的有关证明文件报送房地产开发主管部门备案的；

（3）返本销售或者变相返本销售商品房的；

（4）采取售后包租或者变相售后包租方式销售未竣工商品房的；

（5）分割拆零销售商品住宅的；

（6）不符合商品房销售条件，向买受人收取预订款性质费用的；

（7）未按照规定向买受人明示《商品房销售管理办法》《商品房买卖合同（示范文本）》《城市商品房预售管理办法》的；

（8）委托没有资格的机构代理销售商品房的。

3. 商品房销售合同

商品房销售时，房地产开发企业和买受人应当订立书面商品房买卖合同。为了确保开发企业或中介服务机构所发布的商品房宣传广告真实、合法、科学、准确，广告和宣传资料所明示的事项，当事人应当在商品房买卖合同中约定。此外，在商品房买卖合同中应当明确当事人名称或者姓名和住所；商品房基本状况；商品房销售方式；商品房价款的确定方式及总价款、付款方式、付款时间；交付使用条件及日期；装饰、装修标准承诺；供水、供电、供热、燃气、通信、道路、绿化等配套基础设施和公共设施的交付承诺和有关权益、责任；公共配套建筑的产权归属；面积差异的处理方式；办理产权登记有关事宜；解决争议的方法；违约责任；双方约定的其他事项等内容。

为逐步实现商品房销售合同签订的规范化，原建设部、国家工商行政管理局联合制定了《商品房买卖合同（示范文本）》。此外，各地房地产行政主管部门和地方工商行政管理部门根据当地的实际情况，也制定了适合当地情况的地方性商品房销售合同示范文本。

4. 商品房价格管理

根据规定，国家对物业交易价格实行直接管理与间接管理相结合的原则，建立主要由市场形成价格的机制，保护正当的价格竞争，禁止垄断和哄抬物价。同时还规定物业交易价格根据不同情况分别实行政府定价和市场调节价。对新建的经济适用住房价格实行政府指导价，按保本微利原则确定。其中经济适用住房的成本包括征地和拆迁补偿费、勘察设计和前期工程费、建安工程费、住宅小区基础设施建设费（含小区非营业性配套公建费）、管理费、贷款利息和税金等7项因素，利润控制在3％以下。商品房销售价格由当事人协商议定，对实行市场调节的物业交易价格，城市人民政府可依据各类房屋重置价格或其所公布的市场参考价格进行间接调控和引导，必要时，可实行最高或最低限价。

商品房销售计价有按套(单元)计价、按套内建筑面积计价和按建筑面积计价三种方式。

(1)按套(单元)计价。采取按套(单元)计价方式的，商品房买卖合同中应当注明建筑面积和分摊的共有建筑面积。按套(单元)计价的现售房屋，当事人对现售房屋实地勘察后可以在合同中直接约定总价款。按套(单元)计价的预售房屋，房地产开发企业应当在合同中附所售房屋的平面图。平面图应当标明详细尺寸，并约定误差范围。房屋交付时，套型与设计图纸一致，相关尺寸也在约定的误差范围内，维持总价款不变；套型与设计图纸不一致或者相关尺寸超出约定的误差范围，合同中未约定处理方式的，买受人可以退房或者与房地产开发企业重新约定总价款。买受人退房的，由房地产开发企业承担违约责任。

(2)按套内建筑面积计价。采取按套内建筑面积计价的，商品房买卖合同中应当注明建筑面积和分摊的共有建筑面积。按套内建筑面积计价的，当事人应当在合同中载明合同约定面积与产权登记面积发生误差的处理方式。

(3)按建筑面积计价。采取按建筑面积计价的，当事人应当在合同中约定套内建筑面积和分摊的共有建筑面积，并约定建筑面积不变而套内建筑面积发生误差以及建筑面积与套内建筑面积均发生误差时的处理方式。

5. 商品房建筑面积计算

(1)计算规则。根据《商品房销售面积计算及公用建筑面积分摊规则(试行)》的规定，商品房的销售面积由套内建筑面积和分摊的共有建筑面积组成，套内建筑面积部分为独立产权，分摊的共有建筑面积部分为共有产权。

商品房销售面积＝套内建筑面积＋分摊的共有建筑面积

1)套内建筑面积。套内建筑面积指套内使用面积、套内墙体面积及套内阳台建筑面积之和，即：

套内建筑面积＝套内使用面积＋套内墙体面积＋阳台建筑面积

其中：套内使用面积指房屋户内全部可供使用的空间面积，按房屋的内墙线水平投影计算。

套内墙体指商品房各套内使用空间周围的维护和承重墙体，有共用墙和非共用墙两种。商品房各套之间的分隔墙、套与公用建筑空间之间的分隔墙以及外墙均为共用墙，共用墙墙体水平投影面积的一半计入套内墙体面积。非共用墙墙体水平投影面积全部计入套内墙体面积；套内阳台建筑面积指套内各阳台建筑面积之和。

2)共有建筑面积。房屋共有建筑面积指各产权人共同占用或共同使用的建筑面积。共有建筑面积由以下部分组成：电梯井、楼梯间、垃圾道、变电室、设备间、公共门厅和过道、地下室、值班警卫室以及其他功能上为整幢建筑服务的公共用房和管理用房建筑面积。凡已作为独立使用空间销售或出租的地下室、车棚等，不应计入共有建筑面积部分，作为人防工程的地下室也不计入共有建筑面积。

整幢建筑物的建筑面积扣除整幢建筑物各套套内建筑面积之和，并扣除已作为独立使用空间销售或出租的地下室、车棚及人防工程等建筑面积，即为整幢建筑物的共有建筑面积。

整幢建筑物的共有建筑面积与整幢建筑物的各套套内建筑面积之和的比值，即为共有建筑面积分摊系数。

共有建筑面积分摊系数＝分摊的共有建筑面积÷套内建筑面积

(2)误差处理。商品房销售过程中，按套内建筑面积或者按建筑面积计价的，当事人应当在合同中载明合同约定面积与产权登记面积发生误差的处理方式，合同未作约定的，按以下原则处理：

1)面积误差比绝对值在3%以内(含3%)的，据实结算房价款。

2)面积误差比绝对值超出 3% 时，买受人有权退房。买受人退房的，房地产开发企业应当在买受人提出退房之日起 30 日内将买受人已付房价款退还给买受人，同时支付已付房价款利息。买受人不退房的，产权登记面积大于合同约定面积时，面积误差比在 3% 以内的(含 3%)部分的房价款由买受人补足；超出 3% 部分的房价款由房地产开发企业承担，产权归买受人。产权登记面积小于合同约定面积时，面积误差比绝对值在 3% 以内(含 3%)部分的房价款由房地产开发企业返还给买受人；面积误差比绝对值超出 3% 部分的房价款由房地产开发企业双倍返还买受人。

$$面积误差比 = \frac{产权登记面积 - 合同约定面积}{合同约定面积} \times 100\%$$

6. 规划、设计变更

根据《商品房销售管理办法》的规定，房地产开发企业应当按照批准的规划、设计建设商品房，商品房销售后，房地产开发企业不得擅自变更规划、设计。经规划部门批准的规划变更、设计单位同意的设计变更导致商品房的结构型式、户型、空间尺寸、朝向变化，以及出现合同当事人约定的其他影响商品房质量或者使用功能情形的，房地产开发企业应当在变更确立之日起 10 日内，书面通知买受人。买受人有权在通知到达之日起 15 日内作出是否退房的书面答复。买受人在通知到达之日起 15 日内未作书面答复的，视同接受规划、设计变更以及由此引起的房价款的变更。房地产开发企业未在规定时限内通知买受人的，买受人有权退房；买受人退房的，由房地产开发企业承担违约责任。

7. 商品房交付

(1)按约支付。房地产开发企业应当按照合同约定，将符合交付使用条件的商品房按期交付给买受人。未能按期交付的，房地产开发企业应当承担违约责任。因不可抗力或者当事人在合同中约定的其他原因，需延期交付的，房地产开发企业应当及时告知买受人。

房地产开发企业销售商品房时设置样板房的，应当说明实际交付的商品房质量、设备及装修与样板房是否一致，未作说明的，实际交付的商品房应当与样板房一致。

(2)《住宅质量保证书》和《住宅使用说明书》。为了保障住房消费者权益，加强商品住宅售后服务管理，1998 年原建设部下发了关于印发《商品住宅实行住宅质量保证书和住宅使用说明书制度的规定》的通知，规定自 1998 年 9 月 1 日起，房地产开发企业在向用户交付销售的新建商品住宅时，必须提供《住宅质量保证书》和《住宅使用说明书》，《住宅质量保证书》可以作为商品房购销合同的补充规定。实行"两书"制度，对于规范销售行为，减少交易纠纷，保护买受人的合法权益，有着重要的意义。

《住宅质量保证书》应当包括以下内容：

1)工程质量监督部门核验的质量等级。

2)地基基础和主体结构在合理使用寿命年限内承担保修。

3)正常使用情况下各部位、部件保修内容与保修期。

4)用户报修的单位、答复和处理的时限。

《住宅使用说明书》应当对住宅的结构、性能和各部位(部件)的类型、性能、标准等作出说明，并提出使用注意事项，一般应当包含以下内容：

1)开发单位、设计单位、施工单位，委托监理的应注明监理单位。

2)结构类型。

3)装修、装饰注意事项。

4)上水、下水、电、燃气、热力、通信、消防等设施配置的说明。

5)有关设施设备安装预留位置的说明和安装注意事项。

6)门、窗类型，使用注意事项。

7)配电负荷。

8)承重墙、保温墙、防水层、阳台等部位注意事项的说明。

住宅中配置的设施设备生产厂家另有使用说明书的，应附于《住宅使用说明书》中。

单元三 物业租赁制度

一、物业租赁的概念与特征

1. 物业租赁的概念

物业租赁是指物业所有权人作为出租人将其房屋出租给承租人使用，由承租人向出租人支付租金的行为。房屋所有权人将房屋出租给承租人居住或提供给他人从事经营活动及以合作方式与他们从事经营活动，都视为房屋租赁行为。

2. 物业租赁的特征

物业租赁作为一种民事法律行为，具有以下主要法律特征：

(1)承租人只享有物业使用权。物业租赁的承租人，对物业享有的是一种占有权和使用权，对物业没有处分权，更没有所有权。因而承租人不能擅自将租赁的物业转租，如果在租赁期间要将物业转租，必须经过出租人的同意，否则属违法行为。

(2)租赁合同应采用书面形式。租期超过 6 个月的应签订书面合同，书面形式利于约定各方的权利和义务，口头协议无法解决权利义务关系，也不利于纠纷的解决。租赁期限不得超过 20 年，超过 20 年的，超过部分无效。

(3)物业租赁合同必须依法备案。物业租赁不允许私下进行交易，租赁合同订立后，双方当事人应到租赁房屋所在地直辖市、市、县人民政府建设(房地产)主管部门进行房屋租赁登记备案。登记备案是政府对物业租赁行为实施管理的一种重要的行政管理手段。

(4)物业租赁不受出租房屋所有权转移的影响。在物业租赁关系存续期间，即使出租人将房屋转让给他人，对租赁关系也不产生任何影响。买受人不能以其成为租赁房屋的所有人为由否认原租赁关系的存在并要求承租人返还承租的房屋。

二、物业租赁分类

(1)按物业所有权的性质，物业租赁分为公有房屋的租赁和私有房屋的租赁。

(2)按物业的使用用途，物业租赁分为住宅用房的租赁和非住宅用房的租赁。其中，非住宅用房的租赁包括办公用房和生产经营用房的租赁。

三、物业租赁原则与条件

1. 物业租赁原则

物业租赁即房地产租赁，应遵循下列原则：

(1)房屋租赁当事人应当遵循平等、自愿、合法和诚实信用的原则。

(2)公民、法人或其他组织对享有所有权的房屋和国家授权管理和经营的房屋可以依法出租。

(3)承租人经出租人同意，可以依照《商品房屋租赁管理办法》将承租房屋转租。

(4)住宅用房的租赁，应当执行房屋所在地城市人民政府规定的租赁政策。

(5)租用房屋从事生产、经营活动的，由租赁双方协商议定租金和其他租赁条款。

2. 物业租赁条件

根据《商品房屋租赁管理办法》规定，有下列情形的房屋不得出租：

(1)属于违法建筑的。

(2)不符合安全、防灾等工程建设强制性质标准的。

(3)违反规定改变房屋使用性质的。

(4)法律、法规规定禁止出租的其他情形。

四、物业租赁合同

物业租赁合同是出租人与承租人就物业租赁事宜明确双方的权利、义务的协议，也即以物业租赁为标的的契约。为了使物业租赁关系正常化、规范化和合法化，租赁物业时，当事人双方应就物业租赁的相关事宜签订书面物业租赁合同。

(一)物业租赁合同的内容

《城市房地产管理法》第五十四条规定："房屋租赁，出租人和承租人应当签订书面租赁合同，约定租赁期限、租赁用途、租赁价格、修缮责任等条款，以及双方的其他权利和义务，并向房产管理部门登记备案。"《商品房屋租赁管理办法》第七条对租赁合同的内容作了进一步的规定，租赁合同应当具备以下内容。

1. 当事人的姓名(名称)和住所

(1)当事人是自然人的，写明其姓名及住所。

(2)当事人是法人或其他组织的，写明其名称及住所。就承租人来说，如果是当地居民，必须持有本人身份证。

(3)如果是外来居民，必须持有本人身份证及公安部门颁发的暂住证。

(4)如果是企事业单位，必须持有《营业执照》。

2. 房屋坐落、面积、结构、附属设施，家具和家电等室内设施状况

租赁合同中要详细写明房屋所处的位置、门牌号码等，将合同标的物特定化。房屋的自然间数和面积是房屋数量的指标，同时也是确定双方权利和义务的依据。房屋面积要写明是指建筑面积还是使用面积。此外，合同还要明确房屋交付使用时的基本状况，写明房屋结构是钢筋结构、砖混结构还是框架结构等，承租人不得改变房屋主体结构；对于不能居住或不宜居住的厨房、浴室、走廊等辅助房及地下室不能作为房屋租赁合同的独立标的，其租赁应附属于住宅的租赁。如果有禁止承租人使用的房屋部位或设施的，应当说明。

3. 租赁用途和房屋使用要求

租赁合同中应明确房屋租赁用途，这有利于确定租赁合同所使用的法律法规，也有利于确定租赁合同的履行依据。出租人应当向承租人提供符合约定用途的房屋；承租人应当按照约定用途合理使用房屋，不得擅自改变房屋使用用途。

4. 租赁期限

当事人应当在租赁合同中约定租赁期限(即承租人有权使用承租房屋的期限)。但当事人约定的租赁期限最多不得超过 20 年，超过部分无效。租赁期限届满，租赁合同终止。如承租人需

要继续租用的，应当在租赁期限届满前 3 个月提出，并经出租人同意，重新签订租赁合同。

5. 租金和押金数额、支付方式

租金，是指承租人为取得一定期间对房屋的占有、使用权而向出租人支付的代价，也称租赁价格。房屋租金的组成一般包括房屋的折旧费、维修费、管理费、房产税、保险费、地租、利润、投资利息等。租赁合同应当明确约定租金标准及支付方式。同时租金标准必须符合有关法律、法规的规定。房屋租赁合同期内，出租人不得单方面随意提高租金水平。

6. 房屋维修责任

租赁合同中应当明确房屋维修责任的承担者，以及维修的范围、时间和费用负担。无约定或约定不明的按法律规定，由出租人履行出租房屋的维修义务。出租人拒不履行维修义务的，承租人可先自行维修，维修费用由出租人承担。出租人拒不承担的，承租人可从租金中抵扣。

7. 房屋和室内设施的安全性能

出租人应当按照合同约定履行房屋的维修义务并确保房屋和室内设施安全。未及时修复损坏的房屋，影响承租人正常使用的，应当按照约定，承担赔偿责任或者减少租金。

8. 物业服务、水、电、燃气等相关费用的交纳

承租人与出租人之间在租赁合同中，应约定物业服务、水、电、燃气等相关费用的缴纳方式。

9. 争议解决办法和违约责任

当事人可以在合同中约定一方不履行合同义务或履行合同义务不符合约定时应承担的违约责任的承担方式、免责条款等。

10. 其他约定

除了上述各项条款以外，当事人还可以在合同中根据具体需要约定其他事项。如当事人可以约定合同争议的处理方式，如当事人协商解决或由第三人居中调解；在协商、调解不成时也约定是否通过仲裁或诉讼解决，约定仲裁的，还应当确定具体的仲裁委员会。

(二)物业租赁合同的效力

房屋租赁期限届满，租赁合同终止。承租人需要继续租用的，应当在租赁期限届满前 3 个月提出，并经出租人同意，重新签订租赁合同。

(1)租赁期间，因赠予、析产、继承或者买卖转让房屋的，原房屋租赁合同继续有效。

(2)承租人在租赁期间死亡的，与其生前共同居住的人可以按照原租赁合同租赁该房屋。

(三)物业租赁合同的终止与解除

1. 物业租赁合同的终止

租赁合同一经签订，租赁双方必须严格遵守。合法租赁合同的终止一般有两种情况：一是自然终止，二是人为终止。

(1)合同的自然终止。

1)租赁合同到期，合同自行终止。承租人需继续租用房屋的，应当在租赁期限届满前 3 个月提出，并经出租人同意，重新签订租赁合同。

2)符合法律规定或合同约定可以解除合同条款的。

3)因不可抗力致使合同不能继续履行的。

上述原因终止租赁合同，使一方当事人遭受损失的，除依法可以免除责任的外，应当由责任方负责赔偿。

(2)合同的人为终止。合同的人为终止主要是指由于租赁双方人为的因素而使租赁合同终止。由于承租方的原因而使合同终止的情形主要有：

1)将承租的房屋擅自转租的。

2)将承租的房屋擅自转让、转借他人或私自调换使用的。

3)将承租的房屋擅自扩改结构或改变承租房屋使用用途的。

4)无正当理由，拖欠房租 6 个月以上的。

5)公有住宅用房无正当理由闲置 6 个月以上的。

6)承租人利用承租的房屋从事非法活动的。

7)故意损坏房屋的。

8)法律、法规规定的其他租赁人可以收回房屋的情况。

发生上述行为的，出租人除终止租赁合同外，还可请求赔偿由此造成的经济损失。

2. 物业租赁合同的变更与解除

房屋租赁当事人变更或者解除租赁合同使一方当事人遭受损失的，除符合下列情形的以外，应当由责任方负责赔偿。

(1)符合法律规定或者合同约定可以变更或解除合同条款的。

(2)因不可抗力致使租赁合同不能继续履行的。

(3)当事人协商一致的。

(四)物业租赁合同双方当事人的权利与义务

国有房屋租赁合同和公民个人所有的房屋租赁合同双方当事人的权利和义务有不同之处，但基本的权利和义务是相同的。

1. 出租人的权利与义务

(1)出租人的权利。

1)收取租金。由于租赁合同为有偿合同，因此，出租人有权要求承租人按照合同约定支付租金。承租人若连续 6 个月未交纳租金，出租人有权请求法院强制承租人交付，并有权解除合同关系，责令承租人承担违约责任。

2)监督承租人合理使用物业。如果承租人未按照合同规定使用物业或者擅自改变用途致使物业发生损坏的，出租人有权加以制止或者解除合同，并要求承租人承担违约责任。

3)租赁期限届满时，收回物业。租赁期满，出租人有权收回物业，若出租人要继续出租的，承租人在同等条件下享有优先承租权。

(2)出租人义务。

1)按照合同约定提供物业给承租人。如果出租人未按照合同约定的时间或者质量提供物业给承租人的，应当承担违约责任。

2)对房屋及设备进行修缮。除当事人另有约定的外，出租人对于所出租物业负有定期检查、修缮的义务，以保证物业的住用安全和合乎约定的使用功能。但因承租人的过错致使房屋毁损的，由承租人负责修缮。

2. 承租人的权利与义务

(1)承租人的权利。

1)占有、使用物业的权利。承租人建立租赁关系的直接目的就是占有、使用物业，在其占有、使用物业期间，包括出租人在内的任何人都不得侵犯其占有、使用权，否则承租人受到不法侵害时，就可以要求侵害人承担法律责任。

2)优先承租权。在租赁期届满时，承租人若继续租赁该房地产，则承租人享有优先承租权，这样的规定有利于承租人居住的安定。

3)优先购买权。出租人在租赁期间，若出卖自己的房地产，则承租人在同等条件下享有优先购买权。这里的同等条件是指承租人购买该房地产的条件与第三人完全相同。优先购买权在以下条件下丧失：一是承租人要求以低于第三人的价格购买该房地产；二是在出租人通知的期限内，承租人未做任何买或者不买的表示；三是承租人明确表示放弃优先购买权。

（2）承租人的义务。

1)交付租金。承租人必须按照合同的约定向出租人交付租金，否则要承担违约责任。

2)按照合同约定使用该物业。承租人不得擅自改变房屋用途，不得擅自转租他人，还应当妥善保护该物业。

3)租期届满时返还该物业。租赁期限届满，租赁合同即告终止，当事人的权利和义务也随之消灭，承租人应当返还该物业的占有、使用权。如需继续租用，则需与出租人重新签订租赁合同。返还的物业受到损失时，承租人还应当赔偿损失。

五、物业租赁管理工作

（一）物业租赁政策

（1）住宅用房和非住宅用房区别对待、分别管理的政策。住宅用房的租赁，执行国家和房屋所在地城市人民政府规定的租赁政策，租用房屋从事生产经营活动的，由租赁双方协商议定租金和其他租赁条款。

（2）无论是住宅用房的租赁还是非住宅用房的租赁，只要是房屋所有人以营利为目的，将以划拨方式取得的使用权的国有土地上建成的房屋出租的，出租人在出租房屋时，应将房屋租金中所含的土地收益上缴国家。

（3）公有房屋租赁，出租人必须持有《房屋所有权证》和城市人民政府规定的其他证明文件，承租人必须持有房屋所在地城市人民政府规定的租房证明和身份证明；私房出租人必须持有《房屋所有权证》，承租人必须持有身份证明。

（4）承租人在租赁期间死亡的，与其生前共同居住的人可以按照原租赁合同租赁该房屋。《民法典》也规定：承租人在房屋租赁期限内死亡的，与其生前共同居住的人或者共同经营人可以按照原租赁合同租赁该房屋。

（5）共有房屋出租时，在同等条件下，其他共有人有优先承租权。

（6）租赁期限内，房屋所有权人转让房屋所有权，原租赁协议继续履行。

（二）物业租赁登记备案

房屋租赁实行登记备案制度。签订、变更、终止租赁合同的，当事人应当向房屋所在地直辖市、市、县人民政府房地产管理部门登记备案。

1. 租赁登记期限

房屋租赁当事人应当在租赁合同签订后30日内，到租赁房屋所在地直辖市、市、县人民政府建设（房地产）主管部门办理房屋登记备案。

2. 物业租赁登记备案申请

办理房屋租赁登记备案，房屋租赁当事人应提交以下材料：

（1）房屋租赁合同。

（2）房屋租赁当事人身份证明。

(3)房屋所有权证书或者其他合法权属证明。

(4)直辖市、市、县人民政府建设(房地产)主管部门规定的其他材料。

房屋租赁当事人提交的材料应当真实、合法、有效,不得隐瞒真实情况或者提供虚假材料。

3. 物业租赁登记备案审查

房屋租赁审查的内容应包括:

(1)审查合同的主体条件是否合法,即出租人与承租人是否具备相应的条件。

(2)审查租赁的客体是否允许出租,即出租的房屋是否为法律法规允许出租的房屋。

(3)审查租赁合同的内容是否齐全、完备,如是否明确了租赁期限、修缮责任等事项。

(4)审查租赁行为是否符合国家及房屋所在地人民政府规定的租赁政策。

(5)审查是否按有关规定缴纳了有关税费。

只有具备上述条件,才能登记备案,否则主管部门可判定租赁行为无效,不予登记。

4. 房屋租赁证的颁发

房屋租赁申请经直辖市、市、县人民政府房地产管理部门审查合格后,颁发《房屋租赁证》。县人民政府所在地以外的建制镇的房屋租赁申请,可由直辖市、市、县人民政府房地产管理部门委托的机构审查,并颁发《房屋租赁证》。

《房屋租赁证》是租赁行为合法有效的凭证。租用房屋从事生产、经营活动的,《房屋租赁证》作为经营场所合法的凭证。租用房屋用于居住的,《房屋租赁证》可作为公安部门办理户口登记的凭证之一。

严禁伪造、涂改、转借、转让《房屋租赁证》。遗失《房屋租赁证》应当向原发证机关申请补发。

(三)物业转租与租金

1. 物业转租

房屋转租是指房屋承租人将承租的房屋再出租的行为。承租人在租赁期限内,征得出租人同意,可以将承租房屋的部分或全部转租给他人。出租人可以从转租中获得收益。

房屋转租,应当订立转租合同。转租合同必须经原出租人书面同意,并按照《商品房屋租赁管理办法》的规定办理登记备案手续。转租合同生效后,转租人享有并承担转租合同规定的出租人的权利和义务,并且应当履行原租赁合同规定的承租人的义务,但出租人与转租人双方另有约定的除外。

转租合同的终止日期不得超过原租赁合同规定的终止日期,但出租人与转租人双方协商约定的除外。转租期间,原租赁合同变更、解除或者终止,转租合同也随之相应地变更、解除或者终止。

案例分析2

案情介绍:于某与张某是一对志同道合的好朋友,因于某家里闲置一套住房,张某约定租于某的房子,租期为2年,住满1年以后,张某要去外地工作半年,便把房子租给了赵某,并事先得到了于某的同意,张某与赵某便达成了租期为1年的约定,不料赵某接手后,未经张某同意,便擅自把卧室与客厅打通。此事被于某发现,便要求承租人赵某承担责任,赔偿损失。

请分析:于某是否有权要求赵某赔偿损失?为什么?

案情分析:按《民法典》第七百一十六条规定,承租人经出租人同意,可以将租赁物转租给第三人。承租人转租的，承租人与出租人之间的租赁合同继续有效，第三人造成租赁物损失的，承租人应当赔偿损失。承租人未经出租人同意转租的，出租人可以解除合同。由此，转租后实际上形成了两个租赁合同：一个是出租人与承租人之间的租赁合同，另一个是承租人与第三人之间的租赁合同，两个合同互不隶属，并按照合同的相对性原理各自独立履行。

本案例中，张某将房屋转租给赵某后，于某仅有权按约定向张某收取每月的租金，而对于赵某擅自将卧室与客厅打通的行为，于某是无权要求进行赔偿的，但是有权要求张某赔偿损失，并可勒令恢复原状。

2. 物业租金

物业租金是指物业承租人为取得一定期限内物业的使用权而付给物业出租人的经济补偿。物业租金作为物业使用价值分期出售的价格，是物业在分期出售中逐渐实现的价值的货币表现。

物业租金可分为成本租金、商品租金和市场租金。成本租金由折旧费、维修费、管理费、投资利息和税金等五项因素组成；商品租金由成本租金加保险费、地租和利润等因素构成；市场租金是在商品租金的基础上，根据供求关系形成的。

当事人可以根据房屋的新旧程度、楼层、朝向、设备情况、施工质量、建造工艺、房屋坐落地址、周边环境等直接影响房屋的价值和使用价值的因素来确定租金。但下列房屋的租金，应当按照市政府规定的标准执行：

(1)公有居住房屋。

(2)非居住房屋。

1)以行政调配方式出租的非居住房屋；

2)政府投资建造的公益性非居住房屋。

此外，已经按照市政府规定的租金标准出租的私有居住房屋，其租金和租赁关系的处理也需按市政府规定执行。

(四)物业租赁管理注意事项

1. 物业租赁用途不得任意改变

在物业租赁合同中，已明确了物业用途，这就要求出租人在交付租赁房屋时，应提供有关物业使用中的特殊要求，并明确通知承租人，保证承租人按照租赁物业的性能、用途，正确合理地使用出租房屋，并对其正常磨损不承担责任。

承租人在承租房屋上添加新用途时，应征得出租人的同意，相应的开支由双方约定。只要承租人按合同约定的用途合理使用租赁房屋，租赁期满返还房屋时的合理磨损，出租人不得要求赔偿。物业是经营还是自住，承租人不能随意改动，更不得利用承租房屋从事违法犯罪活动。

2. 违法建筑不得出租

在城市规划区内，未取得建设工程规划许可证或者违反建设工程规划许可证的规定新建、改建和扩建建筑物、构筑物或其他设施的，都属违法建筑。违法建筑本体的非法性，使其根本不具备租赁客体合法、安全等条件，属于禁止出租的范围。

3. 物业租赁与物业抵押的关系

物业租赁与物业抵押的关系有两种情形：第一种情形是物业先租赁，后抵押；第二种情形是物业先抵押，后租赁。从本质上讲，抵押权与租赁关系二者之间并无冲突，两种情形都是允许的，但在法律后果上，二者存在区别。

(1)物业先租赁，后抵押。根据《城市房地产抵押管理办法》的规定，以已出租的房地产抵押的，抵押人应当将租赁情况告知抵押权人，并将抵押情况告知承租人，原租赁合同继续有效。

这时，抵押人不需征得承租人的同意，只要履行告知手续，便可将已租赁出去的物业再抵押给抵押权人。而且，抵押权实现后，租赁合同在有效期间内对抵押物的受让人继续有效。

(2)物业先抵押，后租赁。《城市房地产抵押管理办法》规定：经抵押权人同意，抵押房地产可以转让或者出租。也就是说，只有经过抵押权人同意之后，抵押物的出租才是合法的。

单元四　物业抵押制度

一、物业抵押的概念与特征

1. 物业抵押的概念

物业抵押是指抵押人以其合法的物业，以不转移占有的方式向抵押权人提供债务履行担保的行为。债务人不履行债务时，抵押权人有权依法以抵押的物业拍卖所得的价款优先受偿。

抵押人是指将依法取得的房地产提供给抵押权人，作为本人或者第三人履行债务担保的公民、法人或者其他组织。抵押权人是指接受房地产抵押作为债务人履行债务担保的公民、法人或者其他组织。

2. 物业抵押的特征

物业抵押属于担保法律制度中的物的担保，抵押物又是特定的不动产，这种担保物权具有其自身的法律特征。

(1)物业抵押具有从属性。物业抵押从属于担保的债权，相对于债权关系，物业抵押具有从属性。设定抵押的目的是保证主债权的履行，物业抵押不能脱离主债权而独立存在。物业抵押随主债权的成立而成立，随主债权的消灭而消灭，物业抵押权的行使以主债权未受清偿为基础。

(2)物业抵押具有不可分性。物业抵押与担保的债权不可分离，抵押的效力及于担保的债权和抵押物的全部。抵押物的分割或一部分灭失，债权分割或一部分的让与或清偿，抵押权不受影响。

(3)物业抵押具有优先受偿性。抵押权是一种他物权，抵押权的实质和担保作用在于：抵押权人得以通过实现抵押物的价值，优先受偿。即抵押人在债务履行期届满时不履行债务，抵押权人有权依照法律规定，以用作抵押物的房屋和土地，按照法定程序进行拍卖，就卖得的价款，抵押权人可以从中优先受偿。

(4)物业抵押具有物上代位性。物业抵押是一种价值担保，当被抵押的物业发生变化(包括形态、性质变化甚至灭失)，但只要还存在交换价值，抵押权的效力就及于已发生变化的物或者其替代物上，这就是抵押的物上代位性，如抵押权有权就因抵押物业拆迁而获得的补偿金优先受偿。

(5)物业抵押是要式抵押。物业抵押的要式性表现在两个方面。一方面，物业抵押时抵押双方必须签订书面的抵押合同。《城市房地产管理法》第五十条规定："房地产抵押，抵押人和抵押权人应当签订书面抵押合同。"另一方面，物业抵押要办理抵押登记，《城市房地产管理法》第六十二条规定："房地产抵押时，应当向县级以上地方人民政府规定的部门办理抵押登记。"

二、物业抵押原则与条件

1. 物业抵押原则

(1)物业抵押，应当遵循自愿、互利、公平和诚实信用的原则。

（2）依法设定的物业抵押，受国家法律保护。

（3）国家实行物业抵押登记制度。

2. 物业抵押条件

《城市房地产管理法》规定：依法取得的房屋所有权连同该房屋占用范围内的土地使用权，可以设定抵押权。以出让方式取得的土地使用权，可以设定抵押权。但在抵押时，一般不能将房产与地产分离设定抵押，既不能单独抵押房屋，也不能单独抵押土地，更不能将房屋和土地分别抵押给不同的抵押权主体，只能将房屋所有权与土地使用权同时设定抵押。土地使用权单独设立抵押权，必须是出让的国有土地使用权。

另外，根据《国家土地管理局关于土地使用权抵押登记有关问题的通知》规定，土地使用权抵押权的合法凭证是《土地他项权利证明书》，土地使用证不作为抵押权的法律凭证。抵押权人不得扣押土地证书。抵押权人扣押的土地证书无效，土地使用权人可以申请原土地证书作废，并办理补发新证手续。

法律规定以下物业不得设定抵押权：

（1）权属有争议的房地产。

（2）用于教育、医疗、市政等公共福利事业的房地产。

（3）列入文物保护的建筑物和有重要纪念意义的其他建筑物。

（4）已依法公告列入拆迁范围的房地产。

（5）被依法查封、扣押、监管或以其他形式限制的房地产。

（6）依法不得抵押的其他房地产。

三、物业抵押程序

物业抵押主要分为签约和登记两个阶段。

（一）签约

物业抵押，应先由抵押人持土地使用权证书、房屋所有权证书或房屋预售合同与抵押权人签订书面物业抵押合同。同时，抵押合同必须依法签订，不得违反国家法律、法规和土地使用权出让合同的规定。

（二）登记

物业抵押应依照规定办理抵押登记。

1. 抵押登记时限

抵押合同自签订之日起 30 日内，抵押当事人应当到房地产所在地的房地产管理部门办理物业抵押登记。抵押合同自抵押登记之日起生效。

2. 提出登记申请

办理物业抵押登记时，应当向登记机关交验以下文件：

（1）抵押当事人的身份证明或法人资格证明。

（2）抵押登记申请书。

（3）抵押合同。

（4）《国有土地使用证》《房屋所有权证》或《房地产权证》，共有的房屋还必须提交《房屋共有权证》和其他共有人同意抵押的证明。

（5）可以证明抵押人有权设定抵押权的文件与证明材料。

(6)可以证明抵押房地产价值的资料。

(7)登记机关认为必要的其他文件。

3. 抵押登记审核与记载

登记机关应当对申请人的申请进行审核。凡权属清楚、证明材料齐全的，应当在受理登记之日起 7 日内决定是否予以登记，对不予登记的，应当书面通知申请人。

物业抵押登记审核通过后，或抵押合同发生变更或者抵押关系终止等情况时，登记机关应有所记载。

(1)以依法取得房屋所有权证书的房地产抵押的，应当在原《房屋所有权证》上作他项权利记载后，由抵押人收执。并向抵押权人颁发《房屋他项权证》。

(2)以预售商品房或者在建工程抵押的，登记机关应当在抵押合同上作记载。抵押的房地产在抵押期间竣工的，当事人应当在抵押人领取房地产权属证书后，重新办理房地产抵押登记。

(3)抵押合同发生变更或者抵押关系终止时，抵押当事人应当在变更或者终止之日起 15 日内，到原登记机关办理变更或者注销抵押登记。

(4)因依法处分抵押房地产而取得土地使用权和土地建筑物、其他附着物所有权的，抵押当事人应当自处分行为生效之日起 30 日内，到县级以上地方人民政府房地产管理部门申请房屋所有权转移登记，并凭变更后的房屋所有权证书向同级人民政府土地管理部门申请土地使用权变更登记。

四、物业抵押合同

1. 物业抵押合同的概念

物业抵押合同是指抵押人与抵押权人为了保证债权债务的履行，明确双方权利与义务的协议。物业抵押合同是债权债务合同的从合同。债权债务的主合同无效，抵押这一从合同也就自然无效。物业抵押是一种标的物价值很大的担保行为，法律规定物业抵押人与抵押权人必须签订书面抵押合同。

2. 物业抵押合同的内容

物业抵押合同应当载明的主要内容如下：

(1)抵押人、抵押权人的名称或者个人姓名、住所。通常情况下，抵押人与主债务的债务人为同一人；抵押权人与主债务的债权人为同一人。

(2)主债权的种类、数额。应写明主债权的性质、数额、期限以及产生原因。

(3)抵押物业的处所、名称、状况、建筑面积、用地面积以及四至界限等。

(4)抵押物业的价值。对于物业估价，可以通过有资质的评估机构做出有效的评估报告，也可以是双方都认可的价格。由于物业估价比较复杂，最好由有资质的专业评估机构来做出评估报告。

(5)抵押物业的占用管理人、占用管理方式、占用管理责任以及意外损毁、灭失的责任。物业抵押因不转移对物业的占有、使用，故抵押人与抵押权人应该约定物业的占用管理人、占用管理方式及占用管理责任等。如果是因为抵押人的过错而使抵押物业损毁或灭失的，抵押权人有权要求抵押人以其他财产代替抵押物业。当事人对此另有约定的，从其约定。

(6)抵押期限。物业抵押合同中的抵押期限应当明确，一般情况下此期限等于或长于主债务的期限。

(7)抵押权灭失的条件。一般而言，抵押权基于以下几种情况灭失：所担保的主债权灭失；抵押期限届满；抵押物业因意外事故损毁、灭失，而当事人没有关于继续抵押的约定；双方协商解除该抵押合同；因政府行为或不可抗力造成合同履行的不可能。

(8)违约责任。物业抵押合同中应明确如果违反合同应承担的责任。一般约定为违约金或赔偿金的数额或其计算方式、支付方式及期限等。

(9)争议解决方式。抵押双方可以约定合同纠纷的解决方式，通常是选择仲裁或诉讼。

(10)抵押合同订立的时间与地点。这也是抵押合同应具备的条款。时间关系到有关抵押期限及违约金的计算等，地点往往决定纠纷时的诉讼管辖等。

(11)双方约定的其他事项。双方还可以约定变更条款、终止条款等，即约定在什么情况下变更其中的什么内容，在什么情况下可以终止抵押合同等。

五、物业抵押管理工作

(一)抵押物业的占用、管理的处分

1. 抵押物业的占用与管理

(1)抵押房地产的管理。已作抵押的房地产，由抵押人占用与管理。抵押人在抵押房地产占用与管理期间应当维护抵押房地产的安全与完好。抵押权人有权按照抵押合同的规定监督、检查抵押房地产的管理情况。

(2)抵押房地产及抵押权转让或者出租。抵押权可以随债权转让。抵押权转让时，应当签订抵押权转让合同，并办理抵押权变更登记。抵押权转让后，原抵押权人应当告知抵押人。

经抵押权人同意，抵押房地产可以转让或者出租。抵押房地产转让或者出租所得价款，应当向抵押权人提前清偿所担保的债权。超过债权数额的部分，归抵押人所有，不足部分由债务人清偿。

因国家建设需要，将已设定抵押权的房地产列入拆迁范围的，抵押人应当及时书面通知抵押权人；抵押双方可以重新设定抵押房地产，也可以依法清理债权债务，解除抵押合同。

(3)抵押房地产损毁、灭失的处理。抵押人占用与管理的房地产发生损毁、灭失的，抵押人应当及时将情况告知抵押权人，并应当采取措施防止损失的扩大。抵押的房地产因抵押人的行为造成损失使抵押房地产价值不足以作为履行债务的担保时，抵押权人有权要求抵押人重新提供或者增加担保以弥补不足。

抵押人对抵押房地产价值减少无过错的，抵押权人只能在抵押人因损害而得到的赔偿的范围内要求提供担保。抵押房地产价值未减少的部分，仍作为债务的担保。

2. 抵押物业的处分

(1)抵押物业处分的前提条件。一般情况下，实现抵押权有一个前提，那就是债务履行期届满，而债权人未受到清偿的，这时，债权人可以行使抵押权，处理抵押物以实现其债权。有下列任何情况出现，抵押权人有权要求处分抵押的物业：

1)债务履行期满，抵押权人未受到清偿，抵押人也未能与抵押权人达成延期履行协议的。

2)抵押人死亡或者被宣告死亡而无人代为履行到期债务，或者抵押人的合法继承人、受遗赠人拒绝履行到期债务的。

3)抵押人被依法宣告解散或者破产的。

4)抵押人违反《城市房地产抵押管理办法》的有关规定，擅自处理抵押物业的。

5)抵押合同约定的其他情况。

(2)处分抵押房地产受偿的顺序。处分抵押房地产时，受偿顺序按以下情况安排。

1)抵押权人处分抵押房地产时，应当事先书面通知抵押人；抵押房地产为共有或者出租的，

还应当同时书面通知共有人或承租人；在同等条件下，共有人或承租人依法享有优先购买权。

2）同一房地产设定两个以上抵押权时，以抵押登记的先后顺序受偿。

3）处分抵押房地产时，可以依法将土地上新增的房屋与抵押财产一同处分，但对处分新增房屋所得，抵押权人无权优先受偿。

4）以划拨方式取得的土地使用权连同地上建筑物设定的房地产抵押进行处分时，应当从处分所得的价款中交纳相应于应当交纳的土地使用权出让金的款额后，抵押权人方可优先受偿。

（3）抵押权人中止对抵押房地产处分的条件。出现下列情况时，抵押权人可中止对抵押房地产的处分：

1）抵押权人请求中止的；

2）抵押人申请愿意并证明能够及时履行债务，并经抵押权人同意的；

3）发现被拍卖抵押物有权属争议的；

4）诉讼或仲裁中的抵押房地产；

5）其他应当中止的情况。

（4）处分抵押房地产所得金额分配顺序。处分抵押房地产所得金额，依下列顺序分配：

1）支付处分抵押房地产的费用；

2）扣除抵押房地产应缴纳的税款；

3）偿还抵押权人债权本息及支付违约金；

4）赔偿由债务人违反合同而对抵押权人造成的损害；

5）剩余金额交还抵押人。

处分抵押房地产所得金额不足以支付债务和违约金、赔偿金时，抵押权人有权向债务人追索不足部分。

（二）物业抵押权的实现、终止与注销

1. 物业抵押权的实现

物业抵押权的实现是指当债务人不履行合同时，债权人可以根据抵押合同的约定，依法处分债务人或者第三人的抵押财产，并就处分抵押权所得优先受偿。因物业抵押权的实现，抵押关系归为消失。

（1）物业抵押权的实现条件。物业抵押权的实现条件，主要包括债务人在履约期届至时不能依约清偿债务，或者在抵押合同期间宣告解散、破产，只有在这些条件下，债权人才能够行使抵押权。

（2）物业抵押权实现的方式。经抵押当事人协商可以通过拍卖等合法方式处分抵押物业。物业抵押权的实现方式包括以下三种：

1）折价，也就是债务履行期届满，抵押人不能履行债务以后，抵押权人与抵押人协议，参照市场价格确定一定的价款，把抵押物的所有权由抵押人转移给抵押权人，从而使债权得以实现。但不得损害其他债权人的利益。

2）拍卖，是抵押权实现的最为普遍的一种方式。它是以公开竞争的方法把标的物卖给出价最高的买者。以拍卖方式实现的物业抵押权更具有透明度、公平性，债权人在处分抵押物后，就所得收益享有优先受偿权。

3）变卖，一般是指出卖财物，换取现款的行为。变卖无须公告，不受时间的限制，不用对卖出的标的物进行估价，确定底价，然后通过竞价的方式确定标的价值。在民事诉讼程序中，没有被查封、扣押的财产，不能拍卖。而变卖的范围更广一些，它不仅包括查封、扣押的财产，

也包括未经查封、扣押的被执行人的财产。

(3)物业抵押权实现的特殊要求。由于物业抵押的特殊性，其抵押权的实现应当符合下列要求：

1)抵押人以承包的荒地使用权抵押的，或者以乡(镇)村企业的厂房等建筑物及其占用范围内的土地使用权抵押的，在实现抵押权后，未经法定程序不得改变土地集体所有的性质和土地用途。

2)设定抵押权的土地是以划拨方式获得的，依法拍卖该物业后，抵押权人应当从拍卖所得的价款中交纳相当于应交土地出让金的数额，然后才能优先受偿。

3)在实现抵押权时，抵押物业设有租赁权的，若租赁权先于抵押权成立的，抵押权实现后，租赁关系继续有效；租赁权后于抵押权成立的，抵押权实现后，原租赁关系解除，当事人另有约定的除外。

(4)物业抵押权实现中的法律问题。

1)房屋、土地不可分离。抵押人以其全部物业设定抵押时，抵押权的效力及于全部物业，包括房屋所有权和土地使用权。抵押人仅以其土地使用权或者仅以其房屋设定抵押权时，该抵押权的效力及于物业全部。《中华人民共和国城镇国有土地使用权出让和转让暂行条例》第三十三条规定："土地使用权抵押时，其地上建筑物、其他附着物随之抵押。地上建筑物、其他附着物抵押时，其使用范围内的土地使用权随之抵押。"《城市房地产抵押管理办法》第四条规定："以依法取得的房屋所有权抵押的，该房屋占用范围内的土地使用权必须同时抵押。"

2)抵押权设定后新增的房屋。抵押权设定后新增房屋不属于抵押物，物业抵押权的效力不及于该新增房屋。《城市房地产管理法》第五十二条规定："房地产抵押合同签订后，土地上新增的房屋不属于抵押财产。"《城市房地产抵押管理办法》第四十四条规定："处分抵押房地产时，可以依法将土地上新增的房屋与抵押财产一同处分，但对处分新增房屋所得，抵押权人无权优先受偿。"

3)抵押权转让。《城市房地产抵押管理办法》第三十七条规定："抵押权可以随债权转让。抵押权转让时，应当签订抵押权转让合同，并办理抵押权变更登记。抵押权转让后，原抵押权人应当告知抵押人。"可见，除当事人另有约定外，抵押权随债权走，债权转让抵押权随之转移，但债务的转移并不一定导致抵押权的必然转移，如果第三人以其合法财产为债务人提供抵押担保的，债务人经债权人(抵押权人)同意转让其债务，但未经抵押人(第三人)同意，抵押人(第三人)不再提供担保。

4)抵押物业的转让或出租。抵押权可以转让或出租，须经过抵押权人的同意。所得价款应当向抵押权人提前清偿所担保的债权。超过债权数额的部分，归抵押人所有，不足部分由债务人清偿。实现抵押权时，抵押房地产上设有租赁权的，应区别对待。"先租后抵"的，抵押权实现后租赁关系继续有效，"抵押不破租赁"。"先抵后租"的，抵押权实现后租赁关系应解除，当事人另有约定的除外。

5)抵押债权的优先受偿。当债务人不履行债务时，物业抵押权人可以就抵押物业享有优先受偿权，这种优先受偿权优先于下列权利。

①优先于普通债权和其他费用。物业抵押权优先于破产费用、破产企业所欠职工工资和劳动保险费用、破产企业所欠税款、破产债权。

②优先于在其后设定的用益物权。用益物权属于他物权，是以物的使用、收益为主要内容的物权。物业抵押权优先于在其后设立的典权、财产使用权等用益物权。

③优先于在其后设立的抵押权。在同一物业上设定的数个抵押权，先设定的抵押权优先于

在其后设定的抵押权。也就是在同一物业设定两个以上抵押权时，以抵押登记的先后顺序受偿。

2. 物业抵押权的终止

有下列任一情况发生时，抵押权人对抵押房地产的处分(抵押权)终止：

(1)抵押权人请求中止的。

(2)抵押人申请愿意并证明能够及时履行债务，并经抵押权人同意的。

(3)发现被拍卖的抵押物有权属争议的。

(4)诉讼或仲裁中的抵押房地产。

(5)其他应当中止的情况。

3. 物业抵押权的注销

抵押合同终止后，抵押权人应在规定的时间内分别向土地管理部门与房产管理部门办理抵押登记的注销手续。物业抵押权的消失主要有以下几种情况。

(1)因债务清偿而消失。物业抵押合同从属于债务合同，因此，物业抵押合同随主合同的消失而消失。当主合同因债务清偿而消失时，物业抵押权也随之消失。

(2)因物业抵押权的实现而消失。抵押人到期未能履行债务或者在抵押合同期间宣告解散、破产的，抵押权人有权依照国家法律、法规和抵押合同的规定处分抵押物业。抵押权的实现方式主要有折价、变卖和拍卖。《城市房地产管理法》第四十七条规定："债务人不履行债务时，抵押权人有权依法以抵押的房地产拍卖所得的价款优先受偿。"

(3)因抵押的物业灭失且无替代物而消失。由于物业抵押权具有物上代位性，当物业灭失时，如有赔偿金或保险金等替代物，物业抵押权的效力及于该赔偿金或保险金等替代物。但当抵押的物业灭失且无替代物时，物业抵押权消灭。

(4)协议消灭。当事人之间约定消灭抵押权。

案例分析3

案情介绍：张某通过中介公司租用一商铺用于批发零售文具，签订租赁合同前，中介公司将业主有关资料出示给张某看，当时发现该商铺已抵押给银行，但中介公司说没问题，于是张某与业主及中介公司签订了租赁合同并交纳了押金、租金及中介佣金。但当张某持租赁合同及有关资料到工商部门办理营业执照时，工商部门要求其必须出示银行同意该房屋出租的书面证明。

请分析：租用抵押给银行的房屋，需银行同意吗？

案情分析：抵押给银行的房屋，业主在与银行签订抵押合同时都列明业主在出租前，必须取得银行的同意方可出租，但部分业主出租前都不会主动通知银行，取得银行同意。因此，租用抵押给银行的房屋，应在签订租赁合同前，要求业主出示银行同意的证明，以避免引起不必要的损失。

模块小结

物业交易是指以物业为标的而进行的转让、租赁、抵押等各种民事法律行为。目前，我国房地产交易管理主要遵循房地产不可分离原则、物业权属依法登记原则、物业交易价格分别管制原则及物业交易中的土地收益合理分配原则。物业转让是指物业权利人通过买卖、赠予或者其他合法方式将其物业转移给他人的行为。物业转让的条件主要有允许条件、禁止条件和限制条件。物业转让合同是指物业转让当事人之间签订的用于明确各方权利、义务关系的协议。物业租赁是指物业所有权人作为出租人将其房屋出租给承租人使用，由承租人向出租人支付租金的行为。物业租赁合同是出租人与承租人就物业租赁事宜明确双方的权利、义务的协议，也即以物业租赁为标的的契约。物业抵押是指抵押人以其合法的物业，以不转移占有的方式向抵押权人提供债务履行担保的行为。物业抵押合同是指抵押人与抵押权人为了保证债权债务的履行，明确双方权利与义务的协议。

思考与练习

一、填空题

1. 我国房地产交易管理主要遵循_____原则、_____原则、_____原则及_____原则。

2. 物业转让的形式主要包括房地产_____、_____和其他合法方式。

3. 商品房销售计价有_____、_____和_____三种方式。

4. 租赁合同租赁期限不得超过_____年，超过_____年的，超过部分无效。

5. 物业租金可分为_____、_____和_____。

6. 抵押合同自_____起生效。

二、简答题

1. 简述物业转让的含义。

2. 以出让方式取得土地使用权的转让的条件是什么？

3. 简述物业转让合同的特征。

4. 简述物业租赁原则。

5. 由于承租方的原因而使合同终止的情形主要有哪些？

6. 简述出租人的权利与义务。

7. 法律规定不得设定抵押权的物业有哪些？

8. 物业抵押权实现的方式有哪些？

模块十

物业管理纠纷处理法律制度

学习目标

通过本模块的学习，了解物业管理纠纷的概念、特点；掌握物业管理纠纷的原因、防范、投诉，物业管理纠纷的类型与处理原则、途径、举证责任，民事起诉状的撰写。

能力目标

能够正确进行物业管理纠纷的防范和处理，能够正确撰写起诉状。

引入案例

某管理处在大厦入口外墙安装了一块广告宣传栏，宣传栏宽1米，长1.5米，重约8千克。某天，气象台预报有台风，该市为台风预计登陆点，风力可能会超过10级，最高达12级左右。该天中午，台风登陆将宣传栏刮起，砸毁20米开外的奔驰车玻璃和窗户，经修理花费将近2万元，车主要求物业服务企业赔偿损失。物业服务企业以"不可抗力"为由，拒绝赔付。车主遂将物业服务企业告上法庭。

经查，该宣传栏系事发3年前安装，原固定宣传栏的4个螺栓，其中2个已经锈蚀、滑牙，经台风长时间吹刮断裂，酿成大祸。

"不可抗力"是指不能预见、不能避免并不能克服的客观情况。本案例中，台风信息已经提前准确预告，物业服务企业作为专业公司应该预见到台风登陆所造成的影响，提前做好防灾工作，宣传栏被刮起的情况完全可以避免，所以此案例中"不可抗力"并不能成为物业服务企业免责的理由。

《民法典》规定："建筑物、构筑物或者其他设施及其搁置物、悬挂物发生脱落、坠落造成他人损害，所有人、管理人或者使用人不能证明自己没有过错的，应当承担侵权责任。所有人、管理人或者使用人赔偿后，有其他责任人的，有权向其他责任人追偿。"也就是说，其所有人或者管理人除能证明自己没有过错的以外，均应依法承担民事责任。此案例中，物业服务企业作为广告宣传栏的所有者，对宣传栏疏于检查，致使原固定宣传栏的4个螺栓，其中2个已经锈蚀、滑牙；并且在已经知道台风将至时未做任何检查和预防措施，所以应该承担责任。

单元一 物业管理纠纷处理概述

一、物业管理纠纷的概念与特点

1. 物业管理纠纷的概念

物业管理纠纷是指物业管理各主体之间在物业管理的民事、经济、行政活动中，因对同一项与物业有关或与物业管理服务有关或与具体行政行为有关的权利和义务有相互矛盾的主张和请求，而发生的具有财产性质的争执。

物业管理纠纷的范围较广，一般包括：①前期物业管理的纠纷；②物业使用的纠纷；③物业维修的纠纷；④物业管理服务的纠纷；⑤物业服务企业与各专业管理部门职责分工的纠纷；⑥物业租赁的纠纷；⑦异产毗邻房屋管理的纠纷；⑧公有房屋管理的纠纷；⑨城市危险房屋管理的纠纷；⑩其他有关物业管理实施中发生的纠纷，如街道纠察队对物业管理区域内违反市容、环境卫生、市政设施、绿化等城市管理法律法规规定的行为，做出处罚和处理的纠纷等。

2. 物业管理纠纷的特点

物业管理纠纷因物业关系对纠纷当事人的切身利益影响重大而容易激化，由于该类案件中业主与物业服务企业的矛盾较为激烈，即使涉及金额不高，双方也难以达成调解。概括起来，物业管理纠纷具有高发性、群体性及法律关系复杂、解决难度大等特点。

(1)高发性。近年来，随着我国房地产业的迅速发展，物业管理纠纷案件逐年增长，纠纷类型也从原先单纯的追索物业服务费用纠纷转而向服务质量、乱收费、乱搭建、治安管理、装修管理、广告管理、车辆管理、解聘物业服务企业等引发的纠纷发展。物业管理纠纷数量不断攀升，已经成为影响社会和谐的重要障碍。如何减少和处理该类纠纷，对维护当事人的合法权益有重要的意义。

(2)群体性。当事人一方人数众多，易形成群体性纠纷。物业管理纠纷严重危害群众的安定生活，影响房地产业和物业管理业的健康发展，物业纠纷致使业主权益难以维护、人身安全无法保障，如果这些问题处理不好，将引发、积累和转化为人们的严重不满，影响社会和谐和政治稳定。另外，物业管理纠纷产生的原因也通常是物业服务费用的交纳、物业管理质量等涉及全体业主利益的共性问题，由于当事人多处于同一事件背景和同一社区，因此会形成共同的利益圈。在发生纠纷时，有时会以某一小区为单位，业主对纠纷达成一定的共识，通过群体性行为的方式进行诉讼，形成具有群体性纠纷的潜在因素。

(3)法律关系复杂，解决难度大。物业管理纠纷不仅需要《物业管理条例》规范和调整，还涉及《房地产管理法》《民法典》等相关法律的规范和调整。物业管理纠纷案件的诉讼主体、法律关系复杂，该类案件的主体，既有我国公民、法人和其他组织，又有外国公民、外国企业。参与诉讼的既有业主、物业使用人或业主委员会，也有物业服务企业。既可能涉及业主与物业使用人的关系，业主或物业使用人与物业服务企业的物业服务合同关系、侵权关系；又可能涉及房地产开发商与物业服务企业的关系、业主委员会与物业服务企业的关系等。近年来，物业管理纠纷矛盾冲突有不断升级的迹象。

二、物业管理纠纷原因

物业管理纠纷产生的原因是多种多样的，有主观方面的原因和客观方面的原因，有历史的原因和现实的原因，有社会的原因和个人的原因，也有管理体制上的原因和工作上的原因等。

1. 人们对高质量物业管理的要求

随着社会的不断发展，人们的生活水平日益提高，对物业管理专业服务的需求量也迅速增加，从而对服务质量的要求也在相应提高。但由于中国物业管理起步晚，经验少，再加上大部分物业服务企业的专业水准和员工综合素质不是很高，因而难以提供高质量的物业管理服务。这种供求方面的矛盾就容易导致物业管理纠纷。

2. 法律规范、规章制度不健全，行政工作管理不完善

我国物业管理起步较晚，物业管理法制建设还不够健全，使得物业管理和业主自治管理过程中所发生的新型纠纷失范，缺乏相应的规范来处理，从而造成一些纠纷长期难以解决，给当事人和行政主管机关造成困扰。规范、制度和管理上的缺陷和漏洞，为纠纷的产生提供了人为环境。加上一些物业管理的行政主管部门及工作人员，对业主自治管理认识模糊，对自治管理与物业管理的关系未能准确理解，因而在具体行使行政指导和监督职权时，未能及时、有效地以行政手段保护业主团体自治的合法权益，甚至不自觉地做出了以行政职权侵犯业主团体自治权和物业服务企业经营管理自主权的事情，从而引发行政纠纷。

3. 当事人民主意识、法律意识淡薄

当前，一些涉及业主团体自治事务的纠纷当事人，未能真正把握民主自治的精神和原则，不正当行使或者滥用自己的成员权，人为地在业主团体内部制造派别对立纠纷和其他纠纷，一些纠纷当事人缺乏基本的法律常识和民主法律意识，致使订了业主公约、服务合同之后不认真履行，甚至故意侵犯对方当事人的合法权益。有的纠纷当事人有意或无意地将不同主体间的法律关系相混淆，把原本不属于物业管理范围的法律关系硬牵扯到物业服务企业身上。这些都容易引发物业管理纠纷。

4. 当事人受不良意识、道德风气影响

一些纠纷与当事人主观上不讲公共道德、商业道德、职业道德及个人品质缺陷相关，特别与损人利己思想、尔虞我诈、投机取巧、官商作风等不良风气以及过去的"主仆"观念等意识相关，引发了物业管理纠纷。

5. 客观因素产生纠纷

有的纠纷当事人确实由于客观上存在困难，而难以去履行自己的义务，从而产生纠纷。如有些人拖欠自己应交的物业服务费用，确实是自己经济陷入了十分艰难的困境，但收费方不容缓期，就可能发生纠纷。

三、物业管理纠纷防范

目前，我国各地各级法院受理的物业管理纠纷案件的数量逐年上升，在民事案件中所占比例逐渐加大。基于物业管理纠纷的特殊性，在一定时期，业主与物业服务企业之间的矛盾将是尖锐而不可避免的。而要形成符合市场经济要求的物业管理竞争，真正缓和日益增多的物业管理纠纷需要一个长期的过程。

1. 物业服务企业应强化合同意识

签订合同时，物业服务企业应将合同内容细化，为以后的服务提供可供判定的依据。同时，物业服务企业在收取物业服务费用后，应当严格履行服务义务，提高服务质量，提高物业管理队伍的素质。物业服务企业应加强防范，充分履行合理注意义务。关于业主车辆丢失、财物被盗的损害赔偿问题，在物业服务合同中如果约定的保安费包括车辆保管服务，那么发生车辆丢

失的，物业服务企业应该承担赔偿责任。如果没有约定，但有证据证明物业服务企业疏于管理，未尽起码的安全防范义务或未配备应有的安全防范设备，对车辆的丢失、财物被盗有重大过失的，物业服务企业应承担赔偿责任。物业服务企业承担法律责任的前提是这种过错和业主财产被盗之间有法律上的因果关系。物业服务企业应当证明自己在物业管理活动中没有过错或者即使有过错，这种过错也不是直接导致小区业主财产损失的原因。为此物业服务企业应当采取积极的应对措施，配齐安全防范设备及人员，履行充分的安全防范义务。

2. 业主要增强契约意识，审慎订立合同

业主要履行合同时，应当遵循诚实信用原则，在享受物业管理服务的同时，认真履行交纳费用的义务，依法维权。物业服务合同是业主和物业服务企业明确各自权利和义务的载体，也是纠纷发生时，衡量各自主张是否充分的评判标准，更是人民法院处理物业管理纠纷案件的事实依据。由于物业管理是日常发生的，是长期的、细化的和具有个体差异的，所以，在签订合同时，应当在参考物业合同范本的基础上，尽可能将合同的内容细化，使业主和物业服务企业都有章可循、有合同可依。业主对发生的纠纷，应加强与物业服务企业的沟通，尽可能通过对话解决纠纷。此外，业主应注意在平时积极收集、保全证据，避免在日后诉讼中处于劣势。

3. 加强物业管理行为的监管

政府物业管理主管行政部门对于物业服务企业、业主及业主委员会在物业管理活动方面的行为进行规范和引导，形成符合时代发展要求的物业管理市场秩序。市场主体平等与自由的公平竞争是市场经济的基本要求。但进入市场的竞争者均以获取利润为直接目的，利润会使竞争者抛开职业道德、商业道德而做出各种不正当竞争的行为，影响竞争机制的正常运转，损害正当经营者及消费者的权益，扰乱正常的市场经济秩序。由于市场只能为自由竞争创造条件，因此需要国家行政部门根据法律和规章来调整市场交易领域生产经营者之间的商业性竞争关系，禁止不正当竞争行为和限制垄断关系。

4. 避免过激行为，防止纠纷的扩大

物业管理纠纷发生后，各相关当事人应以理性克制的态度，在分清事实和责任的基础上，尽可能防止纠纷带来的损害进一步扩大，避免因为不理智的过激行为导致矛盾激化，反而影响自身的合法权益。

四、物业管理纠纷投诉

物业管理纠纷投诉是指物业管理法律关系的一方当事人，即业主、使用人、业主委员会或物业服务企业就另一方当事人或其他物业管理主体违反物业管理有关法律法规、物业服务合同等行为，向所在地物业行政管理部门、物业管理协会、消费者协会或物业服务企业的上级部门进行口头或书面的反映。

1. 物业管理纠纷投诉受理制度的建立

物业管理纠纷的投诉不包括业主、使用人、业主委员会向物业服务企业就物业管理中的一系列问题进行的投诉，物业服务企业对待这种投诉应该积极处理，应由专门的部门负责，建立完善的投诉处理制度，积极、有效地处理物业管理过程中出现的各种问题，做好与业主的沟通，在萌芽状态将矛盾解决。

投诉受理制度是指政府有关行政管理部门接受投诉后的处理程序。物业管理投诉受理制度是指物业行政管理部门接受业主委员会、业主、物业使用人和物业服务企业对违反物业管理法律法规、物业服务合同等行为投诉的受理及处理程序。《物业管理条例》第四十八条规定："县级

以上地方人民政府房地产行政主管部门应当及时处理业主、业主委员会、物业使用人和物业服务企业在物业管理活动中的投诉。"

物业管理投诉受理制度的建立有利于维护业主委员会、业主和使用人的合法权益，有利于规范物业服务企业的行为，有利于加强房地产主管部门对物业管理的监督和管理，有利于物业管理的健康发展。

物业管理中的投诉受理制度是随着物业管理的发展而逐步建立和完善的。目前，此制度还没有引起人们足够的重视，甚至有些业主委员会、业主、使用人、物业服务企业还不知道此项制度。因此，还需要进一步宣传，使业主委员会、业主、使用人能运用投诉这一法律武器来维护自己的权益，使物业服务企业规范自身的行为，使行政主管部门加强物业管理的指导和监督，使各专业管理部门各司其职、相互配合，从而使物业管理工作走上健康有序发展的轨道。

2. 投诉的种类

投诉人和被投诉人的范围确定以后，投诉一般包括以下几种情况：

（1）业主或使用人对其他业主或使用人的投诉。有些业主或使用人因在天井、庭院、平台、屋顶以及道路搭建建筑物，而影响其他业主正常的工作、生活或影响物业区域整体美观，致使违反物业管理相关规定的，有利害关系的业主或使用人对此可进行投诉。

（2）业主或使用人对业主委员会的投诉。业主委员会没能履行职责，致使业主或使用人的权益受到损害的，业主或使用人可对其进行投诉。

（3）业主委员会、业主和使用人对物业服务企业的投诉。物业服务企业没能履行物业服务合同约定的有关条款，致使居住区的治安保洁服务没能到位；物业服务企业乱收物业服务费用；专项维修资金管理混乱，且账目不公开等行为都可能导致被投诉。

（4）业主委员会、业主和使用人对有关专业管理部门的投诉。此类投诉主要指因居住区内经常无故停水、停电，环卫部门没能定期清运垃圾，铺设地下管道而未使小区道路路面平整等情况，影响业主和使用人正常的生活和工作，导致其有关管理部门被投诉。

（5）业主委员会对业主和使用人的投诉。业主或使用人在装修时，损害房屋承重结构或破坏房屋外貌，经业主委员会劝阻无效的，可导致投诉。

（6）物业服务企业对有关专业管理部门的投诉。此类投诉主要指"统一管理、综合服务"的物业管理服务模式与各专业管理部门还存在分工不明、职责不清的矛盾，在具体矛盾出现的情况下，物业服务企业对有关专业管理部门的投诉。

（7）业主委员会、业主和使用人对建设单位的投诉。因建设单位所建造的房屋存在严重的质量问题或配套设施设备不到位，影响业主和使用人的正常生活和工作的，将致使其被投诉。

（8）业主委员会、业主和使用人对物业管理部门的投诉。此类投诉主要指物业所在地的房地产管理部门或有关工作人员干扰组建业主委员会，或变相指定物业服务企业，导致的被投诉。

（9）其他方面的投诉。此类投诉主要指监察队或有关工作人员对物业管理区域内违反市容、环境卫生、环境保护、市政设施、绿化等城市管理法律法规以及对违法建筑、设摊占路等执法不力，导致的对其进行的投诉。

单元二 物业管理纠纷类型

物业管理活动过程中产生的纠纷可以按照不同的标准划分为不同的类型。物业管理纠纷类型的划分有助于厘清各利益关系方的矛盾冲突，为纠纷当事人提供纠纷解决的最佳途径。

严格意义上的物业管理纠纷仅限于业主和物业服务企业之间基于物业管理法律关系产生的纠纷，但现实生活中的物业管理纠纷涉及多方主体，很多实际上属于买卖合同违约、欺诈、市政或水电气供应方面的问题。这类纠纷主要发生在开发商、物业服务企业、业主及业主团体之间，有时候牵扯到房地产行政管理部门。因此，应根据主体之间的法律关系不同对物业管理纠纷进行分类。

一、前期物业管理服务纠纷

前期物业管理服务纠纷一般包括业主与开发建设单位、前期物业服务企业的纠纷、前期物业服务企业拒不撤出物业管理区域引起的纠纷和无因管理纠纷。

1. 业主与开发建设单位、前期物业服务企业的纠纷

住宅小区物业管理纠纷的最大特点是建设拆迁遗留问题多、前期物业管理矛盾多。物业服务企业与业主发生的纠纷很多是从开发建设过程中转嫁过来的。根据《物业管理条例》第二十一条规定："在业主、业主大会选聘物业服务企业之前，建设单位选聘物业服务企业的，应当签订书面的前期物业服务合同。"从条例的规定也可以看出，前期物业管理自房屋出售即业主与开发商签订购房合同开始至业主委员会与接受委托的物业服务企业签订的普通物业服务合同生效时止。这个阶段的小区常常发生各种配套设施不健全、各种管理规则不完善、各种服务不到位等现象。从前期物业管理的性质看，包括开发商的售后服务和为业主提供物业管理的双重属性。因此，前期物业管理也是矛盾的集中点和多发点。

2. 前期物业服务企业拒不撤出物业管理区域引起的纠纷

前期物业管理阶段，物业服务企业依据与开发商所签订的合同进场管理，为业主提供物业管理服务。虽然双方签订了前期物业服务合同，但如果业主成立了业主委员会，并经业主大会表决，同意重新选聘物业服务企业或者与原物业服务企业重新签订物业服务合同的，容易引发矛盾纠纷的是新旧物业服务企业交接问题、物业服务费用问题、合同期限问题以及共用部位、共用设施经营及收益分配问题。

3. 无因管理纠纷

无因管理纠纷主要涉及物业服务企业与小区开发商曾签订过前期物业服务合同，但在业主入住或业主委员会成立后，物业服务企业未能直接与业主或业主委员会续订物业服务合同，这种情况下实施的物业管理行为属无因管理，物业服务企业向业主追讨物业服务费用，而业主不愿意支付，由此发生纠纷。作为业主的主要抗辩理由是双方并无物业服务合同关系，同时也不认可开发商与物业服务企业之间签订的前期物业服务合同。

二、业主自治纠纷

业主自治纠纷主要是在业主自治权实现过程中产生的，包括业主自治活动运行过程中发生的纠纷，开发商或物业服务企业操纵业主委员会引发的业主与业主委员会间的纠纷，业主在聘任、解聘物业服务企业或者要求自主治理的管理活动中引发的纠纷和业主或业主委员会与行政机关之间发生的纠纷。

1. 业主自治活动运行过程中发生的纠纷

业主自治活动运行过程中发生的纠纷是指业主自治主体之间发生的，涉及业主在选举或者决定重大事项的过程中的实体性和程序性问题而产生的争议。主要包括选举主体资格争议和选举效力的争议。表现在业主身份的确认以及有的业主通过贿赂、虚假宣传、伪造选票等不正当

的手段获取选票，从而引发部分业主对选举程序的正当性和选举结果的合法性提出异议。

业主参选业主委员会的权限、业主委员会的权利和义务、业主委员会的选举表决权问题、业主委员会的办公经费和场所的解决、业主大会的召开等都是纠纷的引发因素。

2. 开发商或物业服务企业操纵业主委员会引发的业主与业主委员会之间的纠纷

开发商或物业服务企业操纵业主委员会引发的业主与业主委员会之间的纠纷在业主自治纠纷中最为普遍。主要表现为：开发商或者其选聘的物业服务企业在筹备首次业主大会时，推荐对其有利的业主担任业主委员会委员，并在选票的设计和具体运作程序上，幕后操纵首届业主委员会的选举及换届选举，以便在决定物业管理区域内的一些重大事项时易于控制，由此引发大部分业主的不满。因此，在物业管理活动中经常发生业主自发联名要求罢免开发商或物业服务企业操纵选举的业主委员会并自行选举产生新的业主委员会的事件。这类纠纷随着业主民主意识逐渐觉醒和对自身利益以及小区整体利益的关注而日益尖锐。但是由于立法上的缺失以及大部分业主的信息障碍，业主要摆脱开发商或物业服务企业的操纵十分困难。另一方面，自发选举产生的业主委员会的合法性往往又不能得到有关政府部门的备案确认，使得业主自治处于尴尬境地。

3. 业主在聘任、解聘物业服务企业或者要求自主治理的管理活动中引发的纠纷

业主在聘任、解聘物业服务企业或者要求自主治理的管理活动中引发的纠纷包含着两种截然不同的业主治理模式。一种是在业主委托物业服务企业提供物业管理的治理模式。在这种治理模式中，业主通过民主形式聘任或者解聘物业服务企业，在聘任、解聘过程中会涉及一些业主自治问题。这类纠纷虽然不完全发生在业主自治主体之间，但是与业主自治有密切关系，是业主行使自治权的重要表现。另一种治理模式是业主不委托物业服务企业，而是由自己直接实施物业管理，通常被称为自主型物业管理。我国目前在一些传统和规模较小的小区也存在这种管理模式。值得注意的是，近年来，越来越多的新建小区内也采用了自主型物业管理，成为自主管理小区。但对于业主对小区能否自主管理引发了众多争议。

4. 业主或业主委员会与行政机关之间发生的纠纷

业主或业主委员会与行政机关间发生的纠纷近年来也呈上升趋势，主要表现在业主或业主委员会对房地产行政主管部门的不作为或越权行为申请行政复议或者提起行政诉讼。主要包括备案不作为、越权干涉业主行使自治权的违法行为等。

案例分析1

案情介绍：某小区成立业主委员会已一年多，从未召开过业主大会，但小区内经常翻新绿化，最近小区内又将铺设的石头路改建成水泥路。部分业主觉得业主委员会此举是在浪费业主的钱，因此要求查阅业主委员会的会议记录和业主委员会与施工单位所签订的协议，但遭到了业主委员会的拒绝。业主委员会认为这些是业主委员会的职权，业主无权干预。业主们的要求能否得到满足？

案情分析：《物业管理条例》第六条明确规定业主具有监督业主委员会工作的权利。但是，业主监督业主委员会的权利并非每个业主单独行使，而应通过业主大会的方式来行使，即召开业主大会会议，通过具体的决议来监督业主委员会的工作。

三、物业管理纠纷

物业管理纠纷数量较多，案情较复杂，主要包括物业服务企业的选聘纠纷、物业维修服务

纠纷、社区安全服务纠纷、住宅公共区域纠纷和物业收费纠纷。

(一)物业服务企业选聘纠纷

物业服务企业的招标投标、资质等级等方面的争议,在物业服务企业选聘过程中容易引发纠纷。物业服务合同到期,原物业服务企业应做好物业管理资料移交工作,并及时撤离物业管理区域。当前,物业服务合同到期或未到期即更换物业服务企业,从而引发老物业不走、新物业进不来的情况十分普遍,新进物业服务企业运用法律手段来维护自身权益是明智之举。

(二)物业维修服务纠纷

物业维修服务纠纷包括房屋维修、更新的费用纠纷,根据权利与义务相一致原则和损失与赔偿相对等原则来处理物业管理区域内的房屋维修、更新的费用纠纷。房屋共用部位和共用设施设备的维修、更新费用,由整幢房屋本体业主按照各自拥有的建筑面积比例共同承担,物业出现严重损坏而影响业主、物业使用人权益和公共安全时,区、县房地产行政主管机关应当督促限期维修;必要时,房地产行政主管部门可以采取排险解危的强制措施,排险解危的费用由当事人承担。房屋的共用部位、共用设施设备维修时,相邻业主、物业使用人应当予以配合。因相邻业主、物业使用人阻挠维修造成其他业主、物业使用人财产损失的,责任人应当负责赔偿。反之,依不动产相邻关系法律及规定,因物业维修、装修造成相邻业主、物业使用人的自用部位、自用设备损坏或者其他财产损失的,责任人应当负责修复或赔偿。

(三)社区安全服务纠纷

1. 业主财产受到侵害引起的纠纷

业主财产受到侵害引起的纠纷一般是由小区内业主的汽车、摩托车、自行车的丢失引起,由于对小区保安责任的相关法律规定不健全,在如何合理分配物业服务企业的财产损失赔偿责任方面无相关依据,因此极易发生该类纠纷。作为物业服务企业,其主要抗辩理由是物业服务企业所收物业服务费用为综合管理费用,其收费水平仅能保证提供相关的清洁服务、代办服务及一般的小区保安服务,无法保障业主的全部财产不因他人的犯罪行为而遭受损失。

2. 业主在小区内人身受到侵害或伤害引起的纠纷

业主在小区内人身受到侵害或伤害引起的纠纷主要有因物业服务企业对小区内道路、窨井、广告牌、管道等管理不善,致使业主受到人身损害而发生的纠纷。作为物业服务企业,其主要抗辩理由是物业服务企业不是相关设施的所有人,仅能提供一般的管理服务,故不应承担赔偿责任。

案例分析2

案情介绍:北京某小区的赵先生一家在熟睡当中被一阵响动声惊醒,惊恐之下,下床打开卧室门,发现来人正是本小区的保安,为此,赵先生夫妇二人把物业服务企业告上了法庭,赵先生诉称:小区保安在半夜进入他家卧室,十分可疑,对他及家人也造成了极大的精神压力,要求物业服务企业赔偿损失,并向其道歉。

小区物业服务企业辩称:物业服务企业的保安人员当时正处于深夜值班阶段,因在值班途中,发现赵先生家的门开着,疑有情况发生,才进去查视的,是秉着对赵先生全家人生命安全负责的行为,而且并没有对门锁进行破坏,赵先生家也没有丢失物品,所以说这不算违法行为,只算是违纪行为。

请分析：物业服务企业是否承担责任？为什么？

案情分析：

根据《民法典》第三条规定：民事主体的人身权利、财产权利以及其他合法权益受法律保护，任何组织或者个人不得侵犯。第一百二十条规定：民事权益受到侵害的，被侵权人有权请求侵权人承担侵权责任。第一百七十九条规定：承担民事责任的方式主要有：①停止侵害；②排除妨碍；③消除危险；④返还财产；⑤恢复原状；⑥修理、重作、更换；⑦继续履行；⑧赔偿损失；⑨支付违约金；⑩消除影响、恢复名誉；⑪赔礼道歉。法律规定惩罚性赔偿的，依照其规定。本条规定的承担民事责任的方式，可以单独适用，也可以合并适用。

按照有关法律规定和惯例，任何单位和个人不能私入民宅，否则被视为侵权。但也有例外，因为物业服务企业的保安员有着极为特殊的注意义务，须保护服务范围内的财产安全，维护服务范围内的正常秩序，做好服务区域内的防火、防盗、防爆炸、防破坏、防治安灾害及事故等安全防范工作。

《物业管理条例》第四十六条规定：保安人员在维护物业管理区域内的公共秩序时，应当履行职责，不得侵害公民的合法权益。

本案例中，物业服务企业保安员在值班时进入张先生夫妇房间，其自称因为房门虚掩，为张先生夫妇的安全和利益而入室检查。而按照《住户手册》规定，遇此紧急情况其既不与业主家电话联系，又未请公安人员见证，该行为是不符合有关规定的，侵害了公民住宅不受侵犯的权利。而且尤其是在张先生夫妇深夜熟睡之际闯入，给张先生夫妇带来了一定的精神刺激，影响了生活，应该就此不当行为承担责任。由此，物业服务企业对自己聘请的保安的职务行为应承担责任，造成损失应赔偿。

案例分析3

案情介绍：某住宅小区居民张某要外出购物，在行至小区坡道处时，由于天气寒冷，加上有积水，坡道处结了冰，致使张某滑倒摔伤，后被送往医院治疗。医院诊断为颈椎外伤。出院后，张某要求物业服务企业赔偿其损失，但物业服务企业不予理睬。由此，张某将物业服务企业诉至法庭要求物业服务企业承担民事责任，赔偿其医疗费、误工费、营养费、精神损失费等。

张某认为自己的受伤是物业服务企业未及时履行清扫、保洁义务造成的，物业服务企业理应赔偿。

物业服务企业则认为张某的受伤是由于他自己走路不小心造成的，与物业服务企业无关。

请分析：物业服务企业是否应承担赔偿责任？

案情分析：统观本案例，主要是分析物业服务企业是否应承担赔偿责任。

根据《物业管理条例》第三十五条规定："物业服务企业未能履行物业服务合同的约定，导致业主人身、财产安全受到损害的，应当依法承担相应的法律责任。"本案例中，物业服务企业未及时清理积水，致使结冰，导致行人摔伤，因此应承担相应的赔偿责任。

但本案例中，张某作为具有完全民事行为能力人，在白天行走，也应看到坡道处结冰，并且应预见到滑冰的危险，主动上存在疏忽大意的过失，因此也应承担一定责任。

（四）住宅公共区域纠纷

1. 小区共同部位的侵权纠纷

近年来，小区内业主因相邻关系而引发的纠纷逐步增多，主要包括违章搭建、擅自改变房屋结构使用功能、侵占公共区域等方面。以前，有的业主碍于情面一般不愿直接对簿公堂，而是选择由物业服务企业出面处理。如物业服务企业不愿协调或协调不成，此时业主以拒付物业服务费用做出反应，从而引起纠纷。

2. 业主违章搭建引起的纠纷

个别业主入住小区后擅自乱搭乱建，引起其他大部分业主的不满，而这部分业主要求物业服务企业查处个别业主乱搭乱建行为。此类纠纷中，物业服务企业查处个别业主的乱搭乱建行为属于越权行为，如仅对个别乱搭乱建的业主进行劝阻而不强行拆除搭建物，势必造成大部分业主对物业服务企业的不满。作为物业服务企业，在此类纠纷中的主要抗辩理由是本身无行政执法权。

3. 小区共同部位的出租营利问题

小区共同部位的出租营利问题引起的纠纷主要产生于小区个别业主或物业服务企业擅自将小区物业的共用部位自用，或出租且营利只归自己所有。由于此类纠纷涉及建筑物区分所有权问题，发生纠纷时双方争议及分歧较大。一般情况下，自用或出租的个别业主或物业服务企业的主要抗辩理由是其系合法使用物业公共部位。

(五)物业收费纠纷

物业管理活动中收费难是物业管理纠纷的突出问题。当前的现状是小区物业服务费用实际交纳的比例约在70%～90%。物业服务费用纠纷系当前物业管理争议中最常见的问题，其不仅包括合同约定的因提供物业管理而直接产生的费用，而且还包括物业服务企业所代办的供暖费用、供热水费用等。作为业主拒交物业服务费用的主要理由包括物业管理不到位，小区环境脏、乱、差；供暖、供热水的温度不够，供应时间短；小区内存在业主车辆丢失现象；小区内配套设施不完备等。常见的情况主要有：业主拖欠物业服务费用、供暖费等的纠纷；公共费用分摊纠纷；小区停车位收费引起的小区内停车收费纠纷等。而作为物业服务企业的主要抗辩理由是，收费主要是为修复小区毁损的道路。

单元三 物业管理纠纷处理

一、物业管理纠纷处理原则

物业管理纠纷的处理应以有关法律规范、政策规范和自治规范为依据，自治规范主要包括物业服务合同和业主团体规范。业主团体规范又主要包括业主公约和其他自治规约(如制定的各项管理制度)。自治规范属于合同或协议当事人、业主团体为自己制定的自律性特别法，其所约定的条款，只要不与有关的强行法相冲突，就可以作为调查处理纠纷的法律依据。

对物业管理纠纷，无论是人民调解组织、物业管理行政主管机关、仲裁机关、人民法院处理时，还是当事人之间协商解决时，都应遵守下列原则：

1. 合法性原则

《民法典》规定："处理民事纠纷，应当依照法律；法律没有规定的，可以适用习惯，但是不得违背公序良俗。"

2. 保护合法产权、债权的原则

合法的产权通常有房地产权证为凭据，合法的债权通常有合同为凭据。只要谁能举证证明自己是某项产权或某项债权的合法属主且查证属实，就应当予以确认和给予法律保护。产权和债权是民事经济活动的两项维系经济利益的基本权利，是民事经济社会活动关系的重要权利纽结，关系社会经济运行秩序，历来是国家法律保护的重点对象。

3. 法律政策与实事求是相结合的原则

物业管理纠纷情况复杂，牵涉面广，引发原因多样，因此在具体处理纠纷时，既要严格依法处理，也要奉行"以事实为根据，以法律为准绳"的法律原则，从实际出发，尊重历史事实，兼顾社会妥当效果。对于以往已作出的处理决定或裁判，若确实有失误，应本着"实事求是、有错必究"的原则，依法予以纠正。

4. 及时原则

物业管理纠纷在最初阶段，一般都是轻微矛盾，但如果处理不及时，矛盾就容易扩大、激化，因此为更好地进行社会主义精神文明建设应及时将物业管理纠纷解决在萌芽状态。及时原则应包括以下三方面：首先，受理应当及时；其次，调查取证应当及时；再次，处理决定应当及时。

5. 便民原则

物业管理纠纷的处理应当随时考虑到当事人的便利，便民原则应表现在申诉或投诉的便利。有关单位应在小区设立申诉或投诉接待站，使当事人可就近要求解决物业管理纠纷，不因申诉或投诉无门，以致纠纷长期存在，日益激化，影响安定。解决纠纷过程中时间、精力和财力的节约，这也是实际的便民措施，以较少的投入，高效率地解决纠纷，使当事人在时间、精力和财力上没有浪费。

6. 合理原则

正确处理物业管理纠纷，必须从团结出发，本着互谅互让的精神，公平合理地解决纠纷。公平合理的原则应包括必须查清事实，分清是非和责任；必须有利于管理，方便生活；承担责任的方式适当，使责任人心服口服。

此外，贯彻综合治理的原则和坚持纠纷处理的法定程序原则也应属于物业管理纠纷处理应坚持的重要原则。

二、物业管理纠纷处理途径

（一）物业管理纠纷和解

和解，往往被称为"交涉"，是指纠纷双方以平等、相互妥协的方式和平解决纠纷。如果纠纷主体一方以其优势强行解决纠纷的话，则是压制而不是和解。和解，是纠纷双方以互相说服、讨价还价等方法，相互妥协，以达成解决纠纷的合意或协议。

物业管理纠纷和解，是指在物业管理纠纷发生以后，业主委员会或业主与物业服务企业在自愿互相谅解的基础上，通过对话，摆事实、讲道理、分清责任，从而使争议得到合理的解决。双方在和解的过程中，要态度端正，本着与人为善、诚心解决纠纷的态度进行协商。

1. 物业管理纠纷和解的特点

（1）通俗性和民间性。由于和解是纠纷主体自行解决纠纷，所以因和解而达成的解决纠纷的协议，其性质相当于契约，对于纠纷双方具有契约上的约束力。可以说，和解在形式和程序上具有通俗性和民间性，它通常是以民间习惯的方式或者纠纷主体自行约定的方式进行，甚至可以在请客吃饭、电话交谈中达成协议。

（2）高度自治性。和解的高度自治性主要表现为：和解是依照纠纷主体自身力量解决纠纷，没有第三者协助或主持解决纠纷，和解的过程和结果均取决于当事人的意思自治。

（3）非严格规范性。和解的非严格规范性主要表现为：和解的过程和结果不受也无须受规范（尤其是法律规范）的严格制约，也就是说，既不严格依据程序规范进行和解，也不严格依据实体规范达成和解协议。以和解来解决物业纠纷，往往不伤害物业纠纷主体之间的感情，能够维持纠纷主体之间原有的关系。

2. 物业管理纠纷和解原则

（1）合法原则。在现代法治社会，和解过程和内容必须合法，不违背禁止性法律规定和社会公共利益。当发生物业纠纷时，之所以采取和解的方法来解决问题，目的就在于通过最简易、最便捷的方式，在双方互谅的基础上使纠纷化解，从而维护双方的合法权益。但这一矛盾的解决不得损害国家利益、社会公共利益或第三人的合法利益。内容违法的协议或损害第三方合法利益的协议应为无效，当事人的行为视情形可构成共同违约或共同侵权行为，对此，国家有关机关可以追究其相关责任，受侵害的第三方可以要求其承担侵权责任。

（2）公平与自治原则。和解的过程和结果必须建立在物业纠纷主体平等和真实意志的基础上，其间不得存在强迫、欺诈、显失公平和重大误解等因素。在物业管理纠纷中，协商与和解必须遵守自愿原则，在协商和解中，业主与物业服务企业是否进行协商和解以及按照怎样的条件进行和解，都必须由双方当事人自己决定，不得强迫协商，更不得采用暴力手段强迫对方接受某种和解条件。在通常情况下，和解协议并不具有强制执行力。和解协议达成后，由业主与物业服务企业自觉履行，当事人不履行的，可以重新协商，一方不得强制对方履行。不愿协商或协议达成后后悔的，应该通过其他途径解决。

3. 物业管理纠纷和解应注意的问题

在物业管理纠纷中，业主委员会或业主与物业服务企业的法律地位是平等的，作为物业管理者，物业服务企业要正确地看待自己的问题与不足，要勇于承担责任，以取得业主的谅解；作为业主委员会或业主，如果认为物业管理过程中自己的合法权益受到损害，或对物业服务企业提供的服务有不满之处，则可以直接找物业服务企业解决，使物业服务企业认识到自己的错误，自觉地承担责任，从而求得和解实现，避免矛盾的激化。

（1）物业管理的相关法律法规与双方签订的物业管理合同是当事人和解的主要依据。物业管理纠纷的和解主要是依靠纠纷主体自身的力量来解决问题、维护自己的合法权益，但和解的过程中仍须准备好翔实、充足的证据和必要的证明材料，方能更好地解决双方的纠纷。《物业管理条例》及其他相关法律法规中都规定了业主与物业服务企业在物业管理过程中应当享有的权利和应当履行的义务，在双方签订的《物业管理合同》中也会明确约定双方的具体权利与义务，这些规定与约定当然成了当事人和解的有力依据。

（2）要注意法律中的时效规定。根据我国法律的规定，有些问题的解决具有一定的时效性。我国《民法典》第一百八十八条规定："向人民法院请求保护民事权利的诉讼时效期间为三年。法律另有规定的，依照其规定。诉讼时效期间自权利人知道或者应当知道权利受到损害以及义务人之日起计算。法律另有规定的，依照其规定。但是，自权利受到损害之日起超过二十年的，人民法院不予保护，有特殊情况的，人民法院可以根据权利人的申请决定延长。"这里提醒和解的双方当事人，不要被对方的"拖延战术"所蒙蔽而一味地等待。对于违约、侵权等行为，一旦超过一定时间，就无法追究相应的违约责任与侵权责任。因此，如果在证据确凿、事实明确的情况下，一方故意推诿、逃避责任，对方就要果断地采取其他方式来求得问题的解决。

（3）不宜选择和解方式的情形。当业主的人身权利和财产权利遭受重大损失，或物业服务企业对业主权益的侵害行为手段恶劣时，业主便不能大事化小，接受物业服务企业的降级处理，尤其是构成刑事责任的，更不能姑息待之，直接协商和解了事。同样，物业服务企业在提供物业管理服务的过程中，如果业主的行为严重损害了公司的利益以及其他业主的合法权益，造成恶劣的结果时，则不应当采取协商与和解的方式，以免对方逃避应有的法律制裁。

（二）物业管理纠纷调解

调解是解决物业管理纠纷非常合适的方式。调解是指当事人之间发生物业管理纠纷时，在第三人主持下，坚持自愿、合法的基础上运用说服教育等方法，促使当事人双方相互谅解，自愿达成协议从而化解矛盾的方式。

1. 调解的分类与特点

调解的种类有很多，我国现有的调解形式中，属于社会救济范畴的，主要有人民调解、其他社会团体组织的调解和行政调解等。

调解具有中立性、合意性、规范性三个主要特点：

（1）第三者的中立性。第三者（调解人）可以是国家机关、社会组织和个人，但是在调解中他们都是中立的第三方。

（2）纠纷主体的合意性。调解人对于纠纷的解决和纠纷的主体没有强制力，只是以沟通、说服、协调等方式促成纠纷主体达成纠纷解决的合意。

（3）非严格的规范性。调解并非严格依据程序法规范和实体法规范来进行，而是具有很大程度上的灵活性和随意性。调解的开始、过程、结果常常随着纠纷主体的意志而变动、确定。

物业管理纠纷的调解包括民事调解和行政调解两种。

（1）民事调解由争议双方当事人共同选定一个机构、组织和个人，由第三方依据双方的意见和授权提出解决意见，经双方同意并执行，由此化解纠纷。但此种方式的调解不具有法律效力。调解结束后，当事人一方如不执行，则前功尽弃。

（2）物业管理纠纷的行政调解则是借助主管政府的力量进行调解处理，但这种处理如果一方不遵守执行，则要借助其他的手段解决。

2. 物业管理纠纷调解原则

（1）自愿平等原则。物业管理纠纷的调解必须遵循自愿平等原则。无论是哪一种方式的调解，都应当建立在双方当事人自愿的基础之上，且双方当事人处于平等的地位。调解不同于审判，当任何一方不同意调解时，调解的中立方均应终止调解，而不得以任何理由加以强迫。

（2）合法合理原则。物业管理纠纷的调解必须遵循合法合理原则。物业纠纷的调解活动应当在合法的原则上进行，既要有必要的灵活性，更要有高度的原则性，不能违反法律的规定而妄自调解。

（3）保护当事人诉讼权利原则。物业管理纠纷的调解还必须坚持保护当事人诉讼权利的原则，这项原则是与自愿原则紧密相连的。如果物业服务企业与业主委员会或业主一方不愿调解，或者经过调解达不成协议，或者达成协议后又后悔的，一方或双方当事人都有权向人民法院起诉。这是法律赋予每个公司的诉讼权利，不能以任何理由加以剥夺。

3. 物业管理纠纷调解中应注意的问题

（1）物业行政主管部门的调解是物业纠纷调解的主要方式。行政调解不仅可以调解公民之间的纠纷，还可以调解公民与法人之间以及法人与法人之间权利义务关系的争议。在物业管理方面，我国物业行政主管部门调解处理了大量的物业纠纷，而通过调解的许多纠纷，大量的是双方当事人自觉履行，很少再通过诉讼途径解决。可以说，物业行政主管部门的调解可以更好地保护业主、业主委员会及物业服务企业的合法利益不受侵犯。因此，对于物业纠纷双方来讲，行政调解往往是较为理想、比较多见的解决物业纠纷的方式。

（2）调解协议不具有强制执行力。如果调解达成协议，应当制作调解书，业主与物业服务企业应按照调解书载明的内容履行各自的义务。这里需要提醒当事人的一点是，无论当事人选择哪一种调解方式来解决双方的物业纠纷，第三方主持达成的调解协议，均不具有强制执行力，如果一方或者双方对调解协议反悔，则需要采取其他的方式来加以解决。

（3）调解与仲裁、诉讼的比较。相对于诉讼和仲裁而言，调解所含的制度、规范的因素较少，但是与和解相比，调解的规范因素较多。在调解过程中，纠纷主体为了获得调解人的支持，往往有必要就自己的正当性对调解人进行说服，特别是调解人越具有中立性，纠纷主体所主张的正当性就越重要；并且调解人基于多种因素（比如体现自己的公正、有利于纠纷解决等）的考虑，常常依据正当的社会规范（包括法律规范）来协调纠纷双方的利益冲突。

（三）物业管理纠纷行政裁决与行政复议

行政裁决是指对违反行政法规的行为，国家有关行政机关或上级部门对违法者所做的处罚或处分的决定。如果相对人对行政处罚或处理决定不服，可在一定期限内依法向上级行政管理机关提出重新处理申请，上级行政管理机关依法重新进行复查、复审、复核、复验等一系列活动后，根据复议的情况，可以做出维持、变更或撤销、部分撤销原行政处罚或行政处理决定。

在处理物业管理法律责任中，上级房地产管理机关通过行政复议，有权对下级机关所做的行政处罚和行政处理决定进行复查，维持正确、合法的行政决定，纠正和撤销不合法、不适当的行政决定，这种复查过程，就是实施监督的过程。这样做，有利于房地产管理机关依法行政，正确贯彻国家的物业管理政策，正确实施物业法律法规，做好物业管理工作。

1. 行政复议的特点

（1）以申请人的申请为前提。行政复议是一种依申请而产生的具体行政行为，它以行政管理相对方的申请为前提。

（2）复议是申请人向作出行政行为的上一级行政机关提出的复查并请求作出裁决的制度。行政复议是因物业权利人认为物业相关行政主管部门的具体行政行为侵害了其合法权利而产生的。例如，土地管理部门对没有按出让合同约定的方式使用土地的当事人实施了行政处罚，被处罚人不服的，可以申请行政复议。

（3）行政复议机关是依法负有履行行政复议职责的物业行政机关。行政复议是国家行政机关的行政行为，是上级机关对下级机关的行政活动进行监督的行政活动。承担行政复议职责的只能是国家行政机关。物业行政复议机关可以是土地管理部门、房产管理部门、国家建设部门等。

2. 行政复议的原则

行政复议除了要遵循合法、公正、公开、及时、便民的基本原则外，还应当遵循依法独立行使行政复议权原则、一级复议原则、对合法性和适当性进行审查原则和不调解原则。

（1）依法独立行使行政复议权的原则。物业行政主管部门或人民政府依法独立行使复议职权，不受其他机关、社会团体和个人的非法干涉。行政复议权只能由法律、法规规定的物业行政主管部门或人民政府专门享有。物业行政主管部门行使行政复议权，必须严格依照法律、法规，尤其是《中华人民共和国行政复议法》（以下简称《行政复议法》）的具体规定来进行。

（2）一级复议的原则。行政复议采取一级复议制度，当事人对物业行政主管部门具体行为不服的，向它的同级人民政府或上一级行政机关申请复议的，以它的复议决定为终局决定。复议

决定书下达后，当事人不得再向上级国家行政机关要求复议。当事人对行政复议决定不服的，可以提起行政诉讼。

(3)对合法性和适当性进行审查的原则。在行政复议中，复议机关要对下一级物业行政主管部门或人民政府作出的具体行政行为的合法性和适当性进行审查。目的就是要监督下一级行政机关或人民政府是否在依法行政，在依法行政过程中有无超越职权、滥用职权或违反法定程序的情况，是否在法定的自由裁决幅度内，是否合理、适度、公正。

(4)不调解原则。调解原则是在民事诉讼中产生的，它强调产生民事纠纷的双方当事人通过自愿协商、互谅互让、达成协议的方式解决民事纠纷。行政部门的工作，是代表国家依法履行职责，发生争议时，只能由行政复议机关或司法机关作出肯定性或否定性判断，而不能由行政争议双方当事人自行和解。

3. 行政复议机关

行政复议机关是指依《行政复议法》履行行政复议职责的行政机关，一般是指作出具体行政行为的上一级行政机关。其主要职责是：受理行政复议申请；向有关组织和人员调查取证、查阅文件和资料；审查申请行政复议的行政行为是否合法与适当，拟定行政复议决定；对行政机关违反《行政复议法》规定的行为依照规定的权限和程序提出处理建议；办理因不服行政复议决定提起行政诉讼的应诉事项；法律、法规规定的其他职责。

4. 行政复议的范围

行政复议的范围根据《行政复议法》规定，有下列情形之一的，公民、法人和其他组织可以申请行政复议：

(1)对行政主管部门作出的警告、罚款、没收违法所得、没收非法财物、责令停产停业、暂扣或者吊销许可证、暂扣或者吊销执照、行政拘留等行政决定不服的。

(2)对行政主管部门作出的限制人身自由或者查封、扣押、冻结财产等行政强制措施决定不服的。

(3)对行政主管部门作出的有关许可证、执照、资质证、资格证等证书变更、中止、撤销的决定不服的。

(4)认为行政主管部门侵犯合法经营自主权的。

(5)认为符合法定条件，申请行政机关颁发许可证、执照、资质证、资格证等证书，或者申请行政机关审批、登记有关事项，行政机关没有依法办理的。

5. 行政复议的程序

(1)行政复议申请。

1)行政复议申请人。行政复议申请人是指申请行政复议的公民、法人或者其他组织。

①有权申请行政复议的公民死亡的，其近亲属可以申请行政复议。

②有权申请行政复议的公民为无民事行为能力人或者限制民事行为能力人的，其法定代理人可以代为申请行政复议。

③有权申请行政复议的法人或者其他组织终止的，承受其权利的法人或者其他组织可以申请行政复议。

另外，同申请行政复议的具体行政行为有利害关系的其他公民、法人或者其他组织，可以作为第三人参加行政复议。

2)行政复议申请方式。申请人申请行政复议可以采取书面申请和口头申请两种方式。口头申请的，行政复议机关应当场记录申请人的基本情况，行政复议请求，申请行政复议的主要事实、理由和时间。

公民、法人或者其他组织认为具体行政行为侵犯其合法权益，可以自知道该具体行政行为之日起 60 日内提出行政复议申请，但是法律规定的申请期限超过 60 日的除外。因不可抗力或者其他正当理由耽误法定申请期限的，申请自障碍消除之日起继续计算。

行政复议申请已被行政复议机关依法受理的，或者法律、法规规定应当先向复议机关申请行政复议、对行政复议决定不服再向人民法院提起行政诉讼的，在法定行政复议期限内不得向人民法院提起行政诉讼。

(2)行政复议受理。行政复议机关应在收到行政复议申请后 5 日内进行审查。对于不符合法律规定的行政复议申请，不予受理，并书面告知申请人；对于符合法律规定，但是不属于本机关受理的行政复议申请，应当告知申请人向有关行政复议机关提出。行政复议申请自行政复议机关负责复议工作的机构收到申请之日起即为受理。

申请人提出行政复议申请后，行政复议机关无正当理由不予受理的，上级行政机关应当责令其受理，必要时也可由上级行政机关直接受理。

行政复议机关决定不予受理或者受理后超过行政复议期限不作答复的，公民、法人或其他组织自收到不予受理决定书之日起，或者行政复议期满 15 日内，有权依法向人民法院提起行政诉讼。除有特殊情况外，行政复议期内具体行政行为不停止执行。

申请人对行政复议决定不服的，必须在规定的期限内向人民法院提起行政诉讼。否则，如属于处罚、注销物业权属证书等行政行为的，将由最初作出具体行政行为的行政机关申请人民法院强制执行，或者依法强制执行。如复议机关的复议决定改变了原来的具体行政行为，将由复议机关申请人民法院强制执行，或者依法强制执行。

(3)行政复议决定。在法律无另行规定的情况下，行政复议机关应当自受理申请之日起 60 日内作出行政复议决定。情况复杂，不能在规定期限内作出行政复议决定的，可以适当延长期限，但必须经行政复议机关的负责人批准，并告知申请人和被申请人，延长期限最多不超过 30 日。

行政复议机关负责法制工作的机构应当对被申请人作出的具体行政行为进行审查，提出意见，经行政复议机关的负责人同意或者集体讨论通过后，作出行政复议决定，行政复议决定应符合以下规定：

1)具体行政行为认定事实清楚、证据确凿、适用依据正确、程序合法、内容适当的，决定维持。

2)被申请人不履行法定职责的，决定其在一定期限内履行。

3)具体行政行为有下列情形之一的，决定撤销、变更或者确认该具体行政行为为违法；决定撤销或者确认该具体行政行为为违法的，可以责令被申请人在一定期限内重新作出具体行政行为。违法具体行政行为主要包括主要事实不清、证据不足的；适用依据错误的；违反法定程序的；超越或者滥用职权的；具体行政行为明显不当的。

4)被申请人不按法定期限提出书面答复、提交当初作出具体行政行为的证据、依据和其他有关材料的，视为该具体行政行为没有证据、依据，决定撤销该具体行政行为。

行政复议机关责令被申请人重新作出具体行政行为的，被申请人不得以同一事实和理由作出与原具体行政行为相同或者基本相同的具体行政行为。

行政复议机关作出行政复议决定，应当制作行政复议决定书，并加盖印章。行政复议决定书一经送达即发生法律效力，被申请人应当履行行政复议决定，不履行或无正当理由拖延履行的，行政复议机关或有关上级行政机关就应当责令其限期履行。

知识链接

行政复议申请书

申请人：_____（写明当事人基本情况。如系公民的，应写明姓名、性别、年龄、民族、籍贯、职业、工作单位和职务、住所等；如系法人或其他组织的，应写明名称、住所、法定代表人或主要负责人的姓名和职务）。

委托代理人：_____姓名，住址_____。

被申请人：_____名称，住址_____。

行政复议请求：_____

_____

_____

事实与理由：_____

_____

_____

此致

_____（行政复议机关）

申请人：_____

____年____月____日

附：本申请书副本_____份。原行政处罚决定书_____份。证据_____份。

(四)物业管理纠纷仲裁

所谓仲裁是指纠纷双方在纠纷发生前或者纠纷发生后达成协议（仲裁协议）或者根据有关法律的规定，将纠纷交给中立的民间组织进行审理，并作出约束纠纷双方的裁决的一种纠纷解决机制。

物业管理纠纷中的仲裁解决是指物业服务企业与业主委员会或业主在物业纠纷发生之前或纠纷发生之后达成协议，自愿将物业管理纠纷交由第三方作出裁决，以解决纠纷的方式。

仲裁裁决作出后，发生法律效力，当事人就同一纠纷再申请仲裁或者向人民法院起诉的，仲裁机构或者人民法院不予受理。仲裁裁决被人民法院依法裁定撤销或者不予执行的，当事人就该纠纷可以依据双方重新达成的仲裁协议申请仲裁，也可以向人民法院起诉。

1. 仲裁的特点

物业管理仲裁处理具有自愿性、专业性、灵活性、保密性、快捷性、经济性和独立性等特点。

(1)自愿性。一项纠纷产生后，是否将其提交仲裁，交与谁仲裁，仲裁庭的组成人员如何产生，仲裁适用何种程序规则和哪个实体法，都是在当事人自愿的基础上，由当事人协商确定，因此仲裁能充分体现当事人意思自治，具有自愿性。

(2)专业性。由于仲裁对象多为合同纠纷或财产权益纠纷，常常涉及复杂的法律、经济贸易和技术性问题，所以，各仲裁委员会都拥有分专业的仲裁员名册，供当事人选定仲裁员。而仲裁员一般都是各行业的专家，这样就能保证仲裁的专业权威性。

(3)灵活性。仲裁程序不是十分严格，很多环节可在协商的基础上被简化，仲裁文书在格式和内容上也可以较为灵活的处理。仲裁不实行地域管辖或级别管辖。在代理人方面的规定也比法院宽松。

(4)保密性。仲裁实行不公开审理原则，仲裁员、仲裁庭秘书都负有为当事人保守商业秘密的义务。

(5)快捷性。仲裁实行一裁终局，有利于当事人之间的纠纷迅速解决。

(6)经济性。仲裁的快捷性导致了费用的节省；仲裁收费相对较低；由仲裁引起的商业损失较少。仲裁的这些特点为物业管理纠纷的公正、及时、有效解决提供了保障。

(7)独立性。法律规定，仲裁机构独立于行政机关，仲裁机构之间也无隶属关系，仲裁独立进行，不受任何机关、社会团体和个人干涉，仲裁庭在审理案件时，也不受仲裁机构干涉。

2. 仲裁的原则

(1)意思自治原则。仲裁制度充分体现了当事人意思自治的原则，即是否选择仲裁作为解决纠纷的途径，选择哪家仲裁机构仲裁，选择哪个仲裁员和哪种形式的仲裁庭及选择哪种审理方式和开庭形式，由当事人决定。甚至可以选择仲裁时间、仲裁地点。

(2)仲裁独立原则。从仲裁机构的设置到仲裁纠纷的整个过程，都具有法定的独立性。

(3)以事实为根据，以法律为准绳，公平合理地解决纠纷的原则。这是公正处理物业管理经济纠纷的根本保障，是解决当事人之间的争议所应当依据的基本准则。

(4)协议仲裁制度。当事人采用仲裁方式解决纠纷，应当双方自愿，达成仲裁协议。没有仲裁协议，一方申请仲裁的，仲裁机构不予受理。协议仲裁制度是意思自治原则最根本的体现，也是意思自治原则在仲裁过程中得以实现的最基本保证。

(5)或裁或审制度。当事人达成仲裁协议的，应当向仲裁机构申请仲裁，不能向法院起诉，一方向人民法院起诉的，人民法院不予受理，但仲裁协议无效的除外。如果没有仲裁协议，仲裁机构不受理，当事人可直接向人民法院起诉。

3. 仲裁条件和要求

(1)符合仲裁的受理范围。一般来讲，业主、业主大会、物业服务企业以及建设单位相互之间的合同纠纷和财产权益纠纷可以通过仲裁来解决。业主、业主大会、物业服务企业以及建设单位与建设行政主管部门之间的行政管理纠纷则只能提起行政复议、行政诉讼。物业服务企业与其员工之间的工资劳保等纠纷则要先向劳动局申请劳动仲裁，不服劳动仲裁时，才可向人民法院起诉。

(2)需要有订立有效的仲裁协议。仲裁协议是仲裁受理的前提，仲裁协议包括合同中订立的仲裁条款和以其他书面方式在纠纷发生前或者纠纷发生后达成的请求仲裁的协议。包括仲裁条款和书面协议两种方式：仲裁条款是在订立合同时就约定一个条款，说明一旦有争议就提交仲裁；书面协议是双方当事人出现纠纷后临时达成提交仲裁庭的协议。仲裁协议要写明请求仲裁的意思表示、仲裁事项及选定的仲裁委员会。

达成仲裁协议的争议，不得向法院起诉。

(3)在仲裁的时效期间内申请。一般纠纷申请仲裁的时效期为两年。特殊纠纷(包括身体受到伤害要求赔偿的、出售质量不合格的商品未声明的、延付或者拒付租金的、寄存财物被丢失或者被损毁的)申请仲裁时效为 1 年。仲裁时效期间从知道或者应当知道权利被侵害时算起。仲裁的时效是仲裁保护当事人合法权益的法定条件，超过这一时效期，申请人的实体权益将得不到保护。

(4)仲裁请求要明确具体，且符合仲裁协议约定的范围。仲裁请求必须要有具体的事项和给付数额，并且，这些事项和数额没有超出仲裁协议约定的范围之内，否则，仲裁申请将得不到受理，即使受理，也很难得到支持。

(5)仲裁请求的证据材料要充分。仲裁审理遵循谁主张、谁举证的原则，要使仲裁请求得到支持，证据必须充分。因此，对于物业管理活动的参与者来说，平时注意收集和保存相关的活动资料就显得十分重要。

4. 物业管理纠纷仲裁处理程序

(1)一方当事人向选定的仲裁委员会提交仲裁申请书。

(2)仲裁委员会于收到申请书后 5 日内决定立案或不立案。

(3)案后在规定期限内将仲裁规则和仲裁员名册送达申请人，并将仲裁申请书副本和仲裁规则、仲裁员名册送达被申请人。

(4)申请人在规定期限内答辩，双方按名册选定仲裁员。普通程序审理是由三名仲裁员组成，双方各选一名，仲裁委员会指定一名任首席仲裁员；案情简单、争议标的小的，可以适用简易程序，由一名仲裁员审理。

(5)开庭：审理调查质证、辩论、提议调解。

(6)制作调解书或调解不成时制作裁决书。

(7)当事人向法院申请执行。

(五)物业管理纠纷诉讼

诉讼，俗称"打官司"，是指受害人或案件的其他当事人或法定国家机关依法向人民法院起诉、上诉或申诉，由人民法院按照法定程序处理案件，保护有关当事人的合法权益。诉讼包括民事诉讼、行政诉讼和刑事诉讼。物业管理纠纷的诉讼，是法院在物业管理纠纷参加人的参加下，依法审理和解决物业管理纠纷案件的活动，以及在该活动中形成的各种关系的总和。物业管理纠纷的诉讼主要是民事诉讼和行政诉讼。诉讼是解决物业管理纠纷的最基本的方式，也是最后的方式。

1. 物业管理纠纷诉讼的特点

物业管理纠纷的诉讼是指人民法院依法对物业管理纠纷进行审理判决的活动。物业管理纠纷诉讼的特点主要有以下三个方面：

(1)必须严格依照法律规定进行。为了诉讼的公正性，民事诉讼法规定了一整套极为复杂的程序和方法，法院和诉讼参与人的活动都必须依照法定程序进行。

(2)法院的审判活动在诉讼过程中起重要作用。在审判法律关系中，与当事人和其他诉讼参与人的诉讼活动不同，法院的审判活动在诉讼中始终起着重要作用，对诉讼的发生、变更和消灭具有决定性意义。这是法院行使审判权的职能所决定的。

(3)诉讼过程具有阶段性和连续性。从广义上说，程序的序位一般是：审判程序→执行程序；一审程序→上诉程序；对于生效的一审判决和上诉判决可申请再审。诉讼阶段通常是：起诉或上诉→审前准备阶段→开庭审理→作出判决→强制执行。

2. 物业管理纠纷诉讼的原则

物业管理纠纷诉讼有不同于其他诉讼制度的原则。

(1)仅对物业具体行政行为的合法性进行审查的原则。人民法院审理行政案件，对具体行政行为是否合法进行审查。这与行政复议不同：行政复议既对具体行政行为的合法性进行审查，又对具体行政行为的适当性进行审查。

(2)被告物业行政主管部门或政府负有举证责任的原则。在诉讼过程中，特别强调被告行政机关或政府负有举证责任。这与民事诉讼不同：民事诉讼的双方当事人具有同等的举证责任，遵循"谁主张，谁举证"的原则。

（3）诉讼期间原行政行为不停止执行的原则。行政机关的具体行政行为是行政机关代表国家的职权行为，即一经作出，就推定其有效，不因相对人起诉而改变，只有在法院判定行政行为违法时，才可停止执行。

（4）不得调解的原则。诉讼的标的是行政机关的具体行政行为，这就决定行政行为的法律评价是不能由诉讼当事人通过协商决定的，因此不得采用调解结果作为结案方式，应以判决方式解决物业侵权纠纷案件。

3. 物业管理纠纷诉讼管辖与受理范围

（1）物业管理纠纷诉讼的管辖。行政诉讼的管辖是指法院审理第一审行政案件的分工和权限划分。行政诉讼的管辖包括级别管辖和地域管辖。

1）级别管辖。又称纵向管辖，是指不同级别法院审理行政案件的权限划分。基层人民法院管辖第一审行政案件；中级人民法院管辖对国家行政管理机构或省、自治区、直辖市人民政府管理部门的具体行政行为提起诉讼的案件和本辖区内重大、复杂的案件；高级人民法院管辖本辖区内重大、复杂的第一审行政案件；最高人民法院管辖全国范围内重大、复杂的第一审行政案件。

2）地域管辖。又称横向管辖，是指同级人民法院之间受理第一审行政案件的分工和权限，即根据人民法院的辖区与当事人所在地或者与诉讼标的所在地的关系确定第一审行政案件的管辖。根据《中华人民共和国行政诉讼法》（以下简称《行政诉讼法》），地域管辖分为一般地域管辖和特殊地域管辖。物业行政诉讼案件适用于特殊地域管辖，即专属管辖。《行政诉讼法》第二十条规定："因不动产提起的行政诉讼，由不动产所在地人民法院管辖"。物业行政诉讼案件除物业所在地的人民法院有管辖权外，其他法院都无管辖权。

（2）物业管理纠纷诉讼受理范围。人民法院受理公民、法人和其他组织对下列具体物业行政行为不服提起的诉讼：

1）对拘留、罚款、吊销许可证和执照、责令停产停业、没收财务等行政处罚不服的。

2）对限制人身自由，或者对财产的查封、扣押、冻结等行政强制措施不服的。

3）认为行政机关侵犯法律规定的经营自主权的。

4）认为符合法定条件申请行政机关颁发许可证和执照，行政机关拒绝颁发或者不予答复的。

5）申请行政机关履行保护人身权、财产权的法定职责，行政机关拒绝履行或者不予答复的。

6）认为行政机关违法要求履行义务的。

7）认为行政机关侵犯其人身权、财产权的。

如公民、法人或其他组织认为物业管理部门的处罚决定是错误的；不服土地管理部门吊销用地许可证；认为房地产部门颁发的权属证书错误而侵犯了其财产权；认为房地产部门拒不颁发房屋权属证书，因而没有履行保护人民财产的法定职责等。

另外，诉讼的被告是作出具体行政行为的行政机关或由法律、法规授权的组织，与物业权利有关的行政诉讼根据不同的受案范围，被告可以是房地产管理部门，也可以是土地管理部门、工商行政管理部门或建设行政管理部门等行政机关。

4. 物业管理纠纷诉讼的优势和劣势

（1）物业管理纠纷诉讼的优势。

1）诉讼的严格公正性，一方面可以限制法官的恣意，以防止当事人合法的程序性权益和实体性权益遭受侵害；另一方面有利于维护当事人双方之间的平等。诉讼的严格公正性可使当事人能够自由平等地行使诉讼权利，提出诉讼请求或主张、提供证据、进行辩论，从而有助于案件真实的澄清和物业纠纷的合理解决。

2)诉讼的严格规范性，可以更好地保护当事人的实体权益，提高并保障纠纷解决结果的可预见性，满足当事人明确的权益要求，实现权利人的合法权益。

3)诉讼的国家强制力使得物业纠纷能够得到最终的解决，最终实现物业服务企业与业主委员会或业主的合法权益。诉讼的最大优势在于诉讼的裁判结果具有强制执行力，一方当事人对裁判文书确定的内容不履行的，另一方可以申请法院强制执行。

4)采用诉讼的方式解决物业管理纠纷，使得事实认定清楚，双方的责任认定明确，不存在哪一方妥协、放弃权利的情况，更能彰显法律的权威与公正。

（2）物业管理纠纷诉讼的劣势。

1)诉讼在认知方面不易为一般民众所理解和接受，很难使当事人全面地参与其中，造成了他们在心理上和诉讼保持着一定的距离，妨碍了对诉讼的利用。

2)诉讼的程度与其他物业管理纠纷的解决机制相比较复杂烦琐、细微严谨、耗时长、成本高昂，常常让人望而却步。

3)诉讼的自愿性较差。诉讼的严格规范性和国家强制力，在很大程度上限制了当事人的意思自治，一旦经过诉讼程序，除非在法院主持下调解，否则法院的裁判都是依据事实和法律进行的，不会考虑当事人的意愿，这样就难以适应特殊个案所需的灵活性解决要求，也难以满足当事人之间不伤和气与维持原有关系的要求。

4)诉讼的自愿履行性较差。法院裁判不同于调解，结果出于当事人自愿，所以判令一方履行赔偿等义务的情况下，该当事人往往不服，提出上诉，或不自愿履行，需要另一方当事人申请执行。

5. 物业管理纠纷诉讼的程序

（1）申请与受理。申请人向人民法院提起行政诉讼的，应当在知道作出具体行政行为之日起3个月内提出，法律另有规定的除外。原告因不可抗力或者其他特殊情况耽误法定期限的，在消除后的10日内，可以申请延长期限，由人民法院决定。

申请人在发生行政争议时，如已先申请行政复议的，在知道行政复议决定的情况下，申请人不服复议决定的，可以在收到复议决定书之日起15日内向人民法院提起诉讼。复议机关逾期（复议期2个月）不作决定的，申请人可以于复议期满之日起15日内向人民法院提起诉讼，法律另有规定的除外。

人民法院接到申请人起诉状，经审查后，应当在7日内立案或者作出不予受理的决定。原告对裁定不服的，可以提起上诉。

（2）审理和判决。人民法院应当在立案之日起5日内，将起诉状副本发送给被告。被告应当在收到起诉状副本之日起10日内向人民法院提交作出具体行政行为的有关材料，并提出答辩状。人民法院应当在收到答辩状之日起5日内，将答辩状副本发送原告。被告不提出答辩状的，不影响人民法院审理。

1)在诉讼期间，不停止具体行政行为的执行，但有下列情形之一的，停止具体行政行为的执行：

①被告人认为需要停止执行的；

②原告申请停止执行，人民法院认为该具体行政行为的执行会造成难以弥补的损失，并且停止执行不损害社会公共利益，裁定停止执行的；

③法律、法规规定停止执行的。

2)人民法院对行政案件宣告判决或者裁定前，原告申请撤诉的，或者被告改变其所作出的具体行政行为，原告同意并申请的，是否被准许，由人民法院裁决。由人民法院审理的行政案件，不适用调解。

人民法院经过审理，根据不同情况，分别作出以下判决：

①具体行政行为证据确凿，适用法律、法规正确，符合法定程序的，判断维持。

②具体行政行为有主要证据不足，适用法律、法规错误，违反法定程序，超越职权及滥用职权情形之一的，判决撤销或者部分撤销，并可以判决被告重新作出具体行政行为。

③被告不履行或者拖延履行法定职责的，判决其在一定期限内履行。

④行政处罚显失公正的，可以判决变更。

当事人不服人民法院第一审判决的，有权在判决书送达之日起 15 日内向上一级人民法院提起上诉。当事人不服人民法院第一审裁定的，有权在裁定书送达之日起 10 日内向上一级人民法院提起上诉。逾期不提起上诉的，人民法院的第一审判决或者裁定发生法律效力。

人民法院应当在立案之日起 3 个月内作出第一审判决，有特殊情况需要延长的，由高级人民法院和最高人民法院批准。人民法院审理上诉案件的期限为 2 个月，即从收到上诉状之日起 2 个月内作出终审判决。

人民法院对受理的物业行政案件经过审理后，可以根据不同情况作出不同的判决；判断维持物业行政行为；判决物业管理部门在一定期限内履行法定职责；判决变更行政处罚。

6. 物业管理纠纷诉讼的强制措施

对于物业管理机关拒不履行人民法院已生效的判决、裁定的，人民法院可以采取强制措施予以执行。其具体措施如下：

(1)对应当归还的罚款或应给付的赔偿金，通知银行从该物业管理机关的账户内划拨。

(2)在规定期限内不履行的，从期满之日起，对该物业管理机关按日处以 50～100 元的罚款。

(3)向该管理机关的上一级物业管理部门提出司法建议。

(4)拒不履行判决、裁定，情节严重构成犯罪的，依法追究主管人员和直接责任人员的刑事责任。

在物业行政诉讼案件中，土地行政诉讼案件在近 2 年呈上升的趋势，特别是在经济较发达的地区，有关土地的出让、征用和因土地使用中的行政处罚等问题引发的行政诉讼案件占了整个行政诉讼案件的很大比例。在审理土地行政案件时，应注意解决好这些问题。

三、物业管理纠纷起诉状撰写

民事起诉状是民事诉讼原告为维护自身的民事权益，认为自己的合法权益受到侵害或者与他人发生争议时，依据事实和法律，向人民法院提起诉讼，请求依法裁判的诉讼文书。《中华人民共和国民事诉讼法》(以下简称《民事诉讼法》)第一百二十条第一款规定："起诉应当向人民法院递交起诉状，并按照被告人数提出副本。"

物业管理纠纷起诉状的格式如下：

(1)首部。首部应依次写明文书名称"民事起诉状"，原告和被告的基本情况。原告的基本情况应写明姓名、性别、出生年月日、民族、职业、工作单位和住址；被告基本情况的写法和原告的相同，如有的项目不知道的，可以不写，但必须写明被告的姓名或名称与住址或所在地址。

(2)正文。

1)诉讼请求。要写明请求法院解决什么问题，提出明确的具体要求。有多项具体要求的，可以分项表述。

2)事实与理由。要摆事实、讲道理，引用有关法律和政策规定，为诉讼请求的合法性提供充足的依据。摆事实是要把双方当事人的法律关系，发生纠纷的原因、经过和现状，特别是双方争议的焦点实事求是地写清楚。讲道理是要进行分析，分清是非曲直，明确责任，并援引有关法律条款和政策规定。

3)证据及证据来源，证人姓名和住址。提起民事诉讼的原告负有举证责任，诉讼证据包括书证、物证、视听资料、证人证言、当事人的陈述、鉴定结论、勘验笔录等。列书证，要附上原件或复制件，如系摘录或抄件，要如实反映原件本意，切忌断章取义，并应注明材料的出处；列举物证，要写明什么样的物品，在什么地方由谁保存着；列举证人，要写明证人的姓名、住址，他能证明什么问题等。

4)尾部写明受诉法院名称，附件除写明起诉状副本×份外，提交证据的，还要写明证据的名称和数量。最后由起诉人签名盖章，写明起诉日期。

起诉状最好以打印形式；如书写的，要字迹清楚，用钢笔书写。纸张一般用 A4 纸。

知识链接

民事起诉状

（公民提起民事诉讼用）

原告：×××，男/女，××××年××月××日生，×族，_____（写明工作单位和职务或职业），住址：_____。联系方式：_____。

法定代理人/指定代理人：×××，_____。

委托诉讼代理人：×××，_____。

被告：×××_____，（以上写明当事人和其他诉讼参加人的姓名或者名称等基本信息）。

诉讼请求：_____
_____
_____

事实和理由：_____
_____
_____

证据和证据来源，证人姓名和住所：_____
_____

此致
××××人民法院
　附：本起诉状副本×份

起诉人（签名）
××××年××月××日

四、物业管理纠纷举证责任

（一）证据

物业管理纠纷的当事人为在诉讼中有力地维护自身权益，必须要充分重视民事诉讼的证据规则。以事实为根据，以法律为准绳是处理纠纷案件的一项基本法律原则。有证据证明的法律事实经过在法庭审理过程中举证、质证才能被法院认可。

1. 证据的概念与类型

证据是指能够证明案件真实情况的客观事实。根据《民事诉讼法》规定，证据有下列几种：

(1)书证。在物业管理纠纷处理时可以提供《物业服务合同》《管理规约》等。

(2)物证。业主受到不法分子袭击时留下的一些物证。

(3)视听资料。它的形式主要包括：照片、录音、录像。

(4)证人证言。请小区其他业主做证人或特殊情况可以提交书面证言。

(5)当事人的陈述。物业管理纠纷双方当事人对事实的陈述。

(6)鉴定结论。物业管理人员、保安人员或业主所受伤害，在有关部门鉴定的结论。

(7)勘验笔录。物业管理纠纷发生的现场勘验笔录。

2. 证据的基本特征

(1)客观真实性。证据是客观存在的事物，不以人的主观意志为转移，伪造的、假定的、猜测的、推理的情况和错误的材料，都不能作为证据。

(2)与案件有关联性、准确性。证据不能含混不清或有偏差。

(3)合法性。合法性内涵法定性和许可性。

1)证据的法定性。诉讼证据有书证、物证、视听资料、证人证言、当事人的陈述、鉴定结论、勘验笔录七种。

2)证据的许可性。作为证据的是法律所允许的，如《物业服务企业资质证书》作为物业管理法规所规定的资质证件，可以作为合法性证据。

(4)证据的程序性。在诉讼中必须依照诉讼程序的要求，由法定机关、法定人员，依法定程序调查、收集和查证属实的事实和材料，才能作为认定事实的根据。按照证据在证明过程中对当事人所起利害作用的不同，可分为(对原告有利的)本证和(对被告有利的)反证两类。

(二)举证责任的基本原则

《民事诉讼法》第六十四条规定，当事人对自己提出的主张，有责任提供证据。就是说，在民事诉讼活动中，当事人主张事实进行辩论不能空口无凭，而应提供证据加以证明。

举证责任是指当事人对自己提出的主张，有提出证据并加以证明的责任。它有三点基本含义：第一，当事人对自己提出的主张，应当提出证据；第二，当事人对自己提供的证据，应当予以证明，以表明自己所提供的证据能够证明其主张，以上是行为意义上的举证责任；第三，若当事人对自己的主张不能提供证据或提供的证据不能证明自己的主张，将可能导致对自己不利的诉讼结果，这是结果意义上的举证责任。

举证责任的基本原则是"谁主张，谁举证"。具体而言，可以概括为主张权利存在的人，对权利发生或取得的要件事实负举证责任；凡否认权利存在的人，对阻碍权利发生或取得的事实负举证责任；凡否认权利消灭的人，对权利消灭的事实负举证责任。让距离证据更近、更有能力搜集证据的当事人承担举证责任，既是公平的又是经济的，是诉讼公正和效率等价值在举证责任方面的具体体现，并且也有助于实现诉讼目的(保护民事权益和解决民事纠纷等)。因为在通常情况下，提出支持其诉讼请求的案件事实的当事人(原告)距离证据更近，更易于搜集证据。"证据的距离"不是物理学意义上的空间位置，而是当事人控制证据的可能性。证据距离远说明某方当事人很难控制证据，或没有控制证据的可能性，因而他就很难得到该证据；证据距离近说明某方当事人能够控制该证据，甚至该证据本身就为其持有或占有，如果让他举证，他就有获得或提出证据的很大可能性。

(三)举证责任的分配

在物业管理纠纷处理过程中，业主的举证能力远远差于物业服务企业，为了避免僵化理解"谁主张，谁举证"原则，法官在物业服务质量问题的举证责任分配上，应该坚持以下三个原则。

1. 注重对弱势群体的保护

在市场经济发展过程中，社会主体逐渐分成强势主体与弱势主体。对弱势主体，不仅民事实体法需要赋予其救济途径，在程序法上也应当进行补救。随着专业化分工越来越细，不具备相应专业知识的业主在举证能力上处于弱势，因此，对于其举证能力的要求不宜过苛。

2. 充分认识该类案件举证困难的客观性

物业服务有不同于有形商品的特殊性，很多情况下前面的服务质量难以再现和证明，不论是业主还是物业服务企业都会面临同样的举证困难。所以要避免矫枉过正，对于物业服务企业的举证责任也不能过于苛刻。

3. 注重公平原则和诚信原则在举证责任分配中的运用

对这两个原则的理解与掌握，不能局限于特殊情形(如特殊侵权)下举证责任分配的原则这一特定的范围，而应扩展于法官分配举证责任的整个过程。成文法的局限性，不仅体现在实体法上，在程序法上也大量存在，尤其在证据制度上更是如此。由于法官对当事人举证责任的分配难以采用完全的法定主义，因此，依诚实信用原则作为其分配原则，乃是现代民事诉讼的内在要求。

模块小结

物业管理纠纷是指物业管理各主体之间在物业管理的民事、经济、行政活动中，因对同一项与物业有关或与物业管理服务有关或与具体行政行为有关的权利和义务有相互矛盾的主张和请求，而发生的具有财产性质的争执。物业管理纠纷投诉是指物业管理法律关系的一方当事人，即业主、使用人、业主委员会或物业服务企业就另一方当事人或其他物业管理主体违反物业管理有关法律法规、物业服务合同等行为，向所在地物业管理行政管理部门、物业管理协会、消费者协会或物业服务企业的上级部门进行口头或书面的反映。前期物业管理纠纷一般包括业主与开发建设单位、前期物业服务企业的纠纷，前期物业服务企业拒不撤出物业管理区域引起的纠纷和无因管理纠纷。业主自治纠纷主要是在业主自治权实现过程中产生的，包括业主自治活动运行过程中发生的纠纷，开发商或物业服务企业操纵业主委员会引发的业主与业主委员会间的纠纷，业主在聘任、解聘物业服务企业或者要求自主治理的管理活动中引发的纠纷和业主或业主委员会与行政机关之间发生的纠纷。物业管理纠纷数量较多，案情较复杂，主要包括物业服务企业的选聘纠纷、物业维修服务纠纷、社区安全服务纠纷、住宅公共区域纠纷和物业收费纠纷。物业管理纠纷的处理应以有关法律规范、政策规范和自治规范为依据，自治规范主要包括物业服务合同和业主团体规范。民事起诉状是民事诉讼原告为维护自身的民事权益，认为自己的合法权益受到侵害或者与他人发生争议时，依据事实和法律，向人民法院提起诉讼，请求依法裁判的诉讼文书。物业管理纠纷的当事人为在诉讼中有力地维护自身权益，必须要充分重视民事诉讼的证据规则。

思考与练习

一、填空题

1. 调解具有_____、_____、_____等主要特点。

2. 行政复议除了要遵循合法、公正、公开、及时、便民的基本原则外，还应当遵循_____原则、_____原则、_____原则和_____原则。

3. 申请人向人民法院提起行政诉讼的，应当在知道作出具体行政行为之日起_____内提出，法律另有规定的除外。

4. 举证责任的基本原则是_____。

二、简答题

1. 简述物业管理纠纷的特点。

2. 什么是无因管理纠纷？

3. 简述物业管理纠纷处理的原则。

4. 简述物业管理纠纷和解的特点。

5. 简述行政复议的特点。

6. 简述物业管理仲裁处理的特点。

7. 某物业服务企业某天接到通知，称某小区居民张某是分期付款购房的，但其入住后却迟迟没有将剩余房款付清。开发商要求对该住户采取停水、停电的措施，以迫使其及早还款。于是该物业服务企业按照开发商的要求对张某家中实施了停水、停电，为此，张某以物业服务企业为被告，向法院提起了诉讼。

请分析：物业服务企业是否有权对张某家中停水停电？合理吗？

参考文献

［1］安静．物业管理概论［M］．北京：化学工业出版社，2008.

［2］法律出版社法规中心．物业管理常见法律问题及纠纷解决法条速查与文书范本［M］.2 版．北京：法律出版社，2018.

［3］李冠东．物业管理法规［M］．上海：华东师范大学出版社，2008.

［4］徐运全．物业管理法规实用案例［M］．呼和浩特：内蒙古人民出版社，2016.

［5］刘湖北，胡万平，王炳荣，等．物业管理法规与案例评析［M］.2 版．北京：中国建筑工业出版社，2010.

［6］王锡耀，林霞．物业管理法规［M］.3 版．北京：中国人民大学出版社，2020.

［7］刑国威．物业管理法规与案例分析［M］．北京：化学工业出版社，2007.

［8］李昌．物业管理法规［M］.3 版．大连：东北财经大学出版社，2014.

［9］刘燕，康峰．物业管理法规［M］．武汉：武汉理工大学出版社，2020.

［10］胡伯龙，杨韬．物业管理理论与实务［M］．北京：机械工业出版社，2008.

［11］张雪玉．物业管理概论［M］.3 版．大连：东北财经大学出版社，2017.

［12］鲁捷，付立群，胡振豪．新编物业管理法规案例分析［M］．大连：大连理工大学出版社，2004.